高职高专系列教材

化学分析

牟晓红　冷宝林　主　编

中国石化出版社

内 容 提 要

本书是以高职高专院校培养具有扎实专业基础知识和创新能力的高素质、应用型人才为目标，以“必需、够用”为原则，精选化学分析的内容而编写的。全书共分八章，主要内容：概述、滴定分析概述、酸碱滴定法、配位滴定法、氧化还原滴定法、沉淀滴定法、重量分析法、气体分析概述。

本书可作为高职高专院校工业分析、油品分析、化工、制药、轻工、材料、冶金、环保等各专业的教材，也可作为其他专业的化学分析教学参考书，还可供从事相关工作的专业人员、分析测试人员以及自学者阅读参考。

图书在版编目(CIP)数据

化学分析/牟晓红，冷宝林主编．
—北京：中国石化出版社，2013．5(2021.1 重印)
高职高专系列教材
ISBN 978-7-5114-2097-8

Ⅰ．①化… Ⅱ．①牟… ②冷… Ⅲ．①化学分析-高等职业教育-教材 Ⅳ．①O65

中国版本图书馆 CIP 数据核字(2013)第 075348 号

中国石化出版社出版发行

地址：北京市东城区安定门外大街 58 号
邮编：100011 电话：(010)57512500
发行部电话：(010)57512575
http://www.sinopec-press.com
E-mail:press@sinopec.com
北京柏力行彩印有限公司印刷
全国各地新华书店经销

*

787×1092 毫米 16 开本 11.75 印张 283 千字
2021 年 1 月第 1 版第 4 次印刷
定价：30.00 元

前 言

高职高专教育是我国高等教育的重要组成部分，培养适应生产、建设、管理、服务第一线需要的，德、智、体、美全面发展的高等技术应用性专门人才；培养的学生应掌握一定的基础理论知识和专业知识，具备从事本专业领域实际工作的基本能力和基本技能，具有良好的职业道德和敬业精神。

本书着力体现当前高职高专院校教学改革的成果，突出高职高专特点。以基础理论"必需、够用"为原则，结合相关专业特点，根据后续课程需要以及多年的教学实践经验，在注重基础理论、严格训练基本技能、拓展综合和应变能力、加强学科新信息传播的指导思想下，加强对基本概念的理解，并注重对学生创新能力的培养，增加了思考和基础知识方面的习题数量，力求引导学生更多地思考；在知识点的选取上，注意补充新知识，增加了气体分析概述，不仅拓展了学生的知识内容，也增强了学生专业技术的综合能力。全书共分八章，主要内容包括概述、滴定分析概述、酸碱滴定法、配位滴定法、氧化还原滴定法、沉淀滴定法、重量分析法、气体分析概述。

本书第一章、第三章、第四章、第六章由牟晓红编写，第二章、第五章、第七章、第八章由冷宝林编写，附录及课后部分习题由王守伟编写。全书由牟晓红统稿。

在编写过程中参考了大量有关专家、学者的著作和研究成果，在此我们对专家、学者表示深切的谢意；编写中还得到了中国石化出版社的大力支持和帮助，以及其他同仁的支持与帮助，在此一并表示衷心的感谢。

高职教育课程体系改革是一个长期探索的课题，本书编者虽做了很大努力，但鉴于编写水平和时间的限制，书中难免存在疏漏和不当之处，真诚希望有关专家和读者批评指正。

目　　录

第一章　概　　论

☞ **知识目标：**

● 了解分析化学课程的任务、作用和分类，明确该课程在国民经济中的重要性及发展方向。

● 掌握误差、偏差的概念和计算方法，明确准确度、精密度的概念及两者之间的关系。

● 掌握误差的分类、来源及减免方法。

● 掌握异常值的检验与取舍方法。

☞ **能力目标：**

● 能在实际分析过程中，应用误差和偏差判断分析结果的准确度和精密度，分析产生误差的原因及正确的减免方法。

● 理解有效数字的意义，在分析实践中应用有效数字修约及运算规则，正确记录、处理实验数据。

● 掌握一定置信度下，平均值的置信区间的计算方法和含义。

第一节　分析化学概述

一、分析化学的任务和作用

在人类的生产实践、社会活动和科学实验中，会接触、应用到各种各样的物质。人们需要了解、认识这些物质的化学成分、各组分的含量及其分子结构等。

分析化学是人们获得物质化学组成和结构信息的科学，是化学学科的一个重要分支。分析化学的主要任务是鉴定物质的化学组成(元素、离子、官能团或化合物)、测定物质中有关组分的相对含量、确定物质的结构(化学结构、晶体结构、空间分布)和存在形态(价态、配位态、结晶态)及与物质性质之间的关系等。化学分析是分析化学的一部分，因此，在系统学习本课程时，应对分析化学的作用有一个概括了解。

分析化学在国民经济、国防建设、科学研究和人类各项活动中都发挥着重要的作用。在地质学、海洋学、矿物学、考古学、生物学、医药学、农业科学、材料科学、能源科学、环境科学等学科中，都需要分析化学提供大量的信息。如在工业方面，资源勘探、原材料选择、工艺流程的控制、产品检验、新产品的研制、新工艺及技术的革新等；在农业方面，土壤普查、化肥和农药成分分析、农产品质量检验、优良品种的选育、肥料的合理配制等；在尖端科学和国防建设方面，原子能材料、半导体材料、核武器材料、人造卫星、新型材料研制等；在环保方面，大气和水质监测、“三废”治理、生态平衡研究等；在现代科学及人类当前所面临的资源、能源、人口、粮食、环境这“五大危机”中，所有问题的发现和解决，都离不开分析化学。因此人们常将“分析化学”称为生产、科研的“眼睛”，是国计民生不可或缺的科学。

目前，分析化学正处在发展变革的新时期，现代分析化学不仅要解决定性分析和定量分析的问题，而且要提供更多的信息，尤其是物质结构与性能关系的信息，成为参与处理和解决问题的决策者。

二、分析化学的分类

根据分析任务、分析对象、测定原理、试样用量、被测组分含量和具体要求的不同，分析化学可分为以下几种类型。

1. 定性分析、定量分析和结构分析

定性分析的任务是鉴定物质由哪些组分组成，给出物质的化学成分；定量分析的任务是测定物质中有关组分的含量；结构分析的任务是研究物质的分子结构或晶体结构，通过测定物质的空间构型、排布方式，从其微观结构进一步研究其物理、化学等方面的性质。

在对物质进行分析时，通常要先确定物质的组成即定性分析，然后再选择合适的分析方法，进行各成分含量的测定即定量分析。如果成分已知或仅对体系中已知的某一成分进行测定，则只需进行定量、结构或形态分析。

2. 无机分析和有机分析

无机分析的对象是无机化合物，由于无机化合物的组成元素种类繁多，其主要任务是鉴定物质的组成和各组分的含量。

有机分析的对象是有机化合物，虽然构成有机化合物的元素种类不多，但其结构复杂，同分异构的性质也会有较大的差别。所以，有机分析不仅要进行定性、定量分析，更主要的是要进行官能团和分子结构分析。

3. 化学分析和仪器分析

以物质的化学反应为基础的分析方法，称为化学分析法。化学分析是分析化学的基础，是本课程主要学习的内容。化学分析主要包括滴定分析(也称容量分析)和重量分析。滴定分析根据其化学反应类型的不同，又可分为：酸碱滴定法、配位滴定法、氧化还原滴定法、沉淀滴定法。

以物质的物理或物理化学性质为基础的分析方法称为物理和物理化学分析法。这类方法通常需要用特殊的仪器设备，所以又称仪器分析。包括光学分析法、电化学分析法、色谱分析法、质谱分析以及核磁共振波谱分析、电子探针和离子探针微区分析等。

4. 常量分析、半微量分析、微量分析和超微量分析

根据分析时所用试样量的多少，可分为常量分析、半微量分析、微量分析和超微量分析，见表1-1。

表1-1　根据试样用量划分的分析方法

分析方法	固体试样质量/g	液态试样体积/mL
常量分析	1 ~ 0.1	100 ~ 10
半微量分析	0.1 ~ 0.01	10 ~ 1
微量分析	0.01 ~ 0.0001	1 ~ 0.01
超微量分析	<0.0001	<0.01

5. 常量组分分析、微量组分分析和痕量组分分析

根据被测组分在试样中相对含量的多少，可分为常量组分分析（质量分数 > 1%）、微量组分分析（质量分数为 0.01% ~1%）和痕量组分分析（质量分数 < 0.01%）。

随着新的分析测试方法的出现、分析技术的提高和分析手段的现代化，人们对微量组分分析和痕量组分分析的划分界限也在不断地变化。

一般情况下，常量组分分析取样量较多，大都采用化学分析法；而微量组分和痕量组分分析，则采用仪器分析的方法。

6. 常规分析、快速分析和仲裁分析

常规分析是指厂矿企业实验室配合生产所进行的日常分析，也称为例行分析。快速分析则是为控制生产正常进行要求在很短的时间内迅速给出分析结果，例如，炼钢过程的炉前分析。当不同单位对同一试样给出的分析结果有较大差异、产生争议时，则要求具有一定权威的部门，采用指定的标准分析方法进行分析，以确定原分析结果的可靠性，这种分析称为仲裁分析或裁判分析。

三、分析化学的发展趋势

分析化学学科的发展经历了三次巨大变革：第一次是随着分析化学基础理论，特别是物理化学的基本概念（如溶液理论）的发展，使分析化学从一种技术演变成为一门科学；第二次变革是由于物理学和电子学的发展，改变了经典的以化学分析为主的局面，使仪器分析获得蓬勃发展。目前，分析化学正处在第三次变革时期，生命科学、环境科学、新材料科学发展的要求，生物学、信息科学、计算机技术的引入，使分析化学进入了一个崭新的境界。因此，现代科学的发展要求分析化学提供更多的关于物质组成和结构的信息；同时，现代科学也向分析化学不断提供新的理论、方法和手段，促进了分析化学的发展。

所以，分析化学朝着越来越灵敏、准确、快速、简便、自动化和技术联用等方向发展。随着电子工业和真空技术的发展，许多新技术渗透到分析化学中来，出现了日益增多的新的测试方法和分析仪器，它们以高度灵敏和快速为其特点。若使用电子探针，则试样体积可小至 10^{-12} mL；电子光谱的绝对灵敏度可达 10^{-18} g。

纯氧顶吹转炉炼钢法（转炉内高压氧气将铁水脱磷、去除夹杂）每炉只用几十分钟，它要求炉前高速分析。

在地质普查、勘探工作中，需要获得上百万、上千万个数据，不仅要求快速自动化，而且要求发展遥测技术。

激光技术的引入，促进了激光共振电离光谱、激光拉曼光谱、激光诱导荧光光谱、激光光热光谱、激光质谱等方法的开展；多元配合物、有机显色剂、增效试剂的研制等，大幅度提高了分析方法的灵敏度和分析性能，检测单个原子或分子已经成为现实。

由于计算机和计算科学的发展，微机与分析仪器的联用，不但可以自动报出数据，对科学实验条件或生产工艺进行自动调节、控制，而且可以对分析程序进行自动控制，实现分析过程自动化，大大提高了分析工作的水平。因此，分析化学的任务已不再局限于测定物质的组成和含量，而且还要对物质的结构、价态、状态等方面进行分析，因而它活动的领域也由宏观发展到微观，由表观深入到内部，由总体进入到微区、表面或薄层，由静态发展到动态。

总之，不论是常量、微量、痕量，组成、形态，表面、内部，静态、动态，还是离线、

在线等方面的分析，其方法是越来越灵敏、准确、简便和自动化，以获得更多、更全面的信息。

尽管分析化学正向着高灵敏度、高速度和仪器自动化的方向发展，但化学分析仍然是分析化学的基础，当前许多仪器分析方法都离不开化学处理和溶液平衡理论的应用，因此，分析化学作为一门基础课，仍然要从化学分析学起，进而扩展到仪器分析。

化学分析是一门以实验为基础的科学。在学习过程中应做到理论联系实际，掌握分析化学理论基础，加强实验操作技能的训练，培养严谨、求实的工作作风和科学态度，树立准确的“量”的概念，提高应用理论知识分析和解决实际问题的能力，提高综合素质，为学习后续课程打下基础，成为一名掌握一定专业技能的、合格的工程技术人员。

第二节 定量分析中的误差

定量分析的任务是测定试样中组分的含量。要求测定的结果必须达到一定的准确度，方能满足生产和科学研究的需要。显然，不准确的分析结果将会导致生产的损失、资源的浪费以及科学上的错误结论。

在任何一项分析工作中，由于主、客观条件的限制，即使是技术很熟练的人，用同一完善的分析方法和最精密的仪器，对同一试样仔细地进行多次分析，其测定结果也不会完全一样，而是在一定范围内波动。这就说明分析过程中客观上存在难以避免的误差。因此，人们在进行定量分析时，不仅要得到被测组分的含量，而且必须对分析结果进行评价，判断分析结果的可靠程度，了解误差产生的原因及表示方法，尽可能地将误差减到最小，以提高分析结果的准确度。

一、真实值、平均值和中位数

1. 真实值

物质中各组分的实际含量称为真实值(μ)，它是客观存在的，但不可能准确地知道。

2. 平均值

（1）总体与样本　总体（或母体）是指随机变量 x_i 的全体。样本（或子样）是指从总体中随机抽出的一组数据。

（2）总体平均值与样本平均值　在日常分析工作中，总是对某试样平行测定数次，取其算术平均值作为分析结果，若以 x_1、x_2、…、x_n 代表各次的测定值，n 代表平行测定的次数，$\bar{x}$ 代表样本平均值，则：

$$\bar{x} = \frac{x_1 + x_2 + \cdots + x_n}{n} = \frac{1}{n}\sum_{i=1}^{n} x_i \qquad (1-1)$$

样本平均值不是真实值，只能说是真实值的最佳估计值，只有在消除系统误差之后并且测定次数趋于无穷大时，所得总体平均值(μ)才能代表真实值。

$$\mu = \lim_{n\to\infty}\frac{1}{n}\sum_{i=1}^{n} x_i \qquad (1-2)$$

在实际工作中，人们把标准物质作为参考标准，用来校正测量仪器、评价测量方法等，标准物质在市场上有售，它给出的标准值最接近真实值。

3. 中位数

一组平行测定的数值按由小到大的顺序排列，中间一个数值即为中位数 x_M 。当测定次数 n 为奇数时，位于序列正中间的那个数值就是中位数；当测定次数 n 为偶数时，中位数为正中间相邻的两个测定值的平均值。

中位数的优点是能简便地说明测量数据的结果，不受两端具有过大误差数据的影响。缺点是不能充分利用数据。

二、准确度和误差

准确度是指测定结果与真实值相接近的程度。它们之间的差值越小，则测定结果的准确度越高。

准确度的高低用误差来衡量。误差表示测定结果与真实值之间的差值，差值越小，误差就越小，即准确度越高；误差越大，准确度越低。误差一般用绝对误差和相对误差来表示。

绝对误差(E)表示测定结果(x_i)与真实值(μ)之差。即

$$E = x_i - \mu \qquad (1-3)$$

相对误差(E_r)是指绝对误差在真实值中所占的百分率。即：

$$E_r = \frac{E}{\mu} \times 100\% \qquad (1-4)$$

由于测定结果可能大于真实值，也可能小于真实值，所以绝对误差和相对误差都有正负之分。正值表示测定结果偏高，负值表示测定结果偏低。

【例1-1】 用分析天平称量A、B两个样品的质量分别为1.2452g和0.2452g，已知A、B两个样品的真实质量分别为1.2453g和0.2453g，求用该分析天平称量A、B两个样品时的绝对误差和相对误差，并比较称量结果的准确度。

【解】 A样品的绝对误差为：

$$E(A) = x - \mu = 1.2452\text{g} - 1.2453\text{g} = -0.0001\text{g}$$

相对误差为：

$$E_r(A) = \frac{E(A)}{\mu} \times 100\% = \frac{-0.0001g}{1.2453g} \times 100\% = -0.008\%$$

B样品的绝对误差为：

$$E(B) = x - \mu = 0.2452\text{g} - 0.2453\text{g} = -0.0001\text{g}$$

相对误差为：

$$E_r(B) = \frac{E(B)}{\mu} \times 100\% = \frac{-0.0001\text{g}}{0.2453\text{g}} \times 100\% = -0.04\%$$

通过以上例题可以看出，虽然称量A、B两个样品的绝对误差均为-0.0001g，但称量B样品的相对误差却是称量A样品相对误差的5倍，即称量A样品的准确度较高。

可见，由于相对误差能反映误差在真实值中所占的比例，故常用相对误差来表示或比较不同实验情况下测定结果的准确度。

三、精密度和偏差

精密度是指在相同的条件下，一组平行测定结果之间相互接近的程度。精密度的高低常用偏差来表示。

1. 偏差

在实际分析工作中，通常真实值并不知道，一般是取多次平行测定结果的算术平均值（$\bar{x}$）来表示分析结果。个别测定值 x_i 与多次测定结果的算术平均值 $\bar{x}$ 之差称为偏差。

偏差的大小可以表示分析结果的精密度，偏差越小表明测定结果的精密度越高。与误差相似，偏差也可表示为绝对偏差（d_i）和相对偏差（d_r）。

绝对偏差：

$$d_i = x_i - \bar{x} \tag{1-5}$$

相对偏差：

$$d_r = \frac{d_i}{\bar{x}} \times 100\% \tag{1-6}$$

绝对偏差和相对偏差只能用来衡量单次测定结果对平均值的偏差。为了更好地说明测定结果的精密度，在一般分析工作中常用平均偏差和标准偏差表示。

2. 平均偏差

平均偏差是指单次测定值与平均值的偏差（取绝对值）之和，除以测定次数。即：

$$\bar{d} = \frac{\sum_{i=1}^{n} |d_i|}{n} = \frac{\sum_{i=1}^{n} |x_i - \bar{x}|}{n} \tag{1-7}$$

相对平均偏差（$\bar{d}_r$）是平均偏差 $\bar{d}$ 在平均值 $\bar{x}$ 中所占的百分率：

$$\bar{d}_r = \frac{\bar{d}}{\bar{x}} \times 100\% \tag{1-8}$$

3. 标准偏差

标准偏差（σ）又称均方根偏差。当测定次数趋于无穷大时，用总体标准偏差来表达测定结果的分散程度，其数学表达式为：

$$\sigma = \sqrt{\frac{\sum_{i=1}^{n} (x_i - \mu)^2}{n}} \tag{1-9}$$

式中，μ 为总体平均值，在校正系统误差的情况下，μ 即为真值。

在一般的分析工作中，测定次数是有限的，μ 值是不知道的，只能用样本标准偏差（s）来表示精密度，其数学表达式（贝塞尔公式）为：

$$s = \sqrt{\frac{\sum_{i=1}^{n} (x_i - \bar{x})^2}{n - 1}} \tag{1-10}$$

相对标准偏差也称变异系数（CV），其计算式为：

$$CV = \frac{s}{\bar{x}} \times 100\% \tag{1-11}$$

用标准偏差表示精密度比用平均偏差更合理，因为单次测定值的偏差经平方之后，较大的偏差就能显著地反映出来。所以在生产和科研的分析报告中常用标准偏差表示精密度。

例如，现有两组测量结果，各次测量的偏差分别为：

第一组：-0.04，+0.03，+0.04，+0.02，-0.03，0.00，-0.02，-0.02

$n_1 = 8 \quad \bar{d}_1 = 0.025 \quad s_1 = 0.030$

第二组：−0.08，+0.01，−0.01，+0.01，+0.07，0.00，+0.01，−0.01

$n_2 = 8 \quad \bar{d}_2 = 0.025 \quad s_2 = 0.041$

两组数据的平均偏差相同，都是0.025，好像两组的精密度一样高，但是很明显看出第二组的数据较分散，其中有两个较大的偏差（−0.08，+0.07），用平均偏差表示时却反映不出这个差异。如果用标准偏差来表示时，情况就不同了，第二组数据的标准偏差明显偏大，因而精密度较差。

【例1－2】 用丁二酮肟重量法测定钢铁中Ni的百分含量，结果为10.48%、10.37%、10.47%、10.43%、10.40%；计算分析结果的平均值、平均偏差、相对平均偏差、标准偏差和相对标准偏差。

【解】

$$\bar{x} = \frac{(10.48 + 10.37 + 10.47 + 10.43 + 10.40)\%}{5} = 10.43\%$$

各次测量值的偏差分别是：

$d_1 = +0.05\%$、$d_2 = -0.06\%$、$d_3 = +0.04\%$、$d_4 = 0.00\%$、$d_5 = -0.03\%$

$$\bar{d} = \frac{\sum_{i=1}^{n} |d_i|}{n} = \frac{(0.05 + 0.06 + 0.04 + 0.00 + 0.03)\%}{5} = 0.036\%$$

$$\bar{d}_r = \frac{\bar{d}}{\bar{x}} \times 100\% = \frac{0.036\%}{10.43\%} \times 100\% = 0.35\%$$

$$s = \sqrt{\frac{\sum_{i=1}^{n} d_i^2}{n-1}} = \sqrt{\frac{(0.05\%)^2 + (0.06\%)^2 + (0.04\%)^2 + (0.00\%)^2 + (0.03\%)^2}{4}} = 0.046\%$$

$$CV = \frac{s}{\bar{x}} \times 100\% = \frac{0.046\%}{10.43\%} \times 100\% = 0.44\%$$

四、准确度和精密度的关系

准确度和精密度是两个不同的概念，但它们之间有一定的关系。图1－1是甲、乙、丙、丁四人分析同一铁矿试样中铁含量时所得的结果。由图1－1可以看出，甲所得结果的精密度和准确度均较好，结果可靠；乙分析结果的精密度虽然很高，但准确度较低；丙的精密度和准确度都很差；丁的平均值虽然接近于真实值，但是几个数据彼此相差甚远，仅是由于正负误差相互抵消的结果，而其精密度很差表明了该数据是不可靠的，因而就失去了衡量准确度的意义。因此：

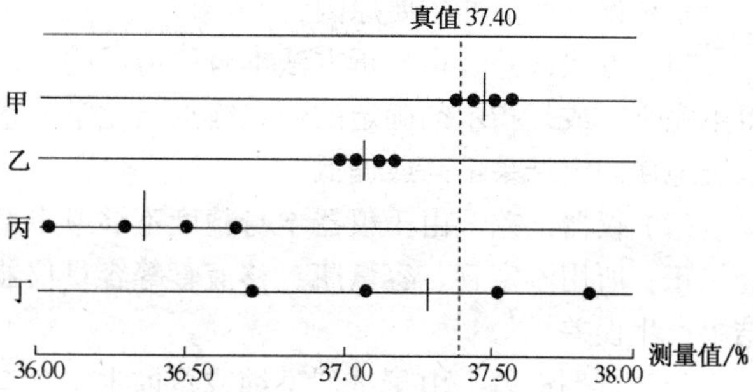

图1－1 四人分析结果的比较

（1）好的精密度是保证良好准确度的先决条件。精密度差，所测结果不可靠，也就失去了衡量准确度的前提。对于教学实验来说，首先要重视测量数据的精密度。

（2）高的精密度不一定能保证高的准确度，但可以找出精密而不准确的原因，而后加以校正，就可以使测定结果既精密又准确。

五、公差

由前面的讨论可以知道，误差与偏差具有不同的含义。前者以真实值为标准，后者是以多次测定值的算术平均值为标准。严格地说，人们只能通过多次反复的测定，得到一个接近于真实值的平均结果，用这个平均值代替真实值来计算误差。显然，这样计算出来的误差还是偏差。因此在生产部门并不强调误差与偏差的区别，而用“公差”范围来表示允许误差的大小。

公差是生产部门对分析结果允许误差的一种限量，又称允许误差。如果分析结果超出允许的公差范围称为“超差”。遇到这种情况，则该项分析应该重做。公差范围的确定一般是根据生产需要和实际情况而制定的，所谓根据实际情况是指试样组成的复杂情况和所用分析方法的准确程度。对于每一项具体的分析工作，各主管部门都规定了具体的公差范围，例如钢铁中碳含量的公差范围，国家标准规定见表 1－2。

表 1－2　钢铁中碳含量的公差范围（用绝对误差表示）

碳含量范围/%	0.10～0.20	0.20～0.50	0.50～1.00	1.00～2.00	2.00～3.00	3.00～4.00	>4.00
公差/%	±0.015	±0.020	±0.025	±0.035	±0.045	±0.050	±0.060

六、误差的分类与减免

在图 1－1 的例子中，每个人所做的四次平行测定结果都有或大或小的差别，这说明误差是客观存在的。但是如果我们掌握了产生误差的基本规律，就可以将误差减小到允许的范围内。所以分析工作者必须有正确的误差概念，能够判断误差的种类，找出产生误差的原因，然后有针对性地采取措施，以提高测定结果的准确度。

根据误差产生的原因和性质，误差可分为系统误差和随机误差两类。

1. 系统误差

系统误差是由于分析过程中某种固定原因造成的。它具有单向性，其正负、大小具有一定的规律性，即在多次平行测定中系统误差会重复出现，使测定结果总是系统地偏高或偏低。若能找出其产生的原因，并设法加以校正，系统误差就可以消除，故系统误差也称可测误差。

系统误差产生的主要原因：

（1）方法误差　指分析方法本身所造成的误差。例如，滴定分析中，由于滴定反应进行得不完全，或是指示剂确定的滴定终点与化学计量点不完全符合以及副反应的发生等，都将系统地使测定结果偏高或偏低。

（2）仪器误差　由于仪器本身精度不够或未经校准所引起的误差。如分析天平的砝码未经校正，所用滴定管、容量瓶、移液管等容量仪器的刻度不准等，都会在使用过程中使测定结果产生误差。

（3）试剂误差　由于试剂不纯或蒸馏水中含有微量杂质所引起的误差。

（4）操作误差　指在正常操作下，由于操作人员主观原因造成的误差。例如，对终点颜色辨别偏深或偏浅、滴定管读数偏高或偏低等。

系统误差可通过对照试验、空白试验、校准仪器、方法校正等方法来减免。

(1) 对照试验　这是用来检验系统误差的有效方法。进行对照试验时，常用已知准确含量的标准试样(或标准溶液)，按同样方法进行分析测定，检验测定结果与标准值是否一致，如有差异，找出校正数据。对照试验也可以用不同的分析方法，或者由不同的分析人员分析同一试样来互相对照。

在生产中，常常在分析试样的同时，用同样的方法做标样分析，以检查操作是否正确和仪器是否正常，若分析标样的结果符合"公差"规定，说明操作与仪器均符合要求，试样的分析结果是可靠的。

(2) 空白试验　在不加试样的情况下，按照与试样分析完全相同的操作步骤和条件而进行的测定叫做空白试验。空白试验得到的结果称为"空白值"。从试样的分析结果中扣除空白值，就可以得到更接近于真实含量的分析结果。由试剂、蒸馏水、实验器皿和环境带入的杂质所引起的系统误差，可以通过空白试验来校正。

(3) 校准仪器　在日常分析工作中，由于仪器出厂时已进行过校正，只要仪器保管妥善，一般可不必进行校准。在准确度要求较高的分析中，对所用的仪器如滴定管、移液管、容量瓶、天平砝码等，必须进行校准，求出校正值，并在计算结果时采用，以消除由仪器带来的误差。

(4) 方法校正　某些分析方法的系统误差可用其他方法直接校正。例如，在重量分析中，使被测组分沉淀绝对完全是不可能的，必须采用其他方法对溶解损失进行校正。如在沉淀硅酸后，可再用比色法测定残留在滤液中的少量硅，在准确度要求高时，应将滤液中该组分的比色测定结果加到重量分析结果中去。

2. 随机误差

随机误差也称偶然误差，是指测定值受各种因素的随机变动而引起的误差。例如，测定时的环境温度、湿度和压力等外界条件的微小波动、仪器性能的微小变化、分析人员操作的细小变化等，都会使测定结果在一定范围内波动，从而产生误差。

随机误差的形成取决于测定过程中一系列随机因素，其大小和方向都是不固定的。因此无法测量，也不可能校正，所以随机误差又称不可测误差，它是客观存在、不可避免的。

从表面上看，随机误差似乎没有规律，但是在消除了系统误差之后，在同样条件下，进行多次平行测定，则发现随机误差还是有规律的。实践和理论证明，大量的随机误差服从正态分布规律，正态分布曲线(高斯曲线)如图 1－2 所示。图 1－2 中的横坐标表示误差的大小，以标准偏差 σ 为单位；纵坐标为误差发生的相对概率。

服从正态分布的随机误差具有以下特征：

(1) 单峰性　绝对值小的误差出现的概率大，绝对值大的误差出现的概率小；

(2) 对称性　绝对值相等的正误差和负误差出现的概率相等；

(3) 有界性　在一定的测量条件下，绝对值很大的误差出现的概率趋于零；

(4) 抵偿性　随机误差的算术平均值随着测量次数的增加而越来越趋于零。

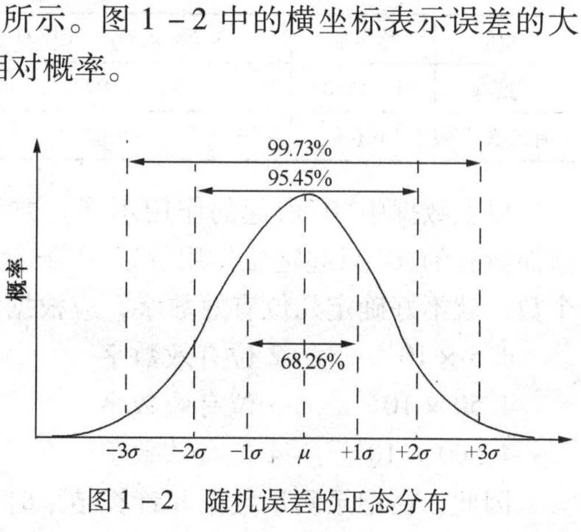

图 1－2　随机误差的正态分布

可见在消除系统误差的情况下，平行测定的次数越多，则测定值的算术平均值越接近真值。显然，无限多次测定的平均值μ，在校正了系统误差的情况下即为真值。

应该指出由于操作者的过失，如器皿未洗净、加错试剂、看错砝码、读数或记录差错等而造成的错误结果，是不能通过上述方法减免的，因此操作者必须加强工作责任心，严格遵守操作规程，认真仔细地进行实验，做好原始数据记录，避免此类错误发生。如发现错误测定结果应予以剔除，不能用来计算平均值。

第三节　分析数据的处理

一、有效数字及其运算规则

1. 有效数字

在分析工作中为了得到准确的分析结果，不仅要准确地进行测量，而且还要正确地记录和计算。当用数据表述测定结果时，所记录的数据的位数不仅表示数量的大小，也反映了测量的准确程度。所谓有效数字是指分析仪器能够实际测量到的数字。在有效数字中，只有最末一位数字是估计的，是可疑的。例如，在分析天平上称得某物质的质量为0.5180g，在这一数值中，0.518是准确的，最后一位数字“0”是可疑的，此时称量的绝对误差为±0.0001g，相对误差为：

$$E_r = \frac{\pm 0.0001\text{g}}{0.5180\text{g}} \times 100\% = \pm 0.02\%$$

若将上述称量结果记录为0.518g，则该物体的实际质量为0.518g±0.001g范围内的某一数值，即绝对误差为±0.001g，而相对误差则为±0.2%。可见，记录时在小数点后末尾多写一位或少写一位“0”数字，从数学角度看关系不大，但记录所反映的测量精确程度无形中被夸大或缩小了10倍。这样的记录与测量所用的仪器的准确度不符，所以记录数据的位数不能随意增减。

数字“0”在数据中具有双重意义：若作为普通数字使用，它就是有效数字；若它只起定位作用就不是有效数字。例如表1-3是在分析天平上称量物质得到的质量。

表1-3　分析天平称量物质的质量

物质	称量瓶	$Na_2B_4O_7 \cdot 10H_2O$	$H_2C_2O_4 \cdot 2H_2O$	Na_2CO_3
质量/g	11.1540	1.3074	0.2306	0.0270
有效数字	6位	5位	4位	3位

以上数据中“0”所起的作用不同。数字之间的“0”和末尾的“0”都是有效数字，而数字前面所有的“0”只起定位作用。以“0”结尾的正整数，有效数字的位数不确定。例如4500这个数，就不好确定几位有效数字，应根据实际有效数字位数书写成：

4.5×10^3　　2位有效数字

4.50×10^3　　3位有效数字

4.500×10^3　　4位有效数字

因此，在记录测量数据和计算结果时，应根据所使用的测量仪器的准确度，使所保留的有效数字中，只有最后一位是估计的“不定数字”。

分析化学中常用的一些数值，有效数字位数如下：

试样的质量	0.3060g(分析天平称量)	四位有效数字
滴定剂体积	20.08 mL(滴定管读数)	四位有效数字
试剂体积	12mL(量筒量取)	两位有效数字
标准溶液浓度	0.1002mol·L^{-1}	四位有效数字
被测组分含量	36.87%	四位有效数字
解离常数	$K_a = 1.8 \times 10^{-5}$	两位有效数字
pH 值	2.08、10.30	两位有效数字(有效数字位数仅决定于小数部分的数字位数)

2. 数字修约规则(“四舍六入五成双”规则)

在分析测定过程中通常包括几个测量环节，然后根据测量所得数据进行计算，最后求出分析结果。但是各个测量环节的测量精度不一定完全一致，因而几个测量数据的有效数字位数也可能不同，在计算中要对多余的数字进行修约。为了适应生产和科技工作的需要，我国已经颁布了 GB 8170—87《数字修约规则》，通常称为“四舍六入五成双”法规。

(1) 拟舍弃数字的最左一位数字小于 5 时，则舍去，即保留的各位数字不变。

将 12.1498 修约到一位小数，得 12.1；

将 12.1498 修约成两位有效数字，得 12。

(2) 拟舍弃数字的最左一位数字大于 5 时，则进一，即保留的末位数字加 1。

将 1268 修约到“百”数位，得 13×10^2(特定时可写为 1300)；

将 1268 修约成三位有效数字，得 127×10(特定时可写为 1270)。

(3) 拟舍弃数字的最左一位数字为 5 时，而其后跟有并非全部为 0 的数字时，则进一。

将 10.502 修约到个数位，得 11；

将 10.2567 修约成三位有效数字，得 10.3。

(4) 拟舍弃数字的最左一位数字为 5 时，而其右面无数字或皆为 0 时，若保留的末位数字为奇数则进一，为偶数(包括“0”)，则舍弃。

将 0.0325 修约成两位有效数字，得 0.032；

将 1.050 修约到一位小数，得 1.0。

修约时拟修约数字应在确定修约位数后一次修约获得结果，不能连续进行多次修约。例如：修约 15.4546，修约到“个”数位，得 15；而不是 15.4546→15.455→15.46→15.5→16。

3. 有效数字的运算规则

在分析计算中，有效数字的保留也很重要。当一些准确度不同的数据进行运算时，需遵守一定的规则，以保证运算结果能真正反映实际测量的准确度。下面仅就加减法和乘除法的运算规则加以讨论。

(1) 加减法　在加减运算中，计算结果有效数字位数的保留，以小数点后位数最少的数据为准，即以绝对误差最大的数据为准。例如，0.0121 + 25.64 + 1.05782 三数相加，由有效数字的定义可知，三个数中最后一位均是可疑数字，其中 25.64 中的“4”已经是可疑数字，因此运算之前，应按 25.64 为准，将其他数据修约到小数点后第二位，然后再相加：

$$\begin{array}{r} 0.01 \\ 25.64 \\ +)\,1.06 \\ \hline 26.71 \end{array}$$

如不管各数据的准确度，一律相加得出26.70992，则是不合理的。

（2）乘除法　乘除法运算中，计算结果有效数字位数的保留，应以各数据中有效数字位数最少的数据为准，即以相对误差最大的数据为准。例如：

$$\frac{0.14762 \times 24.38 \times 6.2}{18.3} = ?$$

因最后一位都是可疑数字，各数据的相对误差分别为：

$$\frac{\pm 0.00001}{0.14762} \times 100\% = \pm 0.007\%$$

$$\frac{\pm 0.01}{24.38} \times 100\% = \pm 0.04\%$$

$$\frac{\pm 0.1}{6.2} \times 100\% = \pm 2\%$$

$$\frac{\pm 0.1}{18.3} \times 100\% = \pm 0.5\%$$

在上述计算中，6.2的相对误差最大（也是有效数字位数最少的数据），因此最后结果有效数字的保留应以此数据为准，保留2位有效数字：

$$\frac{0.14762 \times 24.38 \times 6.2}{18.3} = \frac{0.15 \times 24 \times 6.2}{18} = 1.24 \approx 1.2$$

在计算和取舍有效数字位数时，还要注意以下几点：

（1）若某一数据中第一位有效数字大于或等于8，则其有效数字的位数可多算一位。如9.65在实际计算中可视为四位有效数字。

（2）在分析化学计算中，经常会遇到一些倍数、分数和系数等情况，如2、5、10及$\frac{1}{2}$、$\frac{1}{3}$、$\frac{1}{5}$等，因其不是由测定所得，可视为足够准确，不考虑其有效数字位数，计算结果的有效数字位数，应由其他测量数据来决定。

（3）在计算过程中，为了提高计算结果的可靠性，修约时可以暂时多保留一位有效数字位数，得到最后结果后，再根据数字修约的规则，舍去多余的数字。

（4）在分析化学计算中，对于各种化学平衡常数的计算，一般保留两位或三位有效数字。对于各种误差的计算，取一位有效数字即已足够，最多取两位。对于pH值的计算，通常只取一位或两位有效数字即可，如pH值为3.4、7.5、10.48。

（5）定量分析的结果，对于高含量组分（例如≥10%），要求分析结果为四位有效数字；对于中含量（1%～10%）范围内，要求有三位有效数字；对于微量组分（<1%），一般只要求两位有效数字。通常以此为标准，报出分析结果。

（6）使用计算器计算定量分析结果时，特别要注意最后结果中有效数字位数的保留，应根据前述数字修约规则进行取舍，不可全部照抄计算器上显示的数字。

二、置信度与平均值的置信区间

在实际分析测定工作中，测定次数是有限的，由有限次实验求得的是样本平均值$\bar{x}$和标

准偏差 s，不能求出总体平均值 μ 和总体标准偏差 σ。那么，如何确定测定数据的可靠程度？数据的可信程度与偶然误差的存在及出现的概率有着直接的关系。

对于不含系统误差的无数个测定数据，其误差分布可用正态分布曲线来表征。如图 1－2 和图 1－3 所示。曲线的形状受总体标准偏差 σ 控制，σ 越小，曲线又高又窄，表明数据精密度好。

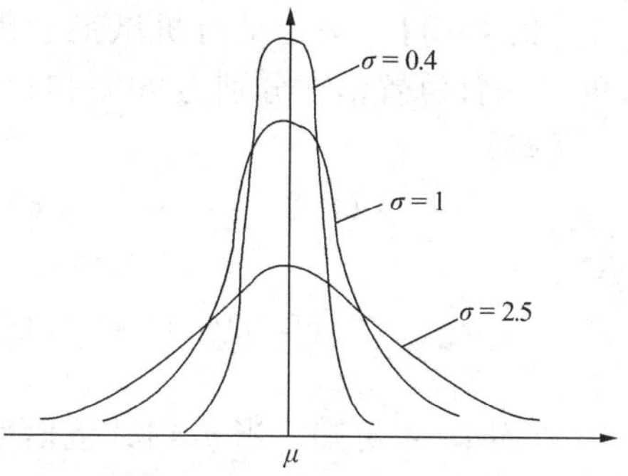

图 1－3 正态分布曲线随 σ 变化

正态分布曲线与横轴所包围的面积代表了大小误差出现的概率。从 $-\infty$ 到 $+\infty$ 之间所包围的面积代表具有各种大小误差的测定值出现的几率总和，设为100%。由数学计算可知，当测定值在 $\mu-\sigma$ 到 $\mu+\sigma$ 区间内出现时，曲线所包围的面积为 68.26%。即计算出分析结果落在 $\mu\pm\sigma$ 区间内的几率为 68.26%，同样可计算出分析结果落在 $\mu\pm2\sigma$ 和 $\mu\pm3\sigma$ 区间的几率分别为 95.45% 和 99.73%。因此，分析结果在某一范围内出现的几率称为置信度(也称置信水平)，用 P 表示。

由统计学可以推导出有限次测量的平均值 $\bar{x}$ 与总体平均值 μ 的关系。

$$\mu = \bar{x} \pm \frac{t \times s}{\sqrt{n}} \qquad (1-12)$$

式中 s——标准偏差；

n——测定次数；

t——在选定某一置信度下的概率系数，可根据测定次数和置信度从表 1－4 中查得。

这样可以通过有限次测量，在选定的置信度(P)下，合理地估计出测定的平均值与真值的接近程度，即总体平均值在以测定平均值 $\bar{x}$ 为中心的多大范围内出现，这个范围就是平均值的置信区间。

表 1－4 不同置信度和不同测定次数的 t 值

测定次数(n)	置信度(P)				
	50%	90%	95%	99%	99.5%
2	1.000	6.314	12.706	63.675	127.32
3	0.816	2.920	4.303	9.925	14.089
4	0.765	2.353	3.182	5.841	7.453
5	0.741	2.132	2.776	4.604	5.598
6	0.727	2.015	2.571	4.032	4.773
7	0.718	1.943	2.447	3.707	4.317
8	0.711	1.895	2.365	3.500	4.317
9	0.706	1.860	2.306	3.335	3.832
10	0.703	1.833	2.262	3.14	3.690
11	0.700	1.812	2.228	3.169	3.561
21	0.687	1.725	2.086	2.845	3.153
∞	0.674	1.645	1.960	2.576	2.807

从表 1－4 可以看出，当置信度一定时，测定次数越多，t 值越小，相应的置信区间范围越窄。测定平均值与总体平均值越接近。但当测定次数在 20 次以上与测定次数为∝时，t 值

相差不多，表明测定次数超过 20 以上时，再增加测定次数对提高测定结果的准确度已经没有意义了。

【例 1-3】 测定某有机试剂中磷的含量，测定结果分别为 6.87%、6.90%、6.89%、6.90%。计算置信度分别为 90% 和 95% 时的平均值的置信区间。

【解】

$$\bar{x} = \frac{(6.87 + 6.90 + 6.89 + 6.90)\%}{4} = 6.89\%$$

$$s = \sqrt{\frac{(0.02\%)^2 + (0.01\%)^2 + (0.00\%)^2 + (0.01\%)^2}{4-1}} = 0.01\%$$

查表 1-4 可知，当 $n=4$，置信度为 90% 时，$t=2.353$，则：

$$\mu = \bar{x} \pm \frac{t \times s}{\sqrt{n}} = 6.89\% \pm \frac{2.353 \times 0.01\%}{\sqrt{4}} = (6.89 \pm 0.01)\%$$

同理，当 $n=4$，置信度为 95% 时，$t=3.182$，则：

$$\mu = 6.89\% \pm \frac{3.182 \times 0.01\%}{\sqrt{4}} = (6.89 \pm 0.02)\%$$

显然，当 n 一定时，置信度越大，置信系数 t 越大，则同一体系的置信区间就越宽；反之，置信度越小，t 值越小，则同一体系的置信区间就越窄。从统计意义上推断，通常都不把置信度定为 100%。例如，推断某物料中 SiO_2 的含量为 0 ~ 100%，该判断本身是完全正确的，置信度为 100%。但是，这样的判断毫无实际价值。在日常生活中，人们的判断若有 90% 或是 95% 的把握性，就认为这种判断基本是正确的。不同的科学对于置信度有不同的要求，在工业技术中，国际上推荐采用置信度为 95%，我国国家计量技术规范《测量误差及数据处理》中也推荐采用置信度 95%。它表示在许多次测量结果中，约有 95% 的测定值落在规定的范围内。

三、可疑数据的取舍

在实际工作中，常常遇到一组平行测定的分析数据中有个别数据与其他数据相差较远，应注意，不可为了单纯追求实验结果的“一致性”而把这些数据随便舍弃。如果不是由于在操作过程中明显过失造成的，就要根据随机误差分布规律决定取舍。取舍的方法有很多，下面介绍两种常用的检验法。

1. Q 检验法

当测定次数 $3 \leq n \leq 10$ 时，根据所要求的置信度，按照下列步骤，检验可疑数据是否应舍弃。

（1）将各数据从小到大排列：x_1、x_2、…、x_n；

（2）求出最大值与最小值之差 $x_n - x_1$；

（3）求出可疑数据 x_n 或 x_1 与其邻近数据之差 $x_n - x_{n-1}$ 或 $x_2 - x_1$；

（4）求出 $Q = \frac{x_n - x_{n-1}}{x_n - x_1}$ 或 $Q = \frac{x_2 - x_1}{x_n - x_1}$；

（5）根据测定次数 n 和要求的置信度，查表 1-5 得 $Q_{表}$；

（6）将 Q 与 $Q_{表}$ 比较，若 $Q > Q_{表}$，则相应的可疑值应舍去，否则应予以保留。

表1-5　不同置信度下舍弃可疑数据的 Q 值（置信度90%和95%）

测定次数	3	4	5	6	7	8	9	10
$Q_{0.90}$	0.94	0.76	0.64	0.56	0.51	0.47	0.44	0.41
$Q_{0.95}$	1.53	1.05	0.86	0.76	0.69	0.64	0.60	0.58

【例1-4】 标定某标准溶液时，进行五次平行测定，测得其浓度（$mol \cdot L^{-1}$）分别为：0.1014、0.1012、0.1019、0.1026、0.1016，其中数据0.1026可疑，用 Q 检验法确定该数据是否应舍弃（置信度为90%）？

【解】 将各数据按递增顺序排列：

0.1012、0.1014、0.1016、0.1019、0.1026

求出最大值与最小值之差：

$$x_n - x_1 = 0.1026 - 0.1012 = 0.0014(mol \cdot L^{-1})$$

求出可疑数据与其最邻近数据之差：

$$x_n - x_{n-1} = 0.1026 - 0.1019 = 0.0007(mol \cdot L^{-1})$$

计算 Q 值：

$$Q = \frac{x_n - x_{n-1}}{x_n - x_1} = \frac{0.0007mol \cdot L^{-1}}{0.0014mol \cdot L^{-1}} = 0.5$$

查表1-5，$n = 5$ 时，$Q_{0.90} = 0.64$，$Q < Q_{表}$，所以数据 $0.1026mol \cdot L^{-1}$ 不应被舍去。

如果测定次数比较少（如 $n=3$），使用 Q 检验时，若 $Q > Q_{表}$，按规定应舍去该可疑值，一般最好再补加测定一、二次，而不是把剩下的两个数据取平均值做报告。

若在三个以上的数据中，需要对一个以上的可疑数据用 Q 检验决定取舍，首先检验最小值，然后再检验最大值。

2. $4\bar{d}$ 检验法

$4\bar{d}$ 检验法即4倍平均偏差法，检验方法如下：

（1）求出除可疑值外的其余数据的平均值 $\bar{x}$ 和平均偏差 $\bar{d}$；

（2）求出可疑值与平均值 $\bar{x}$ 之差的绝对值 $|x_{可疑} - \bar{x}|$；

（3）将该绝对值 $|x_{可疑} - \bar{x}|$ 与 $4\bar{d}$ 比较，若 $|x_{可疑} - \bar{x}| \geq 4\bar{d}$，则可疑值舍弃，否则保留。

【例1-5】 用EDTA标准溶液滴定溶液中的 Zn^{2+}，进行四次平行测定，消耗EDTA标准溶液的体积（mL）分别为：26.32、26.40、26.44、26.42，问26.32这个数据是否保留？

【解】 求出除可疑值26.32之外的其余数据的平均值和平均偏差：

$$\bar{x} = \frac{26.40 + 26.44 + 26.42}{3} = 26.42(mL)$$

$$\bar{d} = \frac{|-0.02| + |0.02| + |0.00|}{3} = 0.01(mL)$$

求出可疑值与平均值 $\bar{x}$ 之差的绝对值：

$$|x_{可疑} - \bar{x}| = |26.32 - 26.42| = 0.10(mL)$$

而：

$$4\bar{d} = 4 \times 0.01 = 0.04(mL)$$

比较：

$$|26.32 - 26.42| = 0.10 > 4\bar{d}$$

所以数据 26.32 应舍去。

上述两种方法，4$\bar{d}$ 检验法比较简单，且不必查表，但是处理可疑数据的取舍存在较大误差，数据统计不够严密，只能处理一些要求不高的实验数据。Q 检验法符合数理统计原理，方法简便严谨，适用于测定次数在 3～10 次之间的数据处理。

本章小结

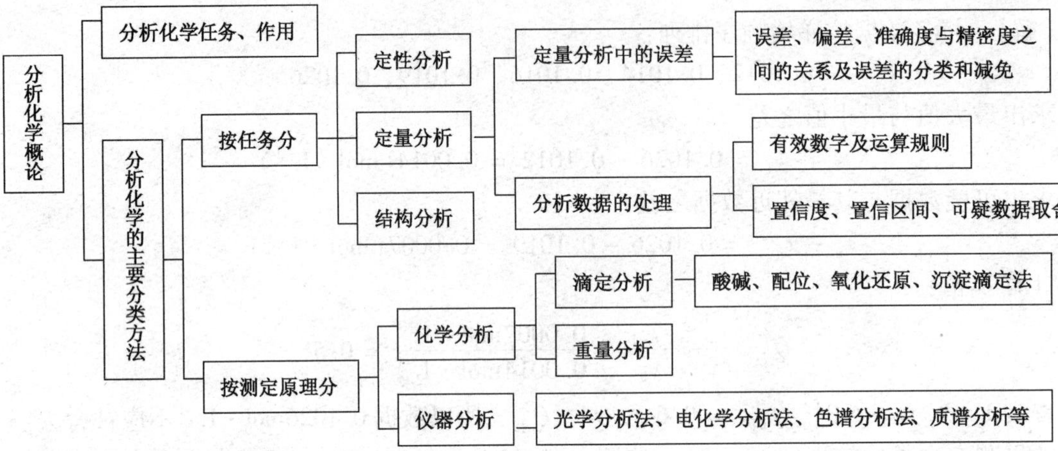

思考题

1. 分析化学的任务、作用以及分类是什么？
2. 为什么标准偏差比平均偏差较能代表数据的精密度？
3. 如何消除测定过程中的系统误差？如何减少随机误差？
4. 准确度和精密度有何不同？它们之间的关系是什么？
5. 为什么要进行多次平行测定？
6. 什么是有效数字？有效数字运算规则在实际分析工作中有何作用？
7. 什么叫置信度和平均值的置信区间？
8. 提高分析结果准确度的方法有哪些？
9. 在下列情况下各会引起哪种误差？如果是系统误差应该采用什么方法减免？
(1) 砝码被腐蚀；
(2) 天平的两臂不等长；
(3) 容量瓶和移液管不配套；
(4) 试剂中含有微量的被测组分；
(5) 天平的零点有微小变动；
(6) 读取滴定体积时最后一位数字估计不准；
(7) 滴定时不慎从锥形瓶中溅出一滴溶液；
(8) 标定 HCl 溶液用的 NaOH 标准溶液中吸收了 CO_2。
10. 某人分析药物中主要成分的含量，称取此药物试样 0.0520g，最后计算此药物主要成分含量为96.24%。问该结果是否合理？为什么？

11. 如果要求分析误差小于0.1%，问至少应称取试样多少克？滴定时所用溶液的体积至少为多少毫升？

12. 对某一样品进行分析，A 测定结果的平均值为6.96%，标准偏差为0.03；B 测定结果的平均值为7.10%，标准偏差为0.05。其真值为7.02%。试比较 A 的测定结果与 B 的测定结果的好坏。

习　题

一、选择题

1. 分析工作中实际能够测量到的数字称为(　　)。

A. 精密数字　　B. 准确数字　　C. 可靠数字　　D. 有效数字

2. 滴定管在记录读数时，小数点后应保留(　　)位。

A. 1　　B. 2　　C. 3　　D. 4

3. 下列数据记录有错误的是(　　)。

A. 分析天平 0.2800g　　B. 移液管 25.00mL

C. 滴定管 25.00mL　　D. 量筒 25.00mL

4. 将下列数值修约成3位有效数字，其中(　　)是错误的。

A. 6.5350→6.54　　B. 6.5342→6.53　　C. 6.545→6.55　　D. 6.5252→6.53

5. 可用下列方法中哪种方法减小分析测定中的偶然误差(　　)。

A. 进行对照试验　　B. 进行空白试验

C. 进行仪器校准　　D. 增加平行试验的次数

6. 个别测定值与几次平行测定的算术平均值之间的差值称为(　　)。

A. 绝对误差　　B. 相对误差　　C. 绝对偏差　　D. 相对偏差

7. 下列(　　)情况不属于系统误差。

A. 滴定管未经校正　　B. 所用试剂中含有干扰离子

C. 天平两臂不等长　　D. 砝码读错

8. 下列各数中，有效数字位数为四位的是(　　)。

A. $[H^+]=0.0003mol \cdot L^{-1}$　　B. pH = 10.42

C. $w_{MgO}=19.96\%$　　D. 4000

9. 在不加样品的情况下，用测定样品同样的方法、步骤，对空白样品进行定量分析，称为(　　)。

A. 对照试验　　B. 空白试验　　C. 平行试验　　D. 预试验

10. 滴定分析中，若试剂含少量待测组分，可用于消除误差的方法是(　　)。

A. 仪器校正　　B. 空白试验　　C. 对照分析　　D. 方法校正

11. 有效数字加减运算结果的误差取决于其中(　　)。

A. 位数最多的　　B. 位数最少的　　C. 绝对误差最大的　　D. 绝对误差最小的

12. 下列叙述中错误的是(　　)。

A. 方法误差属于系统误差　　B. 终点误差属于系统误差

C. 系统误差呈正态分布　　D. 系统误差可以测定

13. 在滴定分析法测定中出现的下列情况，(　　)属于系统误差。

A. 试样未经充分混匀　　B. 滴定管的读数读错

C. 滴定时有液滴溅出　　D. 砝码未经校正

14. 测定试样中 CaO 的质量分数，称取试样 0.9080g，滴定耗去 EDTA 标准溶液 20.50mL，以下结果表示正确的是(　　)。

A. 10%　　B. 10.1%　　C. 10.08%　　D. 10.077%

15. 在生产单位中，为检验分析人员之间是否存在系统误差，常用以下哪种方法进行校正(　　)。

A. 空白实验　　B. 校准仪器

C. 对照实验　　D. 增加平行测定次数

16. 下列关于平行测定结果准确度与精密度的描述正确的有(　　)。

A. 精密度高则没有随机误差　　B. 精密度高则准确度一定高

C. 精密度高表明方法的重现性好　　D. 存在系统误差则精密度一定不高

17. 总体标准偏差的大小说明(　　)。

A. 数据的分散程度　　B. 数据与平均值的偏离程度

C. 数据的大小　　D. 数据的集中程度

18. 下列叙述错误的是(　　)。

A. 误差是以真值为标准的，偏差是以平均值为标准的

B. 对某项测定来说，它的系统误差大小是可以测定的

C. 在正态分布条件下，σ 值越小，峰形越矮胖

D. 平均偏差常用来表示一组测量数据的分散程度

19. 某人根据置信度为95%对某项分析结果计算后，写出如下报告，合理的是(　　)。

A. (25.48 ±0.1)%　　B. (25.48 ±0.135)%

C. (25.48 ±0.1348)%　　D. (25.48 ±0.13)%

20. 下列有关置信区间的定义中，正确的是(　　)。

A. 以真值为中心的某一区间包括测定结果的平均值的几率

B. 在一定置信度时，以测量值的平均值为中心的，包括真值在内的可靠程度

C. 总体平均值与测定结果的平均值相等的几率

D. 在一定置信度时，以真值为中心的可靠程度

21. 置信区间的大小受(　　)的影响。

A. 总体平均值　　B. 置信度　　C. 平均值　　D. 真值

22. 当置信度为0.95时，测得 Al_2O_3 的 μ 置信区间为(35.21 ±0.10)%，其意义是(　　)。

A. 在所测定的数据中有95%在此区间内

B. 若再进行测定，将有95%的数据落入此区间内

C. 总体平均值 μ 落入此区间的概率为 0.95

D. 在此区间内包含 μ 值的概率为 0.95

23. $NaHCO_3$ 纯度的技术指标为≥99.0%，下列测定结果不符合标准要求的是(　　)。

A. 99.05%　　B. 99.01%　　C. 98.94%　　D. 98.95%

24. 在一组平行测定中，测得试样中钙的质量分数(%)分别为 22.38、22.36、22.40、

22.48，用 Q 检验判断，应弃去的是(　　)(已知：$Q_{0.90}=0.64$，$n=5$)。

A. 22.38　　B. 22.4　　C. 22.48　　D. 22.36

25. 试样用量为0.1～10mg 的分析称为（　　）。

A. 常量分析　　B. 半微量分析　　C. 微量分析　　D. 痕量分析

二、判断题

1. 测定的精密度好，但准确度不一定好，消除了系统误差后，精密度好的，结果准确度就好。(　　)

2. 精密度是保证准确度的先决条件。(　　)

3. 分析测定结果的偶然误差可通过适当增加平行测定次数来减免。(　　)

4. 增加测量次数，可以减少偶然误差对测定结果的影响，所以在分析测量时，测量的次数越多越好。(　　)

5. 将7.63350 修约为四位有效数字的结果是7.634。(　　)

6. 系统误差的特点是恒定的，是可以控制的；偶然误差的特点是不恒定的，从而也是不易控制的。(　　)

7. 标准偏差可以使大偏差能更显著地反映出来。(　　)

8. 在没有系统误差的前提条件下，总体平均值就是真实值。(　　)

9. 两位分析者同时测定某一试样中硫的质量分数，称取试样均为3.5g，分别报告结果如下：甲：0.042%，0.041%；乙：0.04099%，0.04201%。甲的报告是合理的。(　　)

10. 用 Q 检验法舍弃一个可疑值后，应对其余数据继续检验，直至无可疑值为止。(　　)

三、计算题

1. 将下列数据修约为两位有效数字：

(1) 4.149；(2)1.352；(3)6.3612；(4)22.5101；(5)25.5；(6)14.5。

2. 计算

(1) $0.213+31.24+3.06162=?$

(2) $0.0223\times21.78\times2.05631=?$

(3) $2.187\times0.584+9.6\times10^{-5}-0.0326\times0.00814=?$

(4) $\dfrac{9.827\times50.62}{0.005164\times136.6}=?$

(5) $\sqrt{\dfrac{1.5\times10^{-8}\times6.1\times10^{-8}}{3.3\times10^{-5}}}=?$

3. 滴定管读数误差为±0.01mL，滴定体积为：(1)2.00mL；(2)20.00mL；(3)40.00mL，试计算相对误差各为多少？

4. 天平称量的相对误差为±0.1%，称量：(1)0.5g；(2)1g；(3)2g，试计算绝对误差各为多少？

5. 用沉淀滴定法测得 NaCl 试剂中氯的理论含量为60.53%，计算绝对误差和相对误差。

6. 电光分析天平的分度值为0.1mg/格，如果要求分析结果达到1.0‰的准确度，问称取试样的质量至少是多少？如果称取50 mg 和100 mg，相对误差各是多少？

7. 分析铁矿石中铁的质量分数，得如下数据：37.45%、37.20%、37.50%、37.30%、37.25%，求计算结果的平均值、中位值、平均偏差、相对平均偏差、标准偏差、相对标准偏差。

8. 测定试样中 CaO 含量，得到如下结果：35.65%、35.69%、35.72%、35.60%，比较95%和90%置信度下总体平均值的置信区间。

9. 某一标准溶液的四次标定值为0.1014、0.1012、0.1025、0.1016，单位为 $mol \cdot L^{-1}$，当置信度为90%时，问0.1025可否舍去？结果如何报告才合理？

10. 某人测定一溶液的摩尔浓度（$mol \cdot L^{-1}$），获得以下结果：0.2038、0.2042、0.2052、0.2039。当置信度为90%时，第三个结果应否弃去？结果应该如何表示？测了第五次，结果为0.2041，这时第三个结果可以弃去吗？

第二章 滴定分析概述

☞ 知识目标：

- 掌握滴定反应应具备的条件。
- 学会滴定分析的有关术语。
- 掌握滴定分析方法和滴定分析方式。

☞ 能力目标：

- 学会标准溶液的配制和表示方法。
- 掌握滴定分析法计算。
- 能掌握基本的计算方法并灵活应用。

第一节 概 述

一、有关概念

滴定分析法是化学分析中的重要方法之一。使用滴定管将一种已知准确浓度的试剂溶液即标准溶液，滴加到待测物的溶液中，直到待测组分恰好完全反应，即加入标准溶液的物质的量与待测组分的物质的量符合反应式的化学计量关系，然后根据标准溶液的浓度和所消耗的体积，算出待测组分的含量，这一类分析方法通称为滴定分析法(或容量分析法)。

而已知准确浓度的溶液称为标准溶液(简称标液)。

将标准溶液滴加到被测液体中的操作过程称为滴定。

滴加的标准溶液与待测组分恰好反应完全的这一点，称为化学计量点。

在化学计量点时，反应往往没有易为人察觉的任何外部特征，因此一般是在待测溶液中加入指示剂（如酚酞等)，利用指示剂颜色的突变来判断，当指示剂变色时停止滴定，故将指示剂变色的点称为滴定终点。

实际分析操作中滴定终点与理论上的化学计量点不一定能恰好符合，他们之间往往存在很小的差别，由此而引起的误差称为终点误差，也称滴定误差。终点误差的大小，决定于滴定反应和指示剂的性能及用量，是滴定分析误差的主要来源之一。

滴定分析法适用常量组分的测定，有时也可以测定微量组分；该法快速、准确，仪器设备简单、操作简便，可用于多种化学反应类型的测定；分析准确度较高，相对误差在0.1%左右。因此，该方法在生产实践和科学研究方面具有很高的实用价值，常作为标准方法，应用比较广泛。

二、滴定分析法的分类

根据所利用的化学反应不同，滴定分析法一般可分为下列四种：以酸碱反应为基础的滴定分析方法为酸碱滴定法，如用氢氧化钠滴定醋酸；以配位反应为基础的滴定分析方法为配位滴定法，如在 pH = 10 时，用 EDTA 滴定金属镁离子；以氧化还原反应为基础的滴定分析方法称为氧化还原滴定法，如在酸性条件下以重铬酸钾滴定二价铁离子；同理，以沉淀反应为基础的滴定分析方法称为沉淀滴定法，如在中性条件下以硝酸银滴定水中的氯离子。

三、滴定分析对化学反应的要求和滴定方式

滴定分析对化学反应的要求：

① 反应定量地完成　即被测物与标准溶液之间的反应按一定的化学方程式进行，无副反应的发生，而且进行完全(>99.9%)，这是定量计算的基础。

② 反应速率要快　滴定反应要求在瞬间完成，对于速率慢的反应，应采取适当措施(如加热、加催化剂等)提高其反应速率。

③ 能用比较简便的方法确定其滴定终点。

滴定分析方法的滴定方式：

(1) 直接滴定法　凡是滴定剂与被测物的反应满足上述对化学反应的要求，就可以用标准溶液直接滴定被测的物质，这种滴定方式称为直接滴定法。直接滴定法是滴定分析中最常用和最基本的方法，其操作简便、准确度高、分析结果的计算也较简单。如用酚酞为指示剂，以 NaOH 标准溶液滴定 HCl。

(2) 返滴定法　当反应速率较慢或待测物是固体时，待测物中加入符合计量关系的标准溶液(或称滴定剂)后，反应常常不能立即完成。此种情况下可于待测物中先加入一定量的过量的滴定剂，使之充分反应。待反应完成后，再用另一种标准溶液滴定剩余的滴定剂，这种滴定方式称为返滴定法。如固体 $CaCO_3$ 的测定，可先加入过量的 HCl 标准溶液，待反应完成后，用 NaOH 标准溶液滴定剩余的 HCl。

(3) 置换滴定法　对于没有定量关系或伴有副反应的反应，可以先用适当的试剂与待测物反应，置换出可被准确滴定的物质，然后再用适当的标准溶液进行滴定，这种滴定方式称为置换滴定法。例如 $Na_2S_2O_3$ 不能直接滴定 $K_2Cr_2O_7$，可在酸性条件下，在 $K_2Cr_2O_7$ 溶液中加入过量的 KI，生成定量的 I_2, 以淀粉为指示剂，用 $Na_2S_2O_3$ 滴定生成的 I_2。

(4) 间接滴定法　对于不能与滴定剂直接起反应的物质，有时可以通过另外的化学反应间接进行滴定。例如 Ca^{2+} 不能直接用氧化还原法滴定，若将 Ca^{2+} 沉淀为 CaC_2O_4，过滤并洗净后溶解于硫酸中，再用 $KMnO_4$ 标准溶液滴定与 Ca^{2+} 结合的 $C_2O_4^{2-}$，从而可以间接测定 Ca^{2+} 的含量。

由于滴定分析的滴定方法多，滴定方式灵活，从而拓展了滴定分析的应用范围。

第二节　基准物质和标准溶液

一、基准物质

基准物质是用于直接配制或标定标准溶液浓度的物质，也称标准物质。基准物质必须符合以下要求：

(1) 物质的组成和化学式应完全符合。若含结晶水，如草酸 $H_2C_2O_4 \cdot 2H_2O$ 等，其结晶水的含量也应与化学式完全相符。

（2）物质必须具有足够的纯度，即主要成分含量在99.9%以上，所含杂质不影响滴定反应的准确度。

（3）试剂在一般情况下应该很稳定。

（4）最好具有较大摩尔质量，以减小称量误差。如标定盐酸的基准物既可选择Na_2CO_3也可选择$Na_2B_4O_7 \cdot 10H_2O$，仅考虑减小称量误差，应选择$Na_2B_4O_7 \cdot 10H_2O$，但综合考虑时，实际通常选择Na_2CO_3作为标定盐酸的基准物。在实际分析工作中常用的基准物质见表2－1。

表2－1　常用基准物质的干燥条件和应用

基准物质		干燥后的组成	干燥条件/℃	标定对象
名称	化学式			
碳酸氢钠	$NaHCO_3$	Na_2CO_3	270～300	酸
十水合碳酸钠	$Na_2CO_3 \cdot 10H_2O$	$Na_2CO_3 \cdot 10H_2O$	270～300	酸
硼砂	$Na_2B_4O_7 \cdot 10H_2O$	$Na_2B_4O_7 \cdot 10H_2O$	放在装有NaCl和蔗糖饱和溶液的密闭器皿中	酸
二水合草酸	$H_2C_2O_4 \cdot 2H_2O$	$H_2C_2O_4 \cdot 2H_2O$	室温空气干燥	碱或$KMnO_4$
邻苯二甲酸氢钾	$KHC_8H_4O_4$	$KHC_8H_4O_4$	110～120	碱
重铬酸钾	$K_2Cr_2O_7$	$K_2Cr_2O_7$	140～150	还原剂
溴酸钾	$KBrO_3$	$KBrO_3$	130	还原剂
草酸钠	$Na_2C_2O_4$	$Na_2C_2O_4$	130	$KMnO_4$
碳酸钙	$CaCO_3$	$CaCO_3$	110	EDTA
锌	Zn	Zn	室温干燥器中保存	EDTA
氯化钠	NaCl	NaCl	500～600	$AgNO_3$
硝酸银	$AgNO_3$	$AgNO_3$	220～250	氯化物

二、标准溶液的配制

1. 直接法

准确称取一定量的基准物质，用适当溶剂溶解后，定量转移至容量瓶中，稀释至刻度，根据称取的物质的质量和溶液的体积，计算出该标准溶液的浓度，这种方法称为直接配制法。只有基准物质才能用直接法配制其标准溶液。例如，称取4.9030g重铬酸钾基准物质，置于烧杯中，用水溶解后转移到1L容量瓶中，用水稀释至刻度摇匀，即得0.016 67mol·L^{-1} $K_2Cr_2O_7$溶液。

但是用来配制标准溶液的物质大多不是基准物质，如酸碱滴定法中所用的盐酸，一般市售盐酸中的HCl含量有一定的波动；又如NaOH极易吸收空气中的CO_2和水分，称得的质量不能代表纯NaOH的物质。因此，对这一类物质不能用直接法配制标准溶液，而需要用间接法配制。

2. 间接法（也称标定法）

很多试剂不符合基准物质的条件，不适于直接配制标准溶液。但可以将其配制成接近于所需浓度的溶液，用基准物或已经标定过的另一种标准溶液来确定它的准确浓度，这种确定浓度的操作称为标定。例如，欲配制0.1mol·L^{-1} NaOH标准溶液，先配成大约为0.1mol·L^{-1}

NaOH 的溶液，然后准确称取一定量的邻苯二甲酸氢钾，用该 NaOH 溶液滴定，根据两者完全作用时 NaOH 溶液的用量和邻苯二甲酸氢钾的质量，即可计算出 NaOH 溶液的准确浓度，或者用已知准确浓度的 HCl 标准溶液进行标定，这样便可求得 NaOH 溶液的准确浓度。

在上述标定过程中，邻苯二甲酸氢钾和草酸（$H_2C_2O_4 \cdot 2H_2O$）都可作为标定 NaOH 的基准物，但前者的摩尔质量大于后者，为了降低称量误差，因此邻苯二甲酸氢钾更适合作基准物。

三、标准溶液浓度表示方法

1. 物质的量浓度（简称浓度）

是指单位体积溶液中所含溶质的物质的量（n）。如 B 物质的量浓度以符号 c_B 表示，即：

$$c_B = \frac{n_B}{V_B} \tag{2-1}$$

$$n_B = \frac{m_B}{M_B} \tag{2-2}$$

式中 c_B——物质的量浓度，$mol \cdot L^{-1}$；

V_B——溶液的体积，L；

n_B——物质的量，mol；

m_B——物质的质量，g；

M_B——物质的摩尔质量，$g \cdot mol^{-1}$。

2. 滴定度

在生产部门常规分析中，由于测定对象比较固定，常使用同一标准溶液测定同种物质，因此采用滴定度（Titer）表示标准溶液的浓度会使结果的计算简便快速。滴定度是指与每毫升标准溶液相当的被测组分的质量，用 $T_{待测物/滴定剂}$ 表示。滴定度的单位为 $g \cdot mL^{-1}$。例如，用来测定铁含量的 $KMnO_4$ 标准溶液，其浓度可用 $T_{Fe/KMnO_4}$ 表示。若 $T_{Fe/KMnO_4}$ = $0.005682 g \cdot mL^{-1}$，即表示 1mL $KMnO_4$ 标准溶液相当于 0.005682g 铁，也就是说，1mL 的 $KMnO_4$ 标准溶液能把 0.005682g Fe^{2+} 氧化成 Fe^{3+}。上例中，如果已知滴定中消耗 $KMnO_4$ 标准溶液的体积为 V，则被测定铁的质量 $m_{Fe} = TV$。

【例 2-1】 氧化还原滴定分析中，用 $K_2Cr_2O_7$ 标准溶液测定 Fe 的含量时，$T_{Fe/K_2Cr_2O_7}$ = $0.003\,489 g \cdot mL^{-1}$，欲测定一试样中的铁含量，消耗滴定剂为 24.75 mL，则该试样中含铁的质量为多少？

【解】

$$m = TV = 0.003489 g \cdot mL^{-1} \times 24.75\ mL = 0.08635(g)$$

滴定度也可以用每毫升标准溶液中所含溶质的质量来表示，如 $T_{I_2} = 0.01468 g/mL$，即每毫升标准碘溶液含 0.01468g 碘。这种方法的应用范围不及上述表示法广泛。

第三节 滴定分析结果的计算

一、比例法

1. 待测物的物质的量 n_A 与滴定剂的物质的量 n_B 的关系

在直接滴定法中，设被测组分 A 与滴定剂 B 间的反应为：

$$aA + bB = cC + dD$$

当滴定到达化学计量点时，$a$mol A 恰好与 $b$mol B 作用完全，则 n_A 与 n_B 之比为：

$$n_A : n_B = a : b \quad (2-3)$$

则：

$$n_A = \frac{a}{b}n_B \qquad n_B = \frac{b}{a}n_A \quad (2-4)$$

若被测物是固体，其质量为 m_A，摩尔质量为 M_A，到达化学计量点时用去浓度为 c_B 的滴定剂的体积为 V_B，则：

$$c_B V_B = \frac{b}{a} \cdot \frac{m_A}{M_A} \quad (2-5)$$

例如，用 $NaCO_3$ 作基准物标定 HCl 溶液的浓度时，其反应式为：

$$2HCl + Na_2CO_3 = 2NaCl + H_2CO_3$$

滴定到达化学计量点时，由式(2-4)得：

$$n_{HCl} = 2n_{Na_2CO_3}$$

$$c_{HCl} \cdot V_{HCl} = \frac{2m_{Na_2CO_3}}{M_{Na_2CO_3}}$$

$$c_{HCl} = \frac{2m_{Na_2CO_3}}{V_{HCl} \cdot M_{Na_2CO_3}}$$

【例 2-2】 一 KOH 溶液，24.59mL 能中和草酸（$H_2C_2O_4 \cdot 2H_2O$）0.3000g。求该 KOH 溶液的浓度。

【解】 此滴定反应为：

$$H_2C_2O_4 + 2OH^- = C_2O_4^{2-} + 2H_2O$$

$$n_{KOH} = 2n_{H_2C_2O_4 \cdot 2H_2O}$$

$H_2C_2O_4 \cdot 2H_2O$ 的摩尔质量为 $126.07g \cdot mol^{-1}$：

$$c_{KOH} = \frac{n_{KOH}}{V_{KOH}} = \frac{2n_{H_2C_2O_4 \cdot 2H_2O}}{V_{KOH}} = \frac{2m_{H_2C_2O_4 \cdot 2H_2O}}{M_{H_2C_2O_4 \cdot 2H_2O} \cdot V_{KOH}}$$

$$= \frac{2 \times 0.3000g}{126.07g \cdot mol^{-1} \times 24.59 \times 10^{-3}L}$$

$$= 0.1935(mol \cdot L^{-1})$$

若被测物是溶液，其体积为 V_A，浓度为 c_A，到达化学计量点时用去浓度为 c_B 的滴定剂的体积为 V_B，则：

$$c_A V_A = \frac{a}{b} c_B V_B \quad (2-6)$$

例如，用已知浓度的 NaOH 标准溶液测定 H_2SO_4 溶液浓度，其反应式为：

$$H_2SO_4 + 2NaOH = Na_2SO_4 + 2H_2O$$

滴定达到化学计量点时，则由式(2-6)得：

$$c_{H_2SO_4} \cdot V_{H_2SO_4} = \frac{1}{2} c_{NaOH} \cdot V_{NaOH}$$

$$c_{H_2SO_4} = \frac{c_{NaOH} \cdot V_{NaOH}}{2V_{H_2SO_4}}$$

也能用于有关溶液稀释的计算中。因为溶液稀释后，浓度虽然降低了，但所含的物质的量没有改变，所以：

$$c_1V_1 = c_2V_2 \tag{2-7}$$

式中　c_1、V_1——稀释前溶液的浓度和体积；

c_2、V_2——稀释后溶液的浓度和体积。

在间接法滴定中涉及两个或两个以上反应，应从总的反应中找出实际参加反应物质的量之间的关系。

又如用 $KMnO_4$法滴定 Ca^{2+}，经过如下几步：

$$Ca^{2+} \xrightarrow{C_2O_4^{2-}} CaC_2O_4\downarrow \xrightarrow{H^+} HC_2O_4^- \xrightarrow{MnO_4^-} 2CO_2$$

此处 Ca^{2+} 与 $C_2O_4^{2-}$ 的反应摩尔比是 1∶1，而 $C_2O_4^{2-}$ 与 $KMnO_4$是按 5∶2 的摩尔比相互反应的。

$$5C_2O_4^{2-} + 2MnO_4^- + 16H^+ = 2Mn^{2+} + 10CO_2\uparrow + 8H_2O$$

故

$$n_{Ca} = \frac{5}{2}n_{KMnO_4}$$

2. 物质的量浓度 *c* 与滴定度 *T* 之间的关系

对于一个化学反应：

$$aA + bB = cC + dD$$

A 为被测组分，B 为标准溶液，若以 V_B为反应完成时标准溶液消耗的体积(mL)，m_A和 M_A分别代表物质 A 的质量(g)和摩尔质量。当反应达到计量点时：

$$\frac{c_BV_B}{1000b} = \frac{m_A/M_A}{a} \tag{2-8}$$

移项得：

$$\frac{m_A}{V_B} = \frac{ac_BM_A}{1000b}$$

由滴定度定义 $T_{A/B} = m_A/V_B$得到：

$$T_{A/B} = \frac{a}{b} \cdot \frac{c_BM_A}{1000} \tag{2-9}$$

【例 2-3】 计算下列溶液的滴定度，以 $g \cdot mL^{-1}$表示：

(1) 以 $0.2015mol \cdot L^{-1}$HCl 溶液，用来测定 $CaCO_3$、NH_3；

(2) 以 $0.1896mol \cdot L^{-1}$ NaOH 溶液，用来测定 HNO_3、CH_3COOH。

【解】 (1)由式(2-9)得：

$$T_{CaCO_3/HCl} = \frac{0.2015mol \cdot L^{-1} \times 100.09g \cdot mol^{-1}}{2 \times 1000} = 0.01008(g \cdot mL^{-1})$$

$$T_{NH_3/HCl} = \frac{0.2015mol \cdot L^{-1} \times 17.03g \cdot mol^{-1}}{1000} = 0.003432(g \cdot mL^{-1})$$

(2) 由式(2-9)得：

$$T_{HNO_3/NaOH} = \frac{0.1896mol \cdot L^{-1} \times 63.01g \cdot mol^{-1}}{1000} = 0.01195(g \cdot mL^{-1})$$

$$T_{CH_3COOH/NaOH} = \frac{0.1896mol \cdot L^{-1} \times 60.05g \cdot mol^{-1}}{1000} = 0.01139(g \cdot mL^{-1})$$

3. 被测组分质量分数的计算

在滴定分析中，若准确称取试样的质量为 m_s，测得被测组分的质量为 m，则被测组分在试样中的质量分数 w_A 为：

$$w_A = \frac{m}{m_s} \times 100\% \qquad (2-10)$$

被测组分的物质的量 n_A 是由滴定剂的浓度 c_B、体积 V_B 以及被测组分与滴定剂反应的摩尔比 $a:b$ 求得的，即：

$$n_A = \frac{a}{b}n_B = \frac{a}{b}c_B V_B$$

根据式(2-2)得：

$$n_A = \frac{m_A}{M_A}$$

即可求得被测组分的质量 m_A：

$$m_A = \frac{a}{b}c_B \cdot V_B \cdot M_A \qquad (2-11)$$

则：

$$w_A = \frac{\frac{a}{b}c_B \cdot V_B \cdot M_A}{m_S} \times 100\% \qquad (2-12)$$

这是滴定分析中计算被测组分的质量分数的一般通式。

【例2-4】 分析不纯 $CaCO_3$(其中不含干扰物质)时，称取试样 0.3000g，加入浓度为 0.2500mol·L^{-1} 的 HCl 标准溶液 25.00mL。煮沸除去 CO_2，用浓度为 0.2012mol·L^{-1} 的 NaOH 溶液返滴过量酸，消耗了 5.84mL。计算试样中 $CaCO_3$ 的质量分数。

【解】

$$CaCO_3 + 2HCl = CaCl_2 + H_2CO_3$$

$$HCl + NaOH = NaCl + H_2O$$

根据式(2-12)得：

$$w_{CaCO_3} = \frac{\frac{1}{2} \times (0.2500mol \cdot L^{-1} \times 25.00mL - 0.2012mol \cdot L^{-1} \times 5.84mL) \times 100.09g \cdot mol^{-1}}{0.3000g \times 1000} \times 100\%$$

$$w_{CaCO_3} = 84.66\%$$

二、基本单元法

1. 基本单元

基本单元可以理解为参加化学反应的最小单位。基本单元可以是电子、原子、分子、离子等基本粒子，也可以是这些粒子的集合体。

2. 基本单元的选取

基本单元的选取是基于概念，即所选取的基本单元为参加化学反应的最小单位。对化学分析，不同反应类型，基本单元的选择依据有所区别。

对酸碱反应，计算过程中所选取的基本单元其给出或接受的质子数（H^+的个数）为Ⅰ，如$\frac{1}{2}CaCO_3$、HCl、$\frac{1}{3}H_2C_2O_4 \cdot KHC_2O_4$、$\frac{1}{2}H_2SO_4$等。

对氧化还原反应，计算过程中所选取的基本单元其给出或接受的电子数（e的个数）为Ⅰ，如$\frac{1}{2}H_2C_2O_4$、$\frac{1}{5}KMnO_4$、$\frac{1}{2}H_2O_2$、$\frac{1}{6}K_2Cr_2O_7$、$Na_2S_2O_3$、$\frac{1}{2}Cl_2$等。

对配位滴定反应和沉淀滴定反应这两种反应类型，由于化学反应相对简单，运用比例法计算也较容易。若采用基本单元法，配位滴定反应计算过程中所选取的基本单元其消耗的EDTA为Ⅰ，如CaO、$\frac{1}{2}Fe_2O_3$等；沉淀滴定反应计算过程中所选取的基本单元其消耗的$AgNO_3$为Ⅰ. 如NaCl、$\frac{1}{2}CaCl_2$等。

3. 计算原则

计算遵循“等物质的量”原则，即在选取基本单元的前提下，凡参加反应的物质的量相等，可表示为：

$$n_A = n_B \qquad (2-13)$$

式中 n_A——A物质的物质的量，mol；

n_B——B物质的物质的量，mol。

计算过程通常分四步：第一步，根据反应选取基本单元，选取方法可参照基本单元的选取原则。第二步，根据题意列关系式，关系式应遵循“等物质的量”原则。第三步，选择合适的计算公式，计算公式的选择要依据已知条件和未知求解来确定。第四步，代入数据求解。

计算时应注意：物质的质量和体积与所选取的基本单元无关；与基本单元有关的有物质的量、摩尔质量、浓度。若已知条件给出的是非基本单元，如浓度，则计算时应先进行转化，转化公式为：

$$c_{1/nB} = nc_B \qquad (2-14)$$

如$c_{1/2\ H_2SO_4} = 2c_{H_2SO_4}$、$c_{1/5\ KMnO_4} = 5c_{KMnO_4}$等。

基本单元计算法的优点很多，例如，可以不必写出化学反应方程式，也不必配平化学反应，只需知道反应物和反应产物的状态，或转化过程即可。该法非常适合过程复杂的习题类型的计算。

【例2-5】 相对密度为1.01的含3.00%的H_2O_2溶液2.50mL，与$c_{1/5\ KMnO_4} = 0.2000mol \cdot L^{-1}$的$KMnO_4$溶液完全作用，需此浓度的$KMnO_4$溶液多少毫升？

【解】 设需要$KMnO_4$ V mL：

选$\frac{1}{2}H_2O_2$及$\frac{1}{5}KMnO_4$为基本单元，根据“等物质的量”原则：

$$n_{1/2\ H_2O_2} = n_{1/5\ KMnO_4}$$

$$\frac{m_{H_2O_2}}{M_{1/2\ H_2O_2}} = c_{1/2\ KMnO_4} \times V_{KMnO_4}$$

$$\frac{(2.50 \times 1.01 \times 3.00\%)g}{\frac{34.02g \cdot mol^{-1}}{2}} = 0.2000mol \cdot L^{-2} \times V$$

$$V = 22.27(mL)$$

本章小结

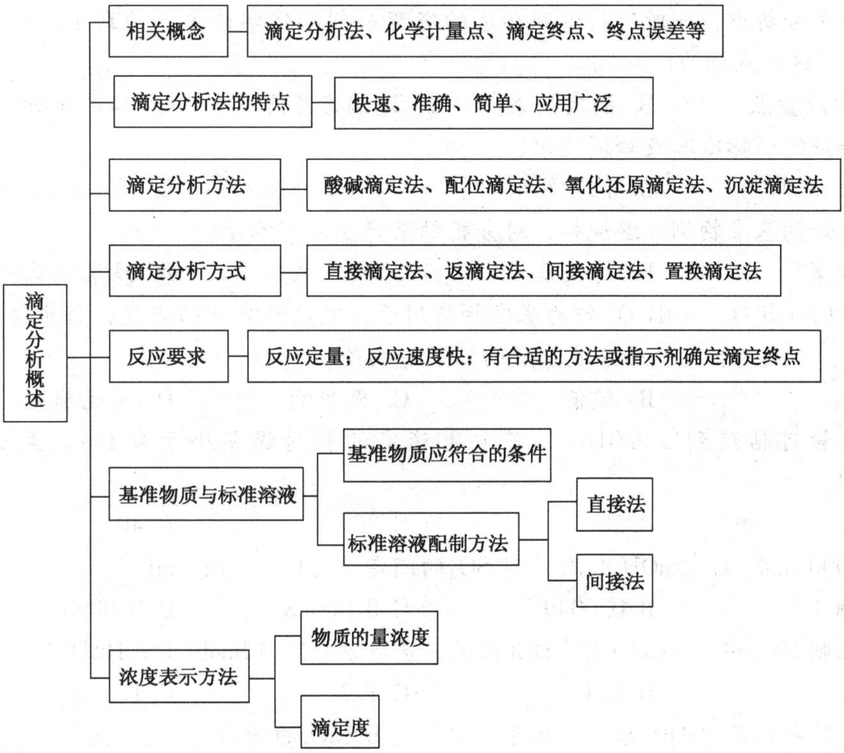

思考题

1. 适用于滴定分析法的化学反应必须具备哪些条件？

2. 用于滴定分析的化学反应为什么必须有确定的化学计量关系？什么是化学计量点？什么是滴定终点？

3. 滴定分析法的特点是什么？

4. 滴定方式有几种？请各举一例。

5. 基准物质应符合哪些要求？标定碱标准溶液时，邻苯二甲酸氢钾（$KHC_8H_4O_4$，$M = 204.23g \cdot mol^{-1}$）和二水合草酸（$H_2C_2O_4 \cdot 2H_2O$，$M = 126.07g \cdot mol^{-1}$）都可以作为基准物质，你认为选择哪一种更好？为什么？

6. 简述配制标准溶液的两种方法。下列物质中哪些可用直接法配制标准溶液？哪些只能用间接法配制？

$NaOH$、H_2SO_4、HCl、$KMnO_4$、$K_2Cr_2O_7$、$AgNO_3$、$NaCl$、$Na_2S_2O_3$。

7. 什么是滴定度？滴定度和物质的量浓度如何换算？

习　题

一、选择题

1. 滴定分析中，对化学反应的主要要求是(　　)。

A. 反应必须定量完成　　B. 反应必须有颜色变化

C. 滴定剂与被测物必须是1∶1的计量关系　　D. 滴定剂必须是基准物。

2. 在滴定分析中，一般用指示剂颜色的突变来判断化学计量点的到达，在指示剂变色时停止滴定，这一点称为(　　)。

A. 化学计量点　　B. 滴定误差　　C. 滴定终点　　D. 滴定分析

3. 直接法配制标准溶液必须使用(　　)。

A. 基准试剂　　B. 化学纯试剂　　C. 分析纯试剂　　D. 优级纯试剂

4. 将称好的基准物倒入湿烧杯，对分析结果产生的影响是(　　)。

A. 正误差　　B. 负误差　　C. 无影响　　D. 结果混乱

5. 硼砂($Na_2B_4O_7 \cdot 10H_2O$)作为基准物质用于标定盐酸溶液的浓度，若事先将其置于干燥器中保存，则对所标定盐酸溶液浓度的结果影响是(　　)。

A. 偏高　　B. 偏低　　C. 无影响　　D. 不能确定

6. 滴定管可估读到±0.01mL，若要求滴定的相对误差小于0.1%，至少应耗用体积(　　)mL。

A. 10　　B. 20　　C. 30　　D. 40

7. 0.2000 $mol \cdot L^{-1}$ NaOH溶液对H_2SO_4的滴定度为(　　)$g \cdot mL^{-1}$。

A. 0.00049　　B. 0.0049　　C. 0.00098　　D. 0.0098

8. 欲配制1000mL 0.1$mol \cdot L^{-1}$ HCl溶液，应取浓盐酸(12$mol \cdot L^{-1}$ HCl)(　　)mL。

A. 0.84　　B. 8.4　　C. 1.2　　D. 12

9. 既可用来标定NaOH溶液，也可用作标定$KMnO_4$的物质为(　　)。

A. $H_2C_2O_4 \cdot 2H_2O$　　B. $Na_2C_2O_4$　　C. HCl　　D. H_2SO_4

10. 以甲基橙为指示剂标定含有Na_2CO_3的NaOH标准溶液，用该标准溶液滴定某酸，以酚酞为指示剂，则测定结果(　　)。

A. 偏高　　B. 偏低　　C. 不变　　D. 无法确定

二、判断题

1. 所谓化学计量点和滴定终点是一回事。(　　)

2. 所谓终点误差是由于操作者终点判断失误或操作不熟练而引起的。(　　)

3. 滴定分析的相对误差一般要求为小于0.1%，滴定时消耗的标准溶液体积应控制在10～15mL。(　　)

4. 凡是优级纯的物质都可用于直接法配制标准溶液。(　　)

5. 溶解基准物质时用移液管移取20～30mL水加入。(　　)

6. 测量的准确度要求较高时，容量瓶在使用前应进行体积校正。(　　)

7. 1L溶液中含有98.08g H_2SO_4，则 $c_{1/2H_2SO_4} = 2mol \cdot L^{-1}$。(　　)

8. 用浓溶液配制稀溶液的计算依据是稀释前后溶质的物质的量不变。(　　)

三、计算题

1. 欲配制 1mol · L^{-1} NaOH 溶液 500mL，应称取多少克固体 NaOH？

2. 欲配制 0.2000mol · L^{-1} Na_2CO_3溶液 1000mL，问应取 Na_2CO_3 多少克？

3. 现有 2000mL 浓度为 0.1024mol · L^{-1} 的某标准溶液。欲将其浓度恰好调整为 0.1000mol · L^{-1}，问需要加水多少毫升？

4. 若 $T_{Na_2CO_3/HCl}=0.005300$ g · mL^{-1}，试计算 HCl 标准溶液的物质的量浓度？

5. $T_{Fe/K_2Cr_2O_7}=0.005000$ g · mL^{-1}，如消耗 $K_2Cr_2O_7$标准溶液 21.50mL，问被滴定溶液中铁的质量？

6. 称取铁矿石试样 0.1562g，试样分解后，经预处理使铁呈 Fe^{2+} 状态，用 0.01214mol · L^{-1} $K_2Cr_2O_7$标准溶液滴定，消耗 $K_2Cr_2O_7$标准溶液 20.32mL，试计算试样中 Fe 的质量分数为多少？若用 Fe_2O_3表示，其质量分数为多少？

第三章　酸碱滴定法

☞ 知识目标：

- 理解酸碱质子理论对酸和碱的定义。
- 了解水溶液中酸碱组分不同型体分布与溶液 pH 值的关系。
- 掌握质子条件的建立和不同类型酸碱溶液 pH 值的计算。
- 掌握酸碱指示剂的作用原理及变色范围。
- 掌握酸碱滴定法的基本原理。
- 了解非水溶液中酸碱滴定的基本知识。

☞ 能力目标：

- 掌握不同类型酸碱水溶液 pH 值的计算，了解缓冲溶液的缓冲容量和缓冲范围。并能根据实际情况，选用不同的缓冲溶液控制溶液的酸度。
- 了解各种酸碱滴定的滴定曲线与突越变化，掌握准确滴定酸碱的基本条件并能在实际分析工作中合理选择指示剂。
- 掌握酸碱标准溶液的配制与标定方法、具体运用和计算。
- 掌握酸碱滴定法的应用，能够分析和解决实际问题。

酸碱滴定法是以酸碱反应为基础的滴定分析方法。酸碱反应简单，反应速度非常快，且能按一定反应式定量进行，很多反应都能满足定量分析的要求。因此，酸碱滴定法应用非常广泛。

第一节　酸碱平衡的理论基础

一、酸碱质子理论

1887 年阿仑尼乌斯(Arrhenivs S A)提出了酸碱电离理论：凡是在水溶液中能够电离产生 H^+ 的物质叫作酸；能够电离产生 OH^- 的物质叫作碱，酸碱反应的实质是 H^+ 和 OH^- 结合成水的过程。但是，电离理论有一定的局限性，它只适用于水溶液，不适用于非水溶液。

1923 年由丹麦化学家布朗斯特(Bronsted)在酸碱电离理论的基础上提出酸碱质子理论：凡是能给出质子(H^+)的物质是酸；凡是能接受质子(H^+)的物质是碱。当某种酸 HA 失去质子后形成酸根 A^-，它自然对质子具有一定的亲和力，故 A^- 是碱。即：

$$HA \rightleftharpoons H^+ + A^-$$

例如：

$$HAc \rightleftharpoons H^+ + Ac^-$$

式中的 HAc 是酸，它给出质子后，剩下的 Ac^- 对于质子具有一定的亲和力，能接受质子，因而是一种碱。这种因质子得失而互相转变的每一对酸碱，称为共轭酸碱对。因此，酸碱也可以认为是同一种物质在质子得失过程中的不同状态。

$$HCl \rightleftharpoons H^+ + Cl^-$$

$$HClO_4 \rightleftharpoons H^+ + ClO_4^-$$

$$HSO_4^- \rightleftharpoons H^+ + SO_4^{2-}$$

$$HCO_3^- \rightleftharpoons H^+ + CO_3^{2-}$$

$$NH_4^+ \rightleftharpoons H^+ + NH_3$$

$$^+H_3N - R - NH_3^+ \rightleftharpoons H^+ + {}^+H_3N - R - NH_2$$

可见按照酸碱质子理论，酸碱可以是阳离子、阴离子，也可以是中性分子。

上述各共轭酸碱对的质子得失反应，称为酸碱半反应。与氧化还原反应中的半电池反应相类似，酸碱半反应在溶液中也不能独立存在，当一种酸给出质子时，溶液中必定有一种碱来接受质子。例如，HAc 在水溶液中解离时，HAc 是酸给出质子生成 Ac^-，溶剂水则是接受质子的碱生成 H_3O^+，两个共轭酸碱对 $HAc - Ac^-$ 和 $H_3O^+ - H_2O$ 互相作用而达到平衡。其反应如下：

半反应 1

$$\underset{\text{酸 1}}{HAc} \rightleftharpoons H^+ + \underset{\text{碱 1}}{Ac^-}$$

半反应 2

$$\underset{\text{碱 2}}{H_2O} + H^+ \rightleftharpoons \underset{\text{酸 2}}{H_3O^+}$$

总反应

$$\underset{\text{酸 1}}{HAc} + \underset{\text{碱 2}}{H_2O} \rightleftharpoons \underset{\text{酸 2}}{H_3O^+} + \underset{\text{碱 1}}{Ac^-}$$

同样，碱在水溶液中接受质子的过程也必须有溶剂水分子参加。如 NH_3 在水溶液中解离时反应如下：

半反应 1

$$NH_3 + H^+ \rightleftharpoons NH_4^+$$

半反应 2

$$H_2O \rightleftharpoons H^+ + OH^-$$

总反应

$$\underset{\text{碱 1}}{NH_3} + \underset{\text{酸 2}}{H_2O} \rightleftharpoons \underset{\text{碱 2}}{OH^-} + \underset{\text{酸 1}}{NH_4^+}$$

在这个平衡反应中，溶剂水起了酸的作用。因此，同一种物质在某一条件下可能是酸，在另一条件下可能是碱，这主要取决于它们对质子亲和力的相对大小。例如，HCO_3^- 在 $H_2CO_3 - HCO_3^-$ 体系中表现为碱，而在 $HCO_3^- - CO_3^{2-}$ 体系中表现为酸。这种既可以给出质子表现为酸，又可以接受质子表现为碱的物质，称为两性物质。

水是一种两性物质。由于水分子的两性作用，一个水分子可以从另一个水分子中夺取质子而形成 H_3O^+ 和 OH^-，即：

$$H_2O + H_2O \rightleftharpoons H_3O^+ + OH^-$$

这种在溶剂水分子之间发生的质子传递作用，称为水的质子自递反应，反应的平衡常数称为水的质子自递常数，以 K_w 表示：

$$K_w = [H_3O^+][OH^-]$$

水合离子 H_3O^+ 常常简单写作 H^+，所以水的质子自递常数也称为水的离子积，常简写为：

$$K_w = [H^+][OH^-] = 10^{-14} \quad (25℃)$$

$$pK_w = -\lg K_w = 14$$

根据酸碱质子理论，酸碱中和反应、盐的水解等也都是质子的转移过程，例如：

$$HCl + NH_3 \rightleftharpoons NH_4^+ + Cl^-$$

$$NaAc + H_2O \rightleftharpoons HAc + NaOH$$

可见，酸碱质子理论揭示了各类酸碱反应共同的实质。

二、酸碱解离平衡

1. 水溶液中酸碱的强弱

酸碱的强弱取决于酸碱本身给出质子或接受质子能力的强弱。物质给出质子的能力越强，其酸性就越强，反之就越弱。同样，物质接受质子的能力越强，其碱性就越强，反之就越弱。酸碱的解离常数 K_a、K_b 的大小，可以定量说明酸或碱的强弱程度。例如：

酸	HAc	H_2S	NH_4^+
K_a	1.8×10^{-5}	1.3×10^{-7}	5.6×10^{-10}

三种酸的强弱顺序是：$HAc > H_2S > NH_4^+$

碱	Ac^-	HS^-	NH_3
K_b	5.6×10^{-10}	7.7×10^{-8}	1.8×10^{-5}

三种碱的强弱顺序是：$NH_3 > HS^- > Ac^-$。

2. 共轭酸碱对 K_a 与 K_b 的关系

（1）一元弱酸弱碱的 K_a 与 K_b 的关系，以 HAc 为例：

$$HAc + H_2O \rightleftharpoons H_3O^+ + Ac^- \qquad K_a = \frac{[H^+][Ac^-]}{[HAc]}$$

其共轭碱 Ac^-：

$$Ac^- + H_2O \rightleftharpoons HAc + OH^- \qquad K_b = \frac{[HAc][OH^-]}{[Ac^-]}$$

显然，一元共轭酸碱对的 K_a 与 K_b 有如下关系：

$$K_a \times K_b = \frac{[H^+][Ac^-]}{[HAc]} \times \frac{[HAc][OH^-]}{[Ac^-]}$$

$$= [H^+][OH^-] = K_w$$

$$= 10^{-14}(25℃) \qquad (3-1)$$

【例 3-1】 已知 NH_3 的 $K_b = 1.8 \times 10^{-5}$，试求 NH_3 的共轭酸 NH_4^+ 的 K_a。

【解】 NH_3 的共轭酸为 NH_4^+，它与 H_2O 的反应为：

$$NH_4^+ + H_2O \rightleftharpoons H_3O^+ + NH_3$$

$$K_a = \frac{K_w}{K_b} = \frac{10^{-14}}{1.8 \times 10^{-5}} = 5.6 \times 10^{-10}$$

在共轭酸碱对中，如果酸越易给出质子，酸性越强，则其共轭碱对质子的亲和力越弱，越不容易接受质子，其碱性就越弱。如 $HClO_4$、H_2SO_4、HCl、HNO_3 都是强酸，其 $K_a \gg 1$，它们在水溶液中给出质子的能力很强，但他们相应的共轭碱几乎没有能力从 H_2O 中取得质子转化为共轭酸，K_b 小到无法测得，所以这些共轭碱都是极弱的碱。而 NH_4^+、HS^- 的 K_a 分别为 5.6×10^{-10}、7.1×10^{-15}，是弱酸，它们的共轭碱 NH_3 是较强的碱，S^{2-} 则为强碱。

（2）多元酸碱 K_a 与 K_b 的关系：对于多元酸，它们在水溶液中是分级解离的，存在多个共轭酸碱对，这些共轭酸碱对的 K_a 与 K_b 之间也有一定的对应关系。例如二元酸 H_2CO_3 分两步离解：

第一步

$$H_2CO_3 + H_2O \rightleftharpoons H_3O^+ + HCO_3^- \qquad K_{a1} = \frac{[H^+][HCO_3^-]}{[H_2CO_3]}$$

第二步

$$HCO_3^- + H_2O \rightleftharpoons H_3O^+ + CO_3^{2-} \qquad K_{a2} = \frac{[H^+][CO_3^{2-}]}{[HCO_3^-]}$$

其共轭碱也分两步离解：

第一步

$$CO_3^{2-} + H_2O \rightleftharpoons HCO_3^- + OH^- \qquad K_{b1} = \frac{[HCO_3^-][OH^-]}{[CO_3^{2-}]}$$

第二步

$$HCO_3^- + H_2O \rightleftharpoons H_2CO_3 + OH^- \qquad K_{b2} = \frac{[H_2CO_3][OH^-]}{[HCO_3^-]}$$

所以，由上述平衡可得二元酸 K_a 与 K_b 的关系：

$$K_{a1} \cdot K_{b2} = K_{a2} \cdot K_{b1} = [H^+][OH^-] = K_w \qquad (3-2)$$

对于三元酸，同样可得如下关系：

$$K_{a1} \cdot K_{b3} = K_{a2} \cdot K_{b2} = K_{a3} \cdot K_{b1} = [H^+][OH^-] = K_w \qquad (3-3)$$

【例 3-2】 比较同浓度的 NH_3、CO_3^{2-} 和 HPO_4^{2-} 的碱性强弱及它们的共轭酸的酸性强弱。

【解】 已知 NH_3 的 $K_b = 1.8 \times 10^{-5}$，NH_3 的共轭酸 NH_4^+，根据式(3-1)得：

$$K_a = \frac{K_w}{K_b} = \frac{10^{-14}}{1.8 \times 10^{-5}} = 5.6 \times 10^{-10}$$

CO_3^{2-} 是二元碱，用 K_{b1} 衡量其碱性。对应的共轭酸是 HCO_3^-，而共轭酸 HCO_3^- 的 $K_{a2} = 5.6 \times 10^{-11}$，则根据式(3-2)得：

$$K_{b1} = \frac{K_w}{K_{a2}} = \frac{10^{-14}}{5.6 \times 10^{-11}} = 1.8 \times 10^{-4}$$

HPO_4^{2-} 作为碱性物质，衡量其碱性的是 K_{b2}。对应的共轭酸是 $H_2PO_4^-$，而共轭酸 $H_2PO_4^-$ 的 $K_{a2} = 6.3 \times 10^{-8}$，则根据式(3-3)得：

$$K_{b2} = \frac{K_w}{K_{a2}} = \frac{10^{-14}}{6.3 \times 10^{-8}} = 1.6 \times 10^{-7}$$

所以，这三种碱的强弱顺序为：

$$CO_3^{2-} > NH_3 > HPO_4^{2-}$$

它们的共轭酸的强弱顺序为：

$$H_2PO_4^- > NH_4^+ > HCO_3^-$$

第二节　溶液中酸碱组分不同型体的分布

在弱酸(碱)的平衡体系中，一种物质可能以多种型体存在。各存在型体的浓度称为平衡浓度。各平衡浓度之和称为总浓度或分析浓度。某一型体的平衡浓度占其总浓度的分数，称为该型体的分布系数，用δ表示。如：

$$\delta_{HAc} = \frac{[HAc]}{c_{HAc}}、\delta_{Ac^-} = \frac{[Ac^-]}{c_{HAc}}$$

各存在型体的平衡浓度随溶液 H^+ 浓度的改变而改变，因此每种型体的分布系数也随着溶液 H^+ 浓度的变化而变化。分布系数 δ 与溶液 pH 值间的关系曲线称为分布曲线。学习分布曲线，可以帮助我们深入理解酸碱滴定、配位滴定、沉淀反应等过程，并且对于反应条件的选择和控制具有指导意义。现分别对一元弱酸、二元弱酸、三元弱酸分布系数的计算及其分布曲线进行讨论。

一、一元弱酸的分布

以一元弱酸 HAc 为例，用 c_{HAc} 表示 HAc 的总浓度，[HAc]、[Ac^-]为 HAc、Ac^- 的平衡浓度。

根据分布系数和离解平衡常数的定义：

$$\delta_{HAc} = \frac{[HAc]}{c_{HAc}} = \frac{[HAc]}{[HAc]+[Ac^-]} = \frac{1}{1+[Ac^-]/[HAc]} = \frac{1}{1+K_a/[H^+]}$$

故：

$$\delta_{HAc} = \frac{[H^+]}{[H^+]+K_a} \qquad (3-4)$$

同理可得：

$$\delta_{Ac^-} = \frac{K_a}{[H^+]+K_a} \qquad (3-5)$$

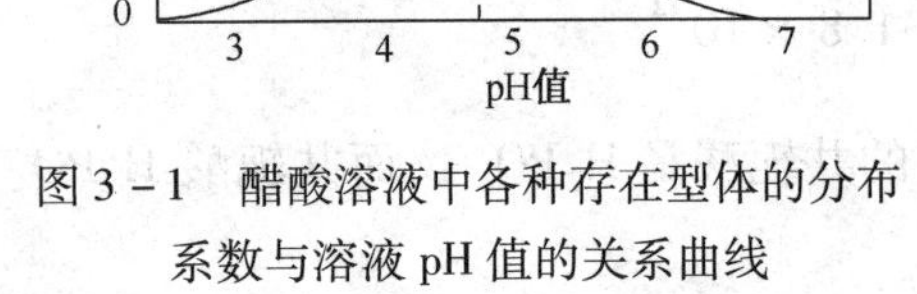

图 3-1　醋酸溶液中各种存在型体的分布系数与溶液 pH 值的关系曲线

显然，各存在型体分布系数之和等于 1，即：$\delta_{HAc} + \delta_{Ac^-} = 1$

如以 pH 值为横坐标，以 δ_{HAc}，δ_{Ac^-} 为纵坐标作图，得到 HAc 的分布曲线(见图 3-1)。

从图 3-1 中可以看出：当 pH < pK_a 时，HAc 为主要存在型体；当 pH > pK_a 时，Ac^- 为主要存在型体；当 pH = pK_a 时，HAc 与 Ac^- 各占一半，两种型体的分布系数均为 0.5。

二、二元弱酸的分布

以二元弱酸 $H_2C_2O_4$ 为例，用 $c_{H_2C_2O_4}$ 表示 $H_2C_2O_4$ 的分析浓度，$[H_2C_2O_4]$、$[HC_2O_4^-]$、$[C_2O_4^{2-}]$ 表示 $H_2C_2O_2$ 三种存在型体的平衡浓度。

根据分布系数和离解平衡常数的定义：

$$\delta_{H_2C_2O_4}=\frac{[H_2C_2O_4]}{c_{H_2C_2O_4}}=\frac{[H_2C_2O_4]}{[H_2C_2O_4]+[HC_2O_4{}^-]+[C_2O_4^{2-}]}=\frac{1}{1+\frac{[HC_2O_4^-]}{[H_2C_2O_4]}+\frac{[C_2O_4^{2-}]}{[H_2C_2O_4]}}$$

$$=\frac{1}{1+(K_{a1}/[H^+])+(K_{a1}K_{a2}/[H^+])^2}$$

$$=\frac{[H^+]^2}{[H^+]^2+K_{a1}[H^+]+K_{a1}K_{a2}} \qquad (3-6)$$

同理可得：

$$\delta_{HC_2O_4^-}=\frac{K_{a1}[H^+]}{[H^+]^2+K_{a1}[H^+]+K_{a1}K_{a2}} \qquad (3-7)$$

$$\delta_{C_2O_4^{2-}}=\frac{K_{a1}K_{a2}}{[H^+]^2+K_{a1}[H^+]+K_{a1}K_{a2}} \qquad (3-8)$$

以 pH 值为横坐标，以 $\delta_{H_2C_2O_4}$、$\delta_{HC_2O_4^-}$、$\delta_{C_2O_4^{2-}}$ 为纵坐标作图，得到的曲线称为 $H_2C_2O_4$ 的分布曲线（见图3－2）。

由图 3－2 中可以看出：当 pH＜pK_{a1} 时，$H_2C_2O_4$ 为主要存在型体；当 pH＞pK_{a2} 时，$C_2O_4{}^{2-}$ 为主要存在型体；当 pK_{a1}＜pH＜pK_{a2} 时，$HC_2O_4^-$ 为主要存在型体。

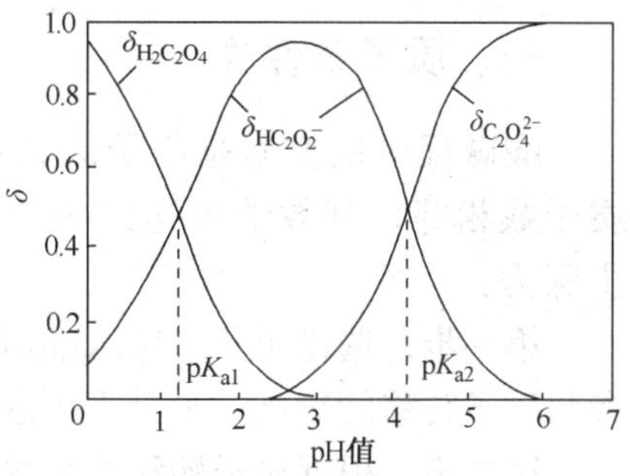

图 3－2　草酸溶液中各种存在型体的分布系数与溶液 pH 值的关系曲线

分布曲线很直观地反映存在型体与溶液 pH 值的关系，在选择反应条件时，可以按所需组分查图，即可得到相应的 pH 值。例如，欲测定 Ca^{2+}，采用 $C_2O_4^{2-}$ 为沉淀剂，反应时，溶液的 pH 值应维持在多少？从图 3－2 可知，在 pH≥5.0 时，$C_2O_4^{2-}$ 为主要存在型体，有利于沉淀形成，所以应使溶液的 pH≥5.0。

【例 3－3】 计算 pH＝4.0 时，$5\times10^{-2}mol\cdot L^{-1}$ 酒石酸（以 H_2A 表示）溶液中酒石酸根离子的浓度。

【解】 查得，酒石酸的 $pK_{a1}=3.04$、$pK_{a2}=4.37$

$$\delta_{A^{2-}}=\frac{K_{a1}K_{a2}}{[H^+]^2+K_{a1}\cdot[H^+]+K_{a1}K_{a2}}$$

$$=\frac{10^{-3.04}\times10^{-4.37}}{(10^{-4.0})^2+10^{-3.04}\times10^{-4.0}+10^{-3.04}\times10^{-4.37}}=0.28$$

所以　$[A^{2-}]=c_{H_2A}\cdot\delta_{A^{2-}}=0.05mol\cdot L^{-1}\times0.28=0.014(mol\cdot L^{-1})$

三、三元弱酸的分布

设三元弱酸为 H_3A，根据分布分数和离解平衡常数的定义，同理可推出：δ_{H_3A}、$\delta_{H_2A^-}$、$\delta_{HA^{2-}}$、$\delta_{A^{3-}}$ 的计算式，其中 H_3A 的分布系数为：

$$\delta_{H_3A} = \frac{[H^+]^3}{[H^+]^3 + K_{a1}[H^+]^2 + K_{a1}K_{a2}[H^+] + K_{a1}K_{a2}K_{a3}} \tag{3-9}$$

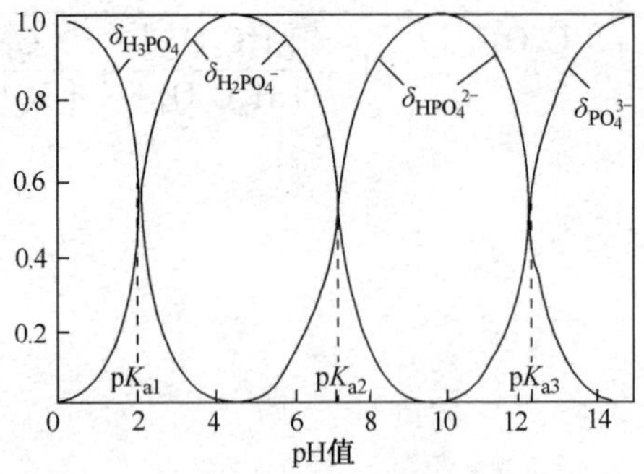

图 3－3　H_3PO_4溶液中各种存在型体的分布系数与溶液 pH 值的关系曲线

其余三种型体的分布系数计算式，可参照二元弱酸情况推出。

例如以 pH 值为横坐标，以 $\delta_{H_3PO_4}$、$\delta_{H_2PO_4^-}$、$\delta_{HPO_4^{2-}}$、$\delta_{PO_4^{3-}}$ 为纵坐标作图，得到的曲线称为 H_3PO_4 的分布曲线（见图3－3）。

需要指出：在 pH＝4.7 时，$H_2PO_4^-$ 型体占 99.4%；同样，当 pH ＝ 9.8 时，HPO_4^{2-} 型体占绝对优势，为99.5%。

第三节　酸碱溶液 pH 值的计算

一、质子条件式

酸碱反应的实质是质子的转移。酸碱反应达到平衡时，酸失去的质子数与碱得到的质子数相等，其数学表达式为质子条件式。常用质子参考水准法列出质子条件式，其步骤为：

第一步，选择质子参考水准（即零水准），作为零水准的物质通常是溶液中大量存在并参与质子转移的物质。水是零水准中必定存在的一个组分。

第二步，根据质子转移数相等的数量关系写出质子条件式。

【例3－4】 写出 HCOOH、NH_3、Na_2CO_3、NaH_2PO_4水溶液的质子条件式。

【解】

零水准	得 1 个质子	失 1 个质子
HCOOH		$COOH^-$
H_2O	$H_3O^+(H^+)$	OH^-

质子条件式：$[H^+]=[COOH^-]+[OH^-]$

零水准	得 1 个质子	失 1 个质子
NH_3	NH_4^+	
H_2O	$H_3O^+(H^+)$	OH^-

质子条件式：$[NH_4^+]+[H^+]=[OH^-]$

零水准	得1个质子	得2个质子	失1个质子
CO_3^{2-}	HCO_3^-	H_2CO_3	
H_2O	$H_3O^+(H^+)$		OH^-

质子条件式：$[H^+]+[HCO_3^-]+2[H_2CO_3]=[OH^-]$

零水准	得1个质子	失1个质子	失2个质子
NaH_2PO_4	H_3PO_4	HPO_4^{2-}	PO_4^{3-}
H_2O	$H_3O^+(H^+)$	OH^-	

质子条件式：$[H_3PO_4]+[H^+]=[HPO_4^{2-}]+[OH^-]+2[PO_4^{3-}]$

除上述方法外，也可根据物料平衡和电荷平衡得出质子条件式，本书不再叙及。

二、酸碱溶液 pH 值的计算

1. 一元弱酸(碱)溶液 pH 值的计算

对于浓度为 $c\text{mol}\cdot L^{-1}$的一元弱酸 HA，其质子条件式为：

$$[H^+]=[A^-]+[OH^-] \qquad (3-10)$$

由弱酸的解离平衡和水的离子积得到：

$$[H^+]=\frac{K_a[HA]}{[H^+]}+\frac{K_w}{[H^+]}$$

整理得：

$$[H^+]=\sqrt{K_a[HA]+K_w} \qquad (3-11)$$

当 $cK_a\geqslant 20K_w$ 且 $c/K_a\geqslant 500$ 时，简化为：

$$[H^+]=\sqrt{K_ac} \qquad (3-12)$$

对于一元弱碱，求得的是$[OH^-]$，将 K_a 换作 K_b，其处理方法相同。

【例 3-5】 计算 0.10mol · L^{-1}HAc 溶液的 pH 值。

【解】 已知 HAc 的 $K_a=1.8\times10^{-5}$，$c=0.10\text{mol}\cdot L^{-1}$

其 $cK_a\geqslant 20K_w$ 且 $c/K_a\geqslant 500$ 时

可用最简式计算：

$$[H^+]=\sqrt{K_ac}=\sqrt{1.8\times10^{-5}\times0.10}=1.3\times10^{-3}(\text{mol}\cdot L^{-1})$$

$$pH=2.89$$

【例 3-6】 计算 0.10mol · L^{-1} NH_4Cl 溶液的 pH 值。

【解】 已知 NH_3的 $K_b=1.8\times10^{-5}$，NH_4^+是 NH_3的共轭酸。

其 $$K_a=K_w/K_b=5.6\times10^{-10}$$

因为 $cK_a\geqslant 20K_w$ 且 $c/K_a\geqslant 500$，所以可用最简公式计算：

$$[H^+]=\sqrt{K_ac}=7.5\times10^{-6}(\text{mol}\cdot L^{-1})$$

$$pH=5.12$$

2. 多元弱酸(碱)溶液 pH 值的计算

多元弱酸(碱)在水中是分步离解的，而且 K_{a1}（K_{b1}）比 K_{a2}（K_{b2}）和 K_{a3}（K_{b3}）大得多。如二元弱酸 H_2CO_3分两步离解，其 $K_{a1}=4.2\times10^{-7}$，$K_{a2}=5.6\times10^{-11}$，$K_{a1}\gg K_{a2}$。因此，溶液中的 H^+（OH^-）主要来源于多元弱酸(碱)的第一步离解。

当 $cK_{a1} \geqslant 20K_w$，$cK_{a1} \geqslant 100K_{a2}$，$c/K_{a1} \geqslant 500$ 时，可按一元弱酸处理：

$$[H^+] = \sqrt{K_{a1}c}\text{(最简式)} \tag{3-13}$$

对于多元弱碱的处理方法亦相同。

3. 两性物质溶液 pH 值的计算

两性物质溶液的酸碱平衡比较复杂，往往根据具体情况，进行近似计算。

（1）酸式盐　设二元弱酸的酸式盐为 NaHA，浓度为 $c\text{mol} \cdot L^{-1}$。溶液的质子条件式为：

$$[H^+] + [H_2A] = [A^{2-}] + [OH^-] \tag{3-14}$$

根据平衡关系整理后可得：

$$[H^+] = \sqrt{\frac{K_{a1}(K_{a2}[HA^-] + K_w)}{K_{a1} + [HA^-]}} \tag{3-15}$$

在酸式盐的酸式离解和碱式离解的倾向都较小时，$[HA^-] \approx c$，上式简化为：

$$[H^+] = \sqrt{\frac{K_{a1}(K_{a2}c + K_w)}{K_{a1} + c}}$$

若 $cK_{a2} > 20K_w$ 且 $c > 20K_{a1}$，则得到最简计算式：

$$[H^+] = \sqrt{K_{a1}K_{a2}} \tag{3-16}$$

（2）弱酸弱碱盐　以浓度为 c 的甲酸铵(NH_4COOH)溶液为例。溶液中 NH_4^+ 为弱酸，设它的离解常数为 K'_a，K'_a 可由 NH_3 的 K_b 求得($K'_a = \frac{K_w}{K_b}$)；$COOH^-$ 为弱碱，设 HCOOH 的解离常数为 K_a。与酸式盐的计算方法相同，只是酸式盐中的 K_{a1} 和 K_{a2} 被弱酸弱碱盐中的 K_a 和 K'_a 代替了。

若 $K'_ac > 20K_w$，又 $c > 20K_a$，则：

$$[H^+] = \sqrt{K'_aK_a} \tag{3-17}$$

【例3-7】 计算 $0.10\text{mol} \cdot L^{-1}$ 的甲酸铵溶液的 pH 值。

【解】 已知 $HCOO^-$ 的共轭酸的 $K_a = 1.8 \times 10^{-4}$，NH_4^+ 的 K_a 设为 K'_a，$K'_a = 5.6 \times 10^{-10}$

由于 $K'_ac > 20K_w$，$c \gg 20K_a$，故可用最简式计算$[H^+]$：

$$[H^+] = \sqrt{K'_aK_a} = \sqrt{5.6 \times 10^{-10} \times 1.8 \times 10^{-4}} = 3.2 \times 10^{-7}(\text{mol} \cdot L^{-1})$$

$$pH = 6.5$$

第四节　缓冲溶液

一、缓冲溶液及分类

能够抵抗外加少量强酸或强碱，或将溶液稍加稀释，溶液的酸度不发生显著变化，这种作用称为缓冲作用。具有缓冲作用的溶液称为缓冲溶液。缓冲溶液是一种能对溶液的酸度起稳定作用的溶液。

缓冲溶液一般由浓度较大的弱酸(或弱碱)及其共轭碱(或共轭酸)组成。如：HAc - NaAc，$NH_4Cl - NH_3$等。

高浓度的强酸或强碱，如 HCl(pH < 2)或 NaOH(pH > 12)，因其溶液中$[H^+]$或$[OH^-]$

本来很大，故外加少量酸或碱对溶液的酸度不会产生太大影响，这种情况强酸强碱也是缓冲溶液。但这种溶液不具备抗稀释的作用。

二、缓冲溶液 pH 值的计算

一般用于控制溶液酸度的缓冲溶液，对计算 pH 值的准确度要求不高，常用最简式计算。

由弱酸 HA 与其共轭碱 A^- 组成的缓冲溶液，若用 c_{HA}，c_{A}^{-} 分别表示 HA、A^- 的分析浓度，则：

$$[H^+] = K_a \frac{c_{HA}}{c_{A}^{-}}, pH = pK_a + \lg \frac{c_{A}^{-}}{c_{HA}} \quad (3-18)$$

【例 3-8】 计算 $0.10mol \cdot L^{-1}$ 的 NH_4Cl 及 $0.20\ mol \cdot L^{-1}$ 的 NH_3 组成的缓冲溶液 pH 值，已知 $K_{b(NH_3)} = 1.8 \times 10^{-5}$。

【解】 $K_a = K_w/K_b = 5.6 \times 10^{-10}$，按最简式(3-18)进行计算：

$$pH = pK_a + \lg \frac{c_{NH_3}}{c_{NH_4Cl}} = 9.26 + \lg \frac{0.20}{0.10} = 9.56$$

【例 3-9】 制备 200mL pH = 8.00 的缓冲溶液，应取 $0.500mol \cdot L^{-1}\ NH_4Cl$ 和 $0.500mol \cdot L^{-1} NH_3$ 各多少毫升（$K_{b(NH_3)} = 1.8 \times 10^{-5}$）？

【解】 设需 NH_4Cl 溶液 x mL，则氨溶液为 $(200-x)$ mL

$$c_{NH_4Cl} = \frac{0.500mol \cdot L^{-1} \cdot x mL}{200mL}$$

$$c_{NH_3} = \frac{0.500mol \cdot L^{-1} \cdot (200-x) mL}{200mL}$$

$$pH = pK_a + \lg \frac{c_{NH_3}}{c_{NH_4^+}}$$

$$8.00 = (14-4.74) + \lg \frac{0.500mol \cdot L^{-1} \cdot (200-x) mL/200mL}{0.500mol \cdot L^{-1} \cdot x mL/200mL}$$

$$8.00 = 9.26 + \lg \frac{(200-x) mL}{x mL}$$

$$x = 189 (mL)$$

三、缓冲容量及缓冲范围

缓冲容量是衡量缓冲溶液能力大小的尺度，其定义是使 1L 缓冲溶液的 pH 值增加 1 个单位所需加入强碱物质的量，或使溶液 pH 值减小 1 个单位所需要加入强酸物质的量。

影响缓冲容量的主要因素：

（1）缓冲溶液总浓度　当缓冲溶液组分比一定时，缓冲溶液的总浓度愈大，缓冲能力就愈大。在一定范围内稀释时，缓冲容量也减小。

（2）缓冲溶液组分比　当缓冲溶液的总浓度一定时，若缓冲组分的浓度比为 1:1 时，则缓冲容量最大。此时，溶液的 $pH = pK_a$。实验和计算表明，当缓冲溶液组分比在 1/10 和 10/1 之间时，即溶液的 pH 值在 $pK_a - 1$ 和 $pK_a + 1$ 之间时，溶液具有较大的缓冲能力。在化学上把具有缓冲作用的 pH 值范围，即 $pH = pK_a \pm 1$ 称为缓冲溶液的缓冲范围。表 3-1 列出了常用缓冲溶液的配制和 pH 值。

表 3－1　常用缓冲溶液的配制和 pH 值

pH 值	配制方法
0	$1mol \cdot L^{-1}HCl$
1.0	$0.1mol \cdot L^{-1}HCl$
2.0	$0.01mol \cdot L^{-1}HCl$
3.6	16g $CH_3COONa \cdot 3H_2O$ 溶于水，加 $6mol \cdot L^{-1}$ 乙酸 268mL，用水稀释至 1L
4.0	40g $CH_3COONa \cdot 3H_2O$ 溶于水，加 $6mol \cdot L^{-1}$ 乙酸 268mL，用水稀释至 1L
4.5	64g $CH_3COONa \cdot 3H_2O$ 溶于水，加 $6mol \cdot L^{-1}$ 乙酸 136mL，用水稀释至 1L
5.0	100g $CH_3COONa \cdot 3H_2O$ 溶于水，加 $6mol \cdot L^{-1}$ 乙酸 68mL，用水稀释至 1L
5.7	200g $CH_3COONa \cdot 3H_2O$ 溶于水，加 $6mol \cdot L^{-1}$ 乙酸 26mL 酸，用水稀释至 1L
7.0	154g CH_3COONH_4 溶于水，用水稀释至 1L
7.5	120g NH_4Cl 溶于水，加 $15mol \cdot L^{-1}$ 氨水 2.8mL，用水稀释至 1L
8.0	100g NH_4Cl 溶于水，加 $15mol \cdot L^{-1}$ 氨水 7mL，用水稀释至 1L
8.5	80g NH_4Cl 溶于水，加 $15mol \cdot L^{-1}$ 氨水 17.6mL 水，用水稀释至 1L
9.0	70g NH_4Cl 溶于水，加 $15mol \cdot L^{-1}$ 氨水 48mL，用水稀释至 1L
9.5	60g NH_4Cl 溶于水，加 $15mol \cdot L^{-1}$ 氨水 130mL 水，用水稀释至 1L
10.0	54g NH_4Cl 溶于水，加 $15mol \cdot L^{-1}$ 氨水 294mL，用水稀释至 1L
10.5	18g NH_4Cl 溶于水，加 $15mol \cdot L^{-1}$ 氨水 350mL，用水稀释至 1L
11.0	6g NH_4Cl 溶于水，加 $15mol \cdot L^{-1}$ 氨水 414mL，用水稀释至 1L
12.0	$0.01mol \cdot L^{-1}NaOH$
13.0	$0.1mol \cdot L^{-1}NaOH$

第五节　酸碱指示剂

一、酸碱指示剂的作用原理

酸碱指示剂一般是结构复杂的有机弱酸或有机弱碱，它们的酸式及共轭碱式具有不同的颜色。在滴定过程中，溶液的 pH 值改变时，指示剂或给出质子由酸式转变为碱式，或接受质子由碱式转化为酸式，结构上的改变将引起颜色的变化。

例如，甲基橙是一种有机弱碱，其变色反应如下所示：

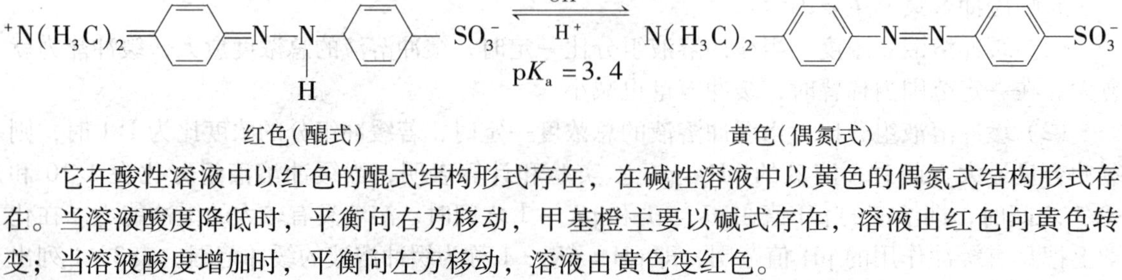

红色(醌式)　　　　黄色(偶氮式)

它在酸性溶液中以红色的醌式结构形式存在，在碱性溶液中以黄色的偶氮式结构形式存在。当溶液酸度降低时，平衡向右方移动，甲基橙主要以碱式存在，溶液由红色向黄色转变；当溶液酸度增加时，平衡向左方移动，溶液由黄色变红色。

酚酞是一种有机弱酸，它在溶液中的离解平衡可用下式表示：

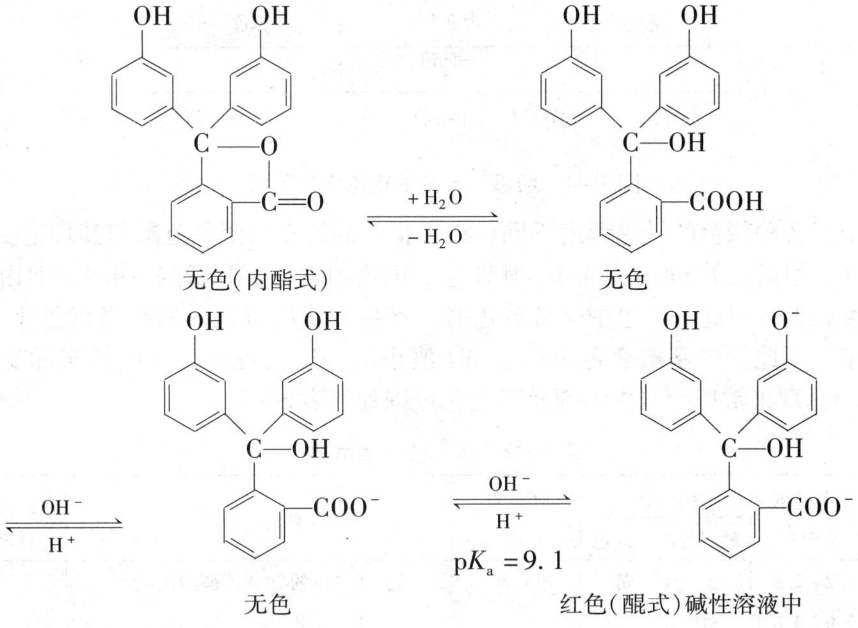

从离解平衡式可以看出，当溶液[OH^-]浓度增大时，溶液由酸性变化到碱性，平衡向右方移动，酚酞由酸式转变为碱式，溶液由无色变成红色；反之，当[H^+]浓度增大时，平衡向左移动，溶液由红色变成无色。

二、指示剂的变色范围

以弱酸型指示剂 HIn 为例，在溶液中有如下平衡：

$$\underset{\text{酸式}}{HIn} \rightleftharpoons H^+ + \underset{\text{碱式}}{In^-}$$

达到平衡时：

$$K_{HIn} = \frac{[H^+][In^-]}{[HIn]}$$

即：
$$\frac{[In^-]}{[HIn]} = \frac{K_{HIn}}{[H^+]} \qquad (3-19)$$

当人的眼睛对酸色与碱色的敏感程度差别不大时，浓度高出十倍以上的物质颜色就能掩盖低浓度物质的颜色。由此，

当$\frac{[In^-]}{[HIn]}=1$时，$pH = pK_{HIn}$，指示剂酸式与碱式浓度相等，溶液呈其酸式色和碱式色的中间色。此时的 pH 值称为酸碱指示剂的理论变色点。

当$\frac{[In^-]}{[HIn]} \geqslant 10$时，$pH = pK_{HIn}+1$，指示剂在溶液中主要以碱式存在，溶液呈碱式色。

当$\frac{[In^-]}{[HIn]} \leqslant \frac{1}{10}$时，$pH = pK_{HIn}-1$，指示剂在溶液中主要以酸式存在，溶液呈酸式色。

若在一根数轴上以 pH 值为单位，在不同区域标以不同颜色，则酸碱指示剂的理论变色范围可以用图 3-4 表示。

当溶液的 pH 值由 $pK_{HIn}-1$ 变到 $pK_{HIn}+1$，就能看到指示剂经过混合色的过渡，由酸式

色变为碱式色。由此可见，指示剂的理论变色范围是为 $pH = pK_{HIn} \pm 1$。

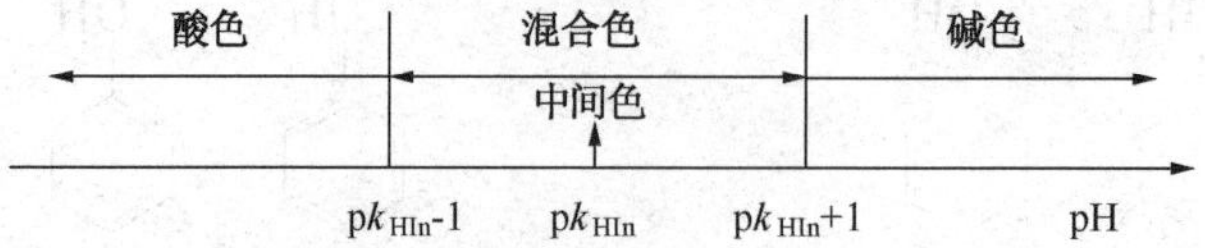

图 3－4　酸碱指示剂的理论变色范围

由于人眼对各种颜色的敏感程度不同，致使指示剂的实际变色范围与其理论变色范围不尽相同。例如，甲基橙的 pK_{HIn} 为 3.4，其理论变色范围就为 pH＝2.4～4.4。但由于肉眼对黄色的敏感度较低，因此，红色中略带黄色时，不易辨认出黄色，只有当黄色比重较大时，才能观察出来。因此，甲基橙变色范围在 pH 值小的一边就短些，因而其实际变色范围为 pH＝3.1～4.4。现将常用酸碱指示剂及其变色范围列于表 3－2。

表 3－2　常用酸碱指示剂

指示剂	变色范围（pH）	颜色		变色点（pH）	浓度	用量/（滴/10mL）
		酸式色	碱式色			
百里酚蓝	1.2～2.8	红	黄	1.7	0.1% 的 20% 乙醇溶液	1～2
甲基黄	2.9～4.0	红	黄	3.3	0.1% 的 90% 乙醇溶液	1
甲基橙	3.1～4.4	红	黄	3.4	0.05% 的水溶液	1
溴酚蓝	3.0～4.6	黄	紫	4.1	0.1% 的 20% 乙醇或其钠盐水溶液	1
溴甲酚绿	3.8～5.4	黄	蓝	4.9	0.1% 的乙醇溶液	1
甲基红	4.4～6.2	红	黄	5.1	0.1% 的 60% 乙醇或其钠盐水溶液	1
溴百里酚蓝	6.2～7.6	黄	蓝	7.3	0.1% 的 20% 乙醇或其钠盐水溶液	1
中性红	6.8～8.0	红	黄橙	7.4	0.1% 的 60% 乙醇溶液	1
酚红	6.7～8.4	黄	红	8.0	0.1% 的 60% 乙醇或其钠盐水溶液	1
酚酞	8.0～9.6	无	红	9.1	0.5% 的 90% 乙醇溶液	1～2
百里酚酞	9.4～10.6	无	蓝	10.0	0.1% 的 90% 乙醇溶液	1～2

由于指示剂的离解常数受溶液温度、离子强度以及介质的影响，因此这些因素也都将影响指示剂的变色范围。此外，指示剂的用量及滴加顺序也会影响它的变色。

三、混合指示剂

在某些酸碱滴定中，pH 值突跃范围很窄，使用一般的指示剂难以判断终点，此时可采用混合指示剂。混合指示剂利用颜色互补原理使指示剂变色范围变窄，变色更敏锐，有利于判断终点，减少终点误差，提高分析结果的准确度。

混合指示剂有两类：一类是由两种或两种以上的指示剂混合而成。例如，溴甲酚绿（$pK_a = 4.9$）和甲基红（$pK_a = 5.1$）两者按 3∶1 混合后，在 pH＜5.1 的溶液中呈酒红色（黄＋红），在 pH＞5.1 的溶液中呈绿色（蓝＋黄），而在 pH＝5.1 时二者颜色发生互补，产生灰色，使颜色在此时发生突变，变色十分敏锐，常常用于用 Na_2CO_3 为基准物质标定盐酸标准溶液的浓度。

另一类混合指示剂是在某种指示剂中加入另一种惰性染料组成。例如，由甲基橙和靛蓝组成的混合指示剂。靛蓝颜色不随 pH 值改变而变化，只作为甲基橙的蓝色背景。在 pH＞

4.4 的溶液中，混合指示剂显绿色(黄 + 蓝)；在 pH < 3.1 的溶液中，混合指示剂显紫色(红 + 蓝)；在 pH = 4.1 的溶液中，混合指示剂显浅灰色(几乎无色)，终点颜色变化非常敏锐。表 3 - 3 为常用的酸碱混合指示剂。

表 3 - 3 常用的酸碱混合指示剂

指示剂溶液的组成	变色点(pH)	颜色		备注
		酸式色	碱式色	
一份 0.1% 甲基黄乙醇溶液 一份 0.1% 亚甲基蓝乙醇溶液	3.25	蓝紫	绿	pH = 3.4 绿色 pH = 3.2 蓝紫色
一份 0.1% 甲基橙水溶液 一份 0.25% 靛蓝磺酸钠水溶液	4.1	紫	绿	pH = 4.1 灰色
三份 0.1% 溴甲酚绿乙醇溶液 一份 0.2% 甲基红乙醇溶液	5.1	酒红	绿	pH = 5.1 灰色
一份 0.1% 溴甲酚绿钠盐水溶液 一份 0.1% 氯酚红钠盐水溶液	6.1	黄绿	蓝紫	pH = 5.4 蓝绿色 pH = 5.8 蓝色 pH = 6.0 蓝带紫色 pH = 6.2 蓝紫色
一份 0.1% 中性红乙醇溶液 一份 0.1% 亚甲基蓝乙醇溶液	7.0	蓝紫	绿	pH = 7.0 紫蓝色
一份 0.1% 甲酚红钠盐水溶液 三份 0.1% 百里酚蓝钠盐水溶液	8.3	黄	紫	pH = 8.2 玫瑰色 pH = 5.4 紫色
一份 0.1% 百里酚蓝 50% 乙醇溶液 三份 0.1% 酚酞 50% 乙醇溶液	9.0	黄	紫	从黄到绿再到紫
一份 0.1% 酚酞乙醇溶液 一份 0.1% 百里酚酞乙醇溶液	9.9	无	紫	pH = 9.6 玫瑰色 pH = 10.0 紫色
二份 0.1% 百里酚酞乙醇溶液 一份 0.1% 茜素黄乙醇溶液	10.2	黄	紫	

如果把甲基红、溴百里酚蓝、百里酚蓝、酚酞按一定比例混合，溶于乙醇，配成混合指示剂，可随溶液的 pH 值变化而呈现出不同的颜色。在实验室中使用的 pH 试纸就是基于混合指示剂的原理而制成的。

第六节 酸碱滴定曲线和指示剂的选择

酸碱滴定过程中，溶液的 pH 值随着滴定剂的加入不断变化，根据滴定过程 pH 值的变化规律，选择合适的指示剂，使滴定终点充分接近化学计量点，就能获取准确的定量分析结果。下面讨论几种不同的滴定体系，了解滴定过程 pH 值的变化规律以及指示剂的选择。

一、强碱滴定强酸

以 0.1000mol · L^{-1} NaOH 滴定 20.00mL 0.1000 mol · L^{-1} HCl 为例，其基本反应为：

$$H^+ + OH^- = H_2O$$

整个滴定过程可以分成四个阶段，各阶段的 pH 值计算如下：

1. 滴定开始前

因为 $c_{HCl} = 0.1000mol \cdot L^{-1}$，HCl 是强酸，所以 $[H^+] = c_{HCl} = 0.1000mol \cdot L^{-1}$，pH = 1.00。

2. 滴定开始至化学计量点前

溶液的 pH 值由剩余 HCl 物质的量决定。这时溶液中 HCl 浓度为：

$$[H^+] = \frac{c_{HCl} \times V_{剩余盐酸}}{V_{溶液总体积}}$$

当加入 NaOH 溶液的体积为 19.80mL 时：

$$[H^+] = \frac{0.1000mol \cdot L^{-1} \times 0.20mL}{(20.00 + 19.80)mL} = 5.0 \times 10^{-4}mol \cdot L^{-1}$$

$$pH = 3.30$$

当加入 NaOH 溶液的体积为 19.98mL 时：

$$[H^+] = \frac{0.1000mol \cdot L^{-1} \times 0.02mL}{(20.00 + 19.98)mL} = 5.0 \times 10^{-5}mol \cdot L^{-1}$$

$$pH = 4.30$$

3. 化学计量点时

当加入 20.00mL NaOH 溶液时，溶液中的 HCl 全部被中和，生成了强酸强碱盐 NaCl，溶液呈中性，此时 $[H^+] = [OH^-] = 1 \times 10^{-7}mol \cdot L^{-1}$，pH = 7.00。

4. 化学计量点后

此时，溶液的 pH 值由过量的 NaOH 浓度决定。若加入 20.02mL NaOH，则：

$$[OH^-] = \frac{0.1000mol \cdot L^{-1} \times 0.02mL}{(20.00 + 120.02)mL} = 5.0 \times 10^{-5}mol \cdot L^{-1}$$

$$pOH = 4.30, pH = 9.70$$

用类似的方法可以计算滴定过程中各点的 pH 值，其数值列于表 3－4 中。

表 3－4　$0.1000mol \cdot L^{-1}$ NaOH 溶液滴定 20.00mL $0.1000mol \cdot L^{-1}$ HCl 溶液的 pH 值

加入 NaOH 溶液		剩余 HCl 溶液的体积 V/mL	过量 NaOH 溶液的体积 V/mL	pH 值
滴定度/%	V/mL			
0	0.00	20.00		1.00
90.0	18.00	2.00		2.28
99.0	19.80	0.20		3.30
99.9	19.98	0.02		4.30 A（滴定突跃）
100.0	20.00	0.00		7.00（滴定突跃）
100.1	20.02		0.02	9.70 B（滴定突跃）
101.0	20.20		0.20	10.70
110.0	22.00		2.00	11.70
200.0	40.00		20.00	12.50

注：滴定度 $= \frac{滴定剂加入的物质的量}{待测物起始的物质的量} \times 100\%$。

以 NaOH 加入量 V 为横坐标，对应的 pH 值为纵坐标所绘制的 pH－V 关系曲线，称为酸碱滴定曲线。如图 3－5 所示。

从表3－4的数据和图3－5的滴定曲线可见：

(1)从滴定开始到加入19.98mLNaOH，溶液的pH值改变了3.30个pH单位，曲线比较平坦，这是因为溶液中还存在着较多的HCl，酸度较大。

(2)随着NaOH不断滴入，HCl的量逐渐减少，pH值逐渐增大；当滴定至化学计量点附近，加入1滴NaOH溶液(大约0.04mL，溶液即从剩余0.02mL HCl到过量0.02 mL NaOH)就使溶液的酸度发生巨大的变化，溶液的pH值从4.3急剧升高到9.7，溶液也由酸性突变到碱性。从表3－4和图3－5的A至B点可知，在化学计量点前后0.1%，此时滴定曲线呈现近似垂直的一段，表明溶液的pH值有一个突然的改变，这种pH值的突然改变称为滴定突跃。

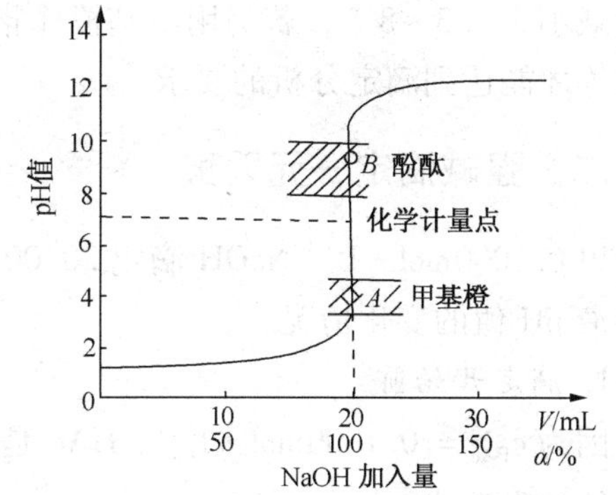

图3－5　0.1000mol·L^{-1} NaOH滴定20.00mL 0.1000mol·L^{-1} HCl的滴定曲线

(3) 此后再加入碱，则进入了强碱的缓冲区，溶液的pH值变化逐渐减小，曲线又变得比较平坦。

滴定突跃有重要的实际意义，它是选择指示剂的依据。对于在pH＝4.3～9.7内变色的，如甲基橙、甲基红、酚酞、溴百里酚蓝等，均能作为此类滴定的指示剂。例如，若采用甲基橙为指示剂，当滴定至甲基橙由红色变为橙色时，溶液的pH值约为4.4，这时加入NaOH的量与化学计量点时应加入量的差值不足0.02mL，终点误差小于－0.1%，符合滴定分析的要求。若改用酚酞为指示剂，溶液呈微红色时pH值略大于8.0，此时NaOH的加入量超过化学计量点时应加入的量也不到0.02mL，终点误差也小于＋0.1%，仍然符合滴定分析的要求。因此，指示剂的选择原则是：变色范围全部或部分处于滴定突跃范围内的指示剂，都能够准确地指示终点。可见，指示剂的变色范围越窄，越容易插入滴定突跃范围内，有利于提高指示剂变色的灵敏性。

以上讨论的是NaOH和HCl浓度均为0.1000mol·L^{-1}的情况，如果改变酸、碱溶液的浓度，化学计量点的pH值仍然是7.0，但滴定突跃的长短却不同，如图3－6所示。

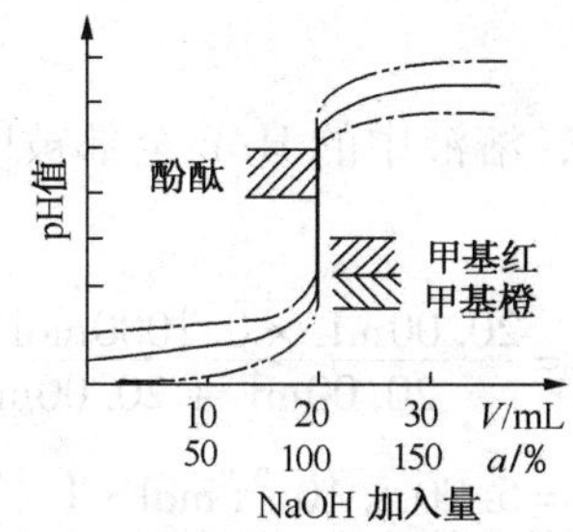

图3－6　不同浓度NaOH溶液滴定不同浓度HCl溶液的滴定曲线

—·—·— 0.01mol·L^{-1}; ———— 0.1mol·L^{-1}; —··—··— 1mol·L^{-1}

酸碱溶液浓度越大，滴定曲线化学计量点附近的滴定突越越长，可供选择的指示剂就越多；而滴定剂溶液的浓度越小，则化学计量点附近的滴定突跃就越短，指示剂的选择也就会受到限制。例如，若用0.01000mol·L^{-1} NaOH溶液滴定0.01000mol·L^{-1} HCl溶液，滴定突越减小为5.3~8.7，若仍用甲基橙作指示剂，终点误差将大于1%，所以只能用酚酞、甲基红等才能达到滴定分析的要求。

二、强碱滴定一元弱酸

以0.1000mol·L^{-1} NaOH滴定20.00mL 0.1000 mol·L^{-1}HAc为例，讨论整个滴定过程中溶液pH值的变化情况。

1. 滴定开始前

因为c_{HAc} = 0.1000mol·L^{-1}，HAc是一元的弱酸，其$K_a = 1.8\times10^{-5}$，所以根据弱酸pH值计算的最简式：

$$[H^+] = \sqrt{c_{HAc}\times K_a} = \sqrt{0.1000\times1.8\times10^{-5}}$$
$$=1.34\times10^{-3}(mol\cdot L^{-1})$$
$$pH = 2.87$$

2. 滴定至化学计量点前

滴定开始后，这一阶段的溶液是由未反应的HAc和反应产物NaAc所组成的缓冲溶液。设滴定加入的NaOH为19.98mL，则反应剩余HAc为0.02mL：

$$[HAc] = \frac{0.02mL\times0.1000mol\cdot L^{-1}}{20.00mL+19.98mL}$$
$$=5.00\times10^{-5}(mol\cdot L^{-1})$$
$$[Ac^-] = \frac{19.98mL\times0.1000mol\cdot L^{-1}}{20.00mL+19.98mL}$$
$$=5.00\times10^{-2}(mol\cdot L^{-1})$$
$$[H^+] = K_a\frac{[HAc]}{[Ac^-]}$$
$$=1.8\times10^{-5}\times\frac{5.00\times10^{-5}}{5.00\times10^{-2}}$$
$$=2.00\times10^{-8}(mol\cdot L^{-1})$$
$$pH = 7.70$$

3. 化学计量点时

当加入20.00mL NaOH溶液时，溶液中的HAc全部被中和，反应产物为HAc的共轭碱NaAc（弱碱），则：

$$c_{Ac^-} = \frac{20.00mL\times0.1000mol\cdot L^{-1}}{20.00mL+20.00mL}$$
$$=5.00\times10^{-2}(mol\cdot L^{-1})$$

$$[OH^-] = \sqrt{c_{Ac^-}\times K_b} = \sqrt{\frac{K_w}{K_a}\times c_{Ac^-}}$$
$$= \sqrt{\frac{1.0\times10^{-14}}{1.8\times10^{-5}}\times5.00\times10^{-2}}$$
$$=5.30\times10^{-6}(mol\cdot L^{-1})$$

$$pOH = 5.28, pH = 8.72$$

4. 化学计量点后

此时，溶液的组成是过量的 NaOH 和滴定产物 NaAc。由于过量的 NaOH 抑制了 Ac^- 的离解，溶液的 pH 值由过量的 NaOH 浓度决定。若加入的 NaOH 体积为 20.02mL 时，则：

$$[OH^-] = \frac{0.1000mol \cdot L^{-1} \times 0.02mL}{(20.00 + 20.02)mL} = 5.0 \times 10^{-5}(mol \cdot L^{-1})$$

$$pOH = 4.30, pH = 9.70$$

按上述方法，依次计算出滴定过程中溶液的 pH 值，其结果见表 3－5。

表 3－5　0.1000mol · L^{-1} NaOH 溶液滴定 20.00mL 0.1000mol · L^{-1} HAc 溶液的 pH 值

加入 NaOH 溶液		剩余 HAc 溶液的体积 V/mL	过量 NaOH 溶液的体积 V/mL	pH 值
滴定度(a)/%	V/mL			
0	0.00	20.00		2.87
50.0	10.00	10.00		4.74
90.0	18.00	2.00		5.70
99.0	19.80	0.20		6.74
99.9	19.98	0.02		7.70 A } 滴定突跃
100.0	20.00	0.00		8.72 } 滴定突跃
100.1	20.02		0.02	9.70 B } 滴定突跃
101.0	20.20		0.20	10.70
110.0	22.00		2.00	11.70
200.0	40.00		20.00	12.50

注：$滴定度(a) = \frac{滴定剂加入的物质的量}{待测物起始的物质的量} \times 100\%$

根据表 3－5 绘制的曲线，称为强碱滴定弱酸的滴定曲线，见图 3－7 中的Ⅰ线。

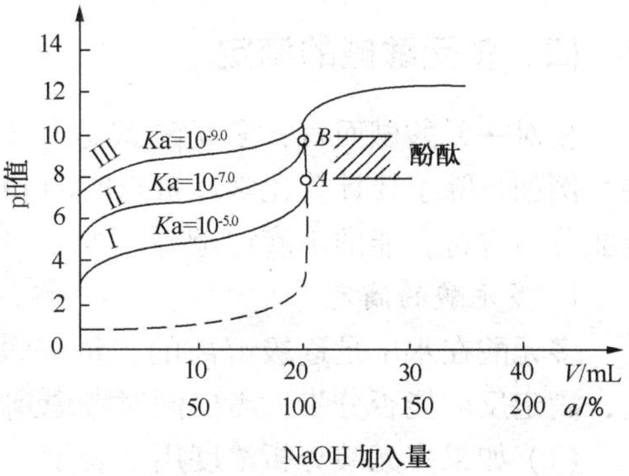

图 3－7　NaOH 溶液滴定不同弱酸溶液的滴定曲线

从表 3－5 的数据和图 3－7 的滴定曲线可以看出：

（1）由于 HAc 是弱酸，所以溶液的 $[H^+]$ 不等于弱酸的原始浓度，滴定曲线的起点不在 pH＝1 处。

（2）在滴定至化学计量点前，滴定曲线形成了一个由倾斜到平坦再到倾斜的坡度。原因是，滴定一开始即有 NaAc 生成，它抑制了 HAc 的解离，使溶液 pH 值很快增加，这段曲线斜率较大；继续加入 NaOH 溶液，HAc 浓度不断减少，Ac^- 浓度不断增加，由 HAc 和 Ac^- 组成的缓冲溶液的缓冲能力也逐渐增加，溶液的 pH 值变化变缓，当 HAc 被滴定 50% 时，此时溶液的缓冲能力最大，这一段曲线的斜率最小；接近化学计量点时，HAc 浓度已很低，溶液的缓冲作用显著减弱，溶液 pH 值又很快增加，曲线又呈倾斜状。

（3）滴定突跃范围为 pH＝7.70～9.70，相对于 NaOH 滴定 HCl 而言，滴定突跃小很多，可供选择的指示剂减少，此时甲基橙已不能作为指示剂。

(4) 化学计量点时，溶液呈碱性($pH = 8.72$)，是因为生成物 NaAc 属于碱。当算出化学计量点的 pH 值时，也可以根据指示剂的变色点尽可能接近化学计量点的原则来选择指示剂。

由上例计算过程可知强碱滴定一元弱酸时，受到酸的浓度和强度的影响。当浓度一定时，K_a 值越大，突跃范围越大；K_a 值越小，突跃范围越小。当 K_a 值一定时，浓度越大，突跃范围越大；反之，突跃范围越小。实践证明，突跃范围必须在 0.3 个 pH 值单位以上，人们才能通过观察指示剂的变色来准确判断滴定终点。要有 0.3 个 pH 值单位的突跃，必须满足 $c_a \cdot K_a \geqslant 10^{-8}$ 这一条件。通常认为 $c_a \cdot K_a \geqslant 10^{-8}$ 是作为弱酸能被强碱溶液直接目视准确滴定的判据，此时的终点误差不大于 ±0.2%。

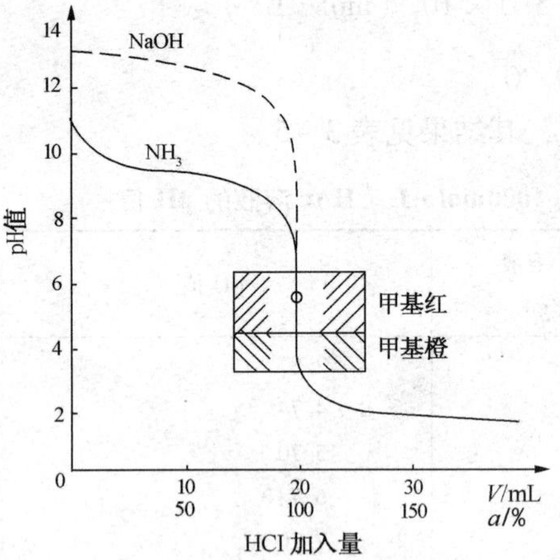

图 3-8　0.1000mol · L^{-1} HCl 滴定 20.00mL 0.1000mol · L^{-1} NH_3 的滴定曲线

三、强酸滴定一元弱碱

以 0.1000mol · L^{-1} HCl 滴定 0.1000mol · L^{-1} NH_3 为例，pH 值计算与 NaOH 滴定 HAc 的过程相类似，所不同的是 pH 值是由大到小变化的，滴定曲线的形状也正好相反，见图 3-8。其突跃范围为 $pH = 6.30 \sim 4.30$，化学计量点时的 pH 值为 5.28，溶液呈酸性。所以指示剂只能选甲基红或溴甲酚绿等，不能选酚酞。

与一元弱酸的滴定相同，突跃范围取决于弱碱强度 K_b 和浓度 c_b，只有当 $c_b \cdot K_b \geqslant 10^{-8}$ 时，该一元弱碱才能直接被强酸准确滴定。

四、多元酸碱的滴定

相对一元酸碱而言，多元酸碱是分步离解的，所以滴定多元酸碱应考虑的问题要多一些。例如，除了要计算化学计量点时的 pH 值和怎样选择指示剂外，还要考虑滴定反应是否也能分步进行，能准确滴定至哪一级。

1. 多元酸的滴定

多元酸在水中是逐级解离的，每一级给出质子的能力也不同，这些质子能否被准确滴定，滴定反应能否分步，需要同时考虑到两个方面：

(1) 如果多元酸分析浓度用 c_a 表示，第 i 级离解常数用 K_{ai} 表示，则 $c_a K_{ai} \geqslant 10^{-8}$ 时，第 i 个化学计量点能准确滴定。

(2) 当 $K_{ai}/K_{a(i+1)} \geqslant 10^4$ 时，第 i 级离解与第 $i+1$ 级离解的滴定反应能分步进行。

所以对于二元酸滴定情况的判断是：

(1) 若 $c_a K_{a1} \geqslant 10^{-8}$，$c_a K_{a2} < 10^{-8}$，而 $K_{a1}/K_{a2} \geqslant 10^4$，则只有第一级解离的 H^+ 能被准确滴定，即在第一个化学计量点处仅有一个滴定突跃。

(2) 若 $c_a K_{a1} \geqslant 10^{-8}$，$c_a K_{a2} \geqslant 10^{-8}$ 而 $K_{a1}/K_{a2} < 10^4$，则两级离解的 H^+ 可一并被准确滴定，即只有在第二个化学计量点处有一个比较大的滴定突跃，不能进行分步滴定。

(3) 若 $c_a K_{a1} \geqslant 10^{-8}$，$c_a K_{a2} \geqslant 10^{-8}$，而 $K_{a1}/K_{a2} \geqslant 10^4$，则两级离解的 H^+ 能分别被准确滴定，即在第一、第二个化学计量点处各有一个滴定突跃，可以分步滴定。

对于三元酸分步滴定的判断，也用此方法处理。

【例 3-10】 试判断 NaOH 溶液滴定 0.2000 mol·L^{-1} H_3PO_4时的准确滴定和滴定反应分步情况。

【解】 H_3PO_4的三级离解及其相应平衡常数如下：

$H_3PO_4 \rightleftharpoons H^+ + H_2PO_4^-$ $K_{a1}=7.5\times10^{-3}$ $pK_{a1}=2.12$

$H_2PO_4^- \rightleftharpoons H^+ + HPO_4^{2-}$ $K_{a2}=6.3\times10^{-8}$ $pK_{a2}=7.20$

$HPO_4^{2-} \rightleftharpoons H^+ + PO_4^{3-}$ $K_{a3}=4.4\times10^{-13}$ $pK_{a3}=12.36$

对准确滴定的判断结论是：

$c_a\cdot K_{a1}=0.2000\times7.5\times10^{-3}=1.5\times10^{-3}>10^{-8}$ 第 1 个化学计量点能准确滴定

$c_a\cdot K_{a2}=0.2000\times6.3\times10^{-8}=1.3\times10^{-8}>10^{-8}$ 第 2 个化学计量点能准确滴定

$c_a\cdot K_{a3}=0.2000\times4.4\times10^{-13}=8.8\times10^{-14}<10^{-8}$ 第 3 个化学计量点不能准确滴定

对滴定反应分步判断的结论是：

$K_{a1}/K_{a2}=7.5\times10^{-3}/6.3\times10^{-8}=1.2\times10^5>10^4$ 第 1 个与第 2 个滴定反应能分步进行

$K_{a2}/K_{a3}=6.3\times10^{-8}/4.4\times10^{-13}=1.4\times10^5>10^4$ 第 2 个与第 3 个滴定反应能分步进行

所以，以 NaOH 溶液滴定浓度大于 0.1mol·L^{-1} H_3PO_4溶液时，第一、第二级离解的 H^+可被 NaOH 标准溶液分步滴定至终点，并在第一、第二个化学计量点附近各有一个滴定突跃。而第三级离解的 H^+不能被准确滴定。其滴定曲线见图 3-9 所示。

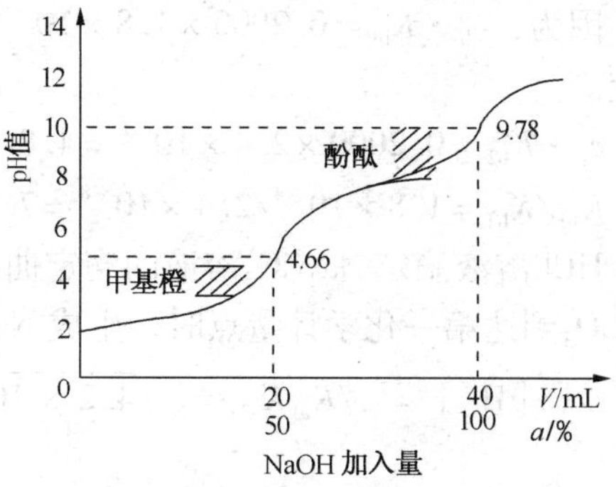

图 3-9 NaOH 溶液滴定 H_3PO_4 溶液的滴定曲线

NaOH 溶液滴定 H_3PO_4过程中 pH 值的准确计算较为复杂，这里不做介绍。从滴定曲线上可以看出，与 NaOH 溶液滴定一元弱酸相比此曲线明显较为平坦，这是由于在滴定过程中溶液先后形成 $H_3PO_4-H_2PO_4^-$ 和 $H_2PO_4^- - HPO_4^{2-}$ 两个缓冲溶液体系的缘故。

通常分析工作者只计算化学计量点的 pH 值，并根据此选择合适的指示剂。

NaOH 溶液滴定 H_3PO_4至第一个化学计量点时，溶液中主要存在形式为 $H_2PO_4^-$，其是两性物质，故用最简式计算 H^+浓度。

$$[H^+]=\sqrt{K_{a1}K_{a2}}=\sqrt{7.5\times10^{-3}\times6.3\times10^{-8}}=2.17\times10^{-5}(mol\cdot L^{-1})$$

$$pH=4.66$$

同理，第二个化学计量点时，溶液主要存在形式为 HPO_4^{2-}，也是两性物质，故：

$$[H^+]=\sqrt{K_{a2}K_{a3}}=\sqrt{6.3\times10^{-8}\times4.4\times10^{-13}}=1.66\times10^{-10}(mol\cdot L^{-1})$$

$$pH=9.78$$

根据变色点尽可能接近化学计量点原则选择指示剂的结果是：对于第一化学计量点最好选用溴甲酚绿和甲基橙混合指示剂，若用甲基橙终点出现偏早；对于第二化学计量点最好选用百里酚酞和酚酞混合指示剂，若用酚酞终点出现偏早。

【例 3-11】 试判断 NaOH 溶液滴定 0.1000mol·L^{-1} $H_2C_2O_4$时的准确滴定和滴定反应分步情况。

【解】 查得二元酸 $H_2C_2O_4$ 的两个离解平衡常数分别为：$K_{a1}=5.9\times10^{-2}$、$K_{a2}=6.4\times10^{-5}$。

对准确滴定的判断结论是：

$c_a\cdot K_{a1}=0.1000\times5.9\times10^{-2}=5.9\times10^{-3}>10^{-8}$ 第1个化学计量点能准确滴定

$c_a\cdot K_{a2}=0.1000\times6.4\times10^{-5}=6.4\times10^{-6}>10^{-8}$ 第2个化学计量点能准确滴定

对滴定反应分步的判断结论是：

$K_{a1}/K_{a2}=5.9\times10^{-2}/6.4\times10^{-5}=9.2\times10^{2}<10^{4}$ 第1个与第2个滴定反应不能分步进行，即只有当两步解离的 H^+ 全被中和后，才出现一个滴定突跃。

2. 多元碱的滴定

多元碱的滴定和多元酸的滴定类似，同样，对于多元碱来说：

（1）当 $c_bK_{bi}\geqslant10^{-8}$ 时，第 i 个化学计量点能准确滴定。

（2）当 $K_{bi}/K_{b(i+1)}\geqslant10^{4}$ 时，第 i 级离解与第 $i+1$ 级离解的滴定反应能分步进行。

例如用 HCl 滴定 $0.2000mol\cdot L^{-1}$ 的 Na_2CO_3，已知 Na_2CO_3 的离解平衡如下：

$CO_3^{2-}+H_2O \rightleftharpoons HCO_3^-+OH^-$ $K_{b1}=K_w/K_{a2}=1.8\times10^{-4}$

$HCO_3^-+H_2O \rightleftharpoons H_2CO_3+OH^-$ $K_{b2}=K_w/K_{a1}=2.4\times10^{-8}$

因为，$c_b\cdot K_{b1}=0.2000\times1.8\times10^{-4}=3.6\times10^{-5}>10^{-8}$，所以第1个化学计量点能准确滴定。

$c_b\cdot K_{b2}=0.2000\times2.4\times10^{-8}=4.8\times10^{-9}<10^{-8}$，第2个化学计量点滴定准确度较差。

$K_{b1}/K_{b2}=1.8\times10^{-4}/2.4\times10^{-8}=7.5\times10^{3}<10^{4}$，第1与第2个滴定反应勉强能分步。

HCl 溶液滴定 Na_2CO_3 溶液的滴定曲线如图 3－10 所示。从图 3－10 可见，HCl 溶液滴定 Na_2CO_3 到达第一化学计量点时，生成 $NaHCO_3$，属两性物质。此时 pH 值可按下式计算：

$$[H^+]=\sqrt{K_{a1}K_{a2}}=\sqrt{4.2\times10^{-7}\times5.6\times10^{-11}}=4.85\times10^{-9}(mol\cdot L^{-1})$$

$$pH=8.32$$

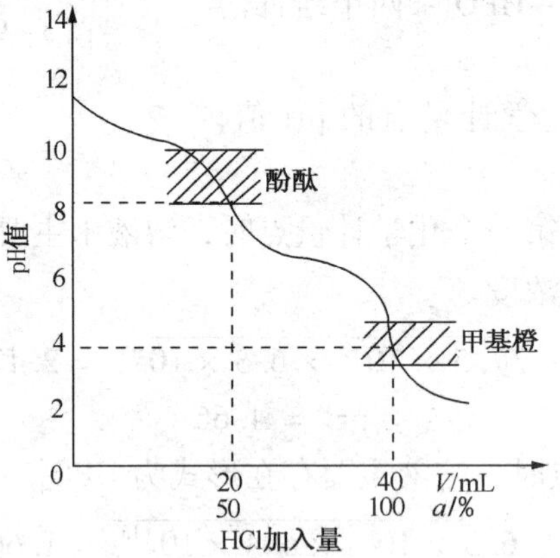

图 3－10 HCl 溶液滴定 Na_2CO_3 溶液的滴定曲线

第二化学计量点时，产物为 H_2CO_3（CO_2+H_2O），其饱和溶液的浓度约为 $0.04mol\cdot L^{-1}$。

$$[H^+]=\sqrt{c_aK_{a1}}=\sqrt{0.04\times4.2\times10^{-7}}=1.30\times10^{-4}(mol\cdot L^{-1})$$

$$pH=3.89$$

根据指示剂选择的原则，上述情况第一化学计量点时可选用酚酞为指示剂，第二化学计量点宜选择甲基橙作指示剂。

但是，在滴定过程中以甲基橙为指示剂时，由于产生过多的 CO_2，可能会使滴定终点过早出现，变色不敏锐，因此快到第二化学计量点时应剧烈摇动，必要时可加热煮沸溶液以除去 CO_2，冷却后再继续滴定至终点，以提高分析的准确度。

第七节　酸碱标准溶液的配制和标定

在酸碱滴定分析中常用的标准溶液均由强酸或强碱组成。一般用于配制酸标准溶液的有 HCl 和 H_2SO_4，尤其是 HCl 溶液，因其价格低廉、易于得到、稀盐酸溶液无氧化还原性质、酸性强且稳定，因此用得较多；若需要加热或在较高温度下使用，则用 H_2SO_4 溶液较适宜。一般用来配制碱标准溶液的有 NaOH 和 KOH，在实际分析中多数采用 NaOH。

酸碱标准溶液通常配制成 $0.1mol \cdot L^{-1}$，但有时也用高达 $1.0mol \cdot L^{-1}$ 的溶液。若标准溶液浓度太低，导致滴定突跃太小，不利于终点的观察判断，从而得不到准确的滴定结果；若标准溶液浓度太高，就会消耗太多的试剂，造成不必要的浪费。因此，实际分析工作中应根据需要配制合适的标准溶液。

一、HCl 标准溶液的配制和标定

1. 配制

市售盐酸中 HCl 含量不稳定，且常含有杂质，所以一般采用间接法配制，即先用市售的盐酸试剂配制成接近所需浓度的溶液，然后再用基准物质标定其准确浓度。由于浓盐酸具有挥发性，配制时可取量稍多一些。

2. 标定

用于标定 HCl 标准溶液的基准物质有无水 Na_2CO_3 和硼砂（$Na_2B_4O_7 \cdot 10H_2O$）等。

（1）无水 Na_2CO_3　Na_2CO_3 易吸收空气中的水分，故使用前必须在 270～300℃高温炉中灼烧至恒重，然后密封于称量瓶中，保存于干燥器中备用。

其标定 HCl 溶液的反应为：

$$2HCl + Na_2CO_3 = H_2CO_3 + 2NaCl$$

滴定时可采用甲基橙做指示剂，溶液由黄色变为橙色；亦可采用溴甲酚绿－甲基红混合指示剂，用配制好的盐酸溶液滴定至溶液由绿色变为暗红色，煮沸 2min，以赶出 CO_2，避免由于溶液中的 CO_2 过饱和而造成假终点，冷却后继续滴定至溶液再呈暗红色，同时作空白试验。

$$c_{HCl} = \frac{m \times 1000}{(V - V_0) M_{1/2Na_2CO_3}} \tag{3-20}$$

式中　m——无水碳酸钠的质量，g；

V——盐酸溶液的体积，mL；

V_0——空白试验盐酸溶液的体积，mL；

$M_{1/2\,Na_2CO_3}$——以 $\frac{1}{2}Na_2CO_3$ 为基本单元的摩尔质量，$g \cdot mol^{-1}$。

（2）硼砂 $Na_2B_4O_7 \cdot 10H_2O$　硼砂不易吸水，但在空气中当相对湿度小于 39% 时容易风

化失去结晶水。因此，应保存在相对湿度为60%的恒湿容器中，以确保其所含的结晶水数量与计算时所用的化学式相符。实验室常采用在干燥器底部装入食盐和蔗糖的饱和水溶液的方法，使相对湿度维持在60%。

硼砂标定HCl溶液的反应为：

$$Na_2B_4O_7 + 2HCl + 5H_2O \xlongequal{} 4H_3BO_3 + 2NaCl$$

滴定时可选用甲基红作指示剂，溶液由黄色变为红色即为终点；亦可使用甲基红－溴甲酚绿混合指示剂。

由于硼砂的摩尔质量较大（$M = 381.4g \cdot mol^{-1}$），因直接称取单份基准物质做标定时，称量的相对误差小，所以，硼砂作为标定盐酸的基准物质优于无水碳酸钠。

除上述两种基准物质外，还有$KHCO_3$、酒石酸氢钾等基准物质用于标定盐酸溶液。

二、碱标准溶液的配制和标定

1. 配制

固体氢氧化钠具有很强的吸湿性，易吸收CO_2和水分，生成少量Na_2CO_3，且含少量的硅酸盐、硫酸盐和氯化物等，因而不能直接配制成标准溶液，只能用间接法配制，再以基准物质标定其准确浓度。

由于Na_2CO_3的存在，对指示剂的使用影响较大，应设法除去。通常除去Na_2CO_3的方法是：将NaOH先配成饱和溶液（约50%），在此浓碱溶液中Na_2CO_3几乎不溶解，慢慢沉淀出来，可吸取上层清液配制所需NaOH溶液。

2. 标定

常用邻苯二甲酸氢钾基准物质标定NaOH溶液。邻苯二甲酸氢钾的分子式为$C_8H_4O_4HK$，其结构式为：

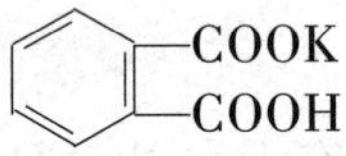

摩尔质量为$204.23g \cdot mol^{-1}$，属有机弱酸盐，在水溶液中呈酸性，因$cK_{a2} > 10^{-8}$，故可用NaOH溶液直接滴定。

标定时，准确称取一定量的在105～110℃烘至恒重的基准邻苯二甲酸氢钾，以酚酞为指示剂，用配制好的NaOH溶液滴定至溶液由无色变为粉红色且30s不褪色，即为终点。同时做空白实验。计算公式：

$$c_{NaOH} = \frac{1000 \times m}{(V_1 - V_0)M_{KHC_8H_4O_4}} \qquad (3-21)$$

式中　m——邻苯二甲酸氢钾的质量，g；

V_1——氢氧化钠溶液的体积，mL；

V_0——空白试验氢氧化钠溶液的体积，mL；

$M_{KHC_8H_4O_4}$——邻苯二甲酸氢钾的摩尔质量，$g \cdot mol^{-1}$。

除邻苯二甲酸氢钾外，还有草酸、苯甲酸、硫酸肼（$N_2H_4 \cdot H_2SO_4$）等基准物质用于标定NaOH溶液。

第八节　酸碱滴定法的应用

酸碱滴定法在生产实际应用中极为广泛，可用来测定各种酸、碱以及能够与酸碱起作用的物质，还可以用间接方法测定一些既非酸又非碱的物质，也可用于非水溶液。

在我国的国家标准(GB)和有关的部颁标准中，许多试样如化学试剂、化工产品、食品添加剂、水样、石油产品等，凡涉及到酸度、碱度项目的，多数都采用简便易行的酸碱滴定法。

一、食用醋中总酸度的测定

HAc是一种重要的农产加工品，又是合成有机农药的一种重要原料。而食醋中的主要成分是HAc($K_a = 1.8 \times 10^{-5}$)，也有少量其他弱酸，如乳酸等。

测定时，将食醋用不含CO_2的蒸馏水适当稀释后，用标准NaOH溶液滴定。反应产物为弱酸强碱盐NaAc：

$$HAc + NaOH = NaAc + H_2O$$

化学计量点时pH = 8.72左右，滴定突跃在碱性范围内(如：0.1000mol·L^{-1}NaOH滴定0.1000mol·L^{-1} HAc突跃范围为pH = 7.70 ~ 9.70)，若使用在酸性范围内变色的指示剂如甲基橙，将引起很大的滴定误差，因此应选用酚酞为指示剂，滴定至呈现红色即为终点。

由所消耗的标准溶液的体积及浓度计算总酸度。

二、混合碱的分析

1. 烧碱中NaOH和Na_2CO_3含量的测定

烧碱(氢氧化钠)在生产和储藏过程中，由于吸收空气中的CO_2而成为NaOH和Na_2CO_3的混合碱。因此，通常要对烧碱进行NaOH和Na_2CO_3含量的测定。

(1) 双指示剂法 准确称取一定量的试样m_s(单位mg)，溶解于无CO_2的蒸馏水中，先在混合碱试液中加入酚酞，用浓度为c的HCl标准溶液滴定至溶液由红色变为无色，达到第一滴定终点，用去HCl标准溶液的体积为V_1；然后加入1 ~ 2滴甲基橙指示剂，继续用HCl标准溶液滴定至溶液由黄色变为橙色，到达第二个滴定终点，用去HCl标准溶液的体积V_2，根据V_1和V_2计算NaOH和Na_2CO_3的含量，如图3 - 11所示。

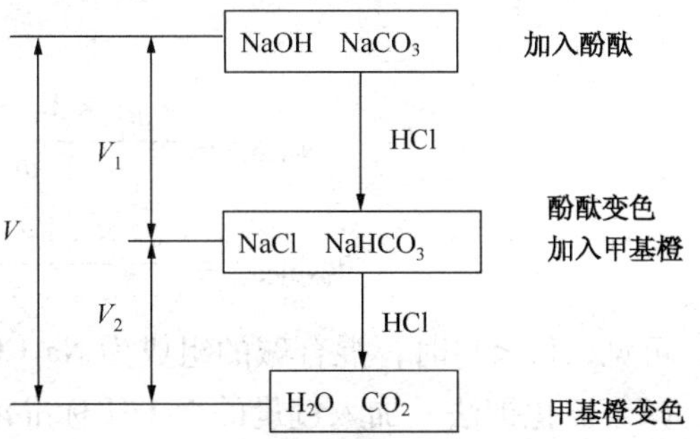

图3 - 11 NaOH和Na_2CO_3混合碱消耗HCl标准溶液体积

由图3 - 11可知：

V_1的作用：

$$NaOH + HCl = H_2O + NaCl$$

$$Na_2CO_3 + HCl = NaHCO_3 + NaCl$$

V_2的作用：

$$Na_2HCO_3 + HCl = CO_2 + H_2O + NaCl$$

所以$V_1 > V_2$，滴定NaOH用去HCl溶液的体积为$V_1 - V_2$，滴定Na_2CO_3用去的体积为$2V_2$。若混合碱试样的质量为m_s，则：

$$w_{NaOH} = \frac{c_{HCl} \times (V_1 - V_2) M_{NaOH}}{m_s} \times 100\% \qquad (3-22)$$

$$w_{Na_2CO_3} = \frac{c_{HCl} \times 2V_2 \times M_{\frac{1}{2}Na_2CO_3}}{m_s} \times 100\% \qquad (3-23)$$

可见，$V_1 > V_2$时，混合碱的组成为 NaOH 和 Na_2CO_3。

(2) 氯化钡法　取一份试样溶液，以甲基橙作指示剂，用 HCl 标准溶液滴定至橙色，测得的是碱的总量，设消耗的 HCl 的体积为 V_1。另取等体积试液，加入 $BaCl_2$溶液，待 $BaCO_3$沉淀析出后，以酚酞作指示剂，用 HCl 标准溶液滴定至终点，设用去的体积为 V_2，此时反应的是 NaOH 的量。

$$w_{Na_2CO_3} = \frac{c_{HCl} \times (V_1 - V_2) \times M_{1/2\ Na_2CO_3}}{m_S} \times 100\% \quad (3-24)$$

$$w_{NaOH} = \frac{c_{HCl} \times V_2 \times M_{NaOH}}{m_S} \times 100\% \quad (3-25)$$

2. 纯碱中 Na_2CO_3和 $NaHCO_3$含量的测定

工业纯碱中常含有 $NaHCO_3$，此二组分的测定可参照上述 NaOH + Na_2CO_3的测定方法。

(1) 双指示剂法　如图 3-12 所示。

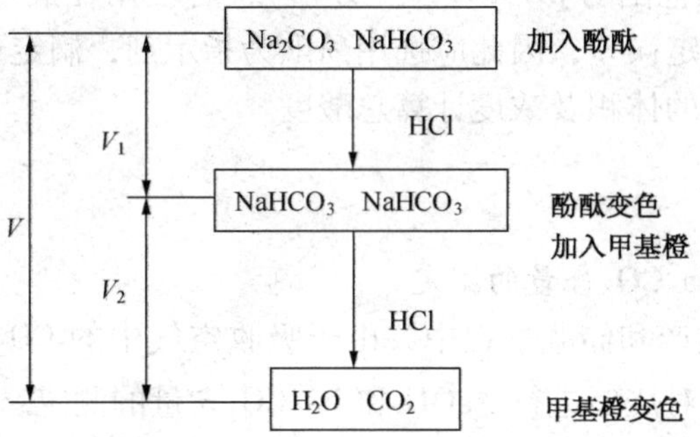

图 3-12　Na_2CO_3和 $NaHCO_3$混合碱消耗 HCl 标准溶液体积

$$w_{Na_2CO_3} = \frac{2c_{HCl} \times V_1 \times M_{\frac{1}{2}Na_2CO_3}}{m_s} \times 100\% \quad (3-26)$$

$$w_{NaHCO_3} = \frac{c_{HCl} \times (V_2 - V_1) \times M_{NaHCO_3}}{m_s} \times 100\% \quad (3-27)$$

可见，$V_1 < V_2$时，混合碱的组成为 Na_2CO_3和 $NaHCO_3$。

(2) 氯化钡法　加入过量的 NaOH 标准溶液(c_{NaOH}，V_{NaOH})，将试液中的 $NaHCO_3$完全转变成 Na_2CO_3，然后再用 $BaCl_2$溶液沉淀 Na_2CO_3，以酚酞为指示剂，用 HCl 标准溶液(c_{HCl}，V_{HCl})滴定剩余的 NaOH。

$$w_{NaHCO_3} = \frac{(c_{NaOH}V_{NaOH} - c_{HCl}V_{HCl}) \times M_{NaHCO_3}}{m_s} \times 100\% \quad (3-28)$$

另取等体积试液，以甲基橙为指示剂，用 HCl 标准溶液滴定碱的总量，设用去 HCl 体积为 V：

$$w_{Na_2CO_3} = \frac{[c_{HCl}V - (c_{NaOH}V_{NaOH} - c_{HCl}V_{HCl})]M_{\frac{1}{2}Na_2CO_3}}{m_s} \times 100\% \quad (3-29)$$

双指示剂法不仅用于混合碱的定量分析，还可用于未知混合碱试样的定性分析。见表3-6。

表 3-6　V_1、V_2关系与未知混合碱的型体组成

V_1与V_2的关系	$V_1>V_2$ $V_2>0$	$V_1<V_2$ $V_1>0$	$V_1>0$ $V_2=0$	$V_1=V_2$	$V_1=0$ $V_2>0$
碱型体组成	$OH^- + CO_3^{2-}$	$HCO_3^- + CO_3^{2-}$	OH^-	CO_3^{2-}	HCO_3^-

注：V_1代表滴定试液至酚酞变色所需的 HCl 的体积。

V_2代表继续滴定试液至甲基橙变色所需的 HCl 的体积。

双指示剂法操作比较简便，但在滴定至第一化学计量点时，由于溶液中存在碳酸氢钠，终点观察不明显而使分析结果的误差常常比较大，若要提高分析结果的准确度，减少滴定误差，可使用氯化钡法进行混合碱的测定。但氯化钡法操作比较繁琐，且在使用氯化钡法测定混合碱中各组分的含量时，必须已知混合碱的组成，而对于各不同组成的试样要采用不同的操作方法进行测定，从而使氯化钡法的应用受到一定限制。

三、铵盐中含氮量的测定

肥料、土壤以及某些有机化合物常常需要测定其中的氮含量，如硫酸铵化肥中氮含量的测定。由于铵盐(NH_4^+)作为酸，它的 K_a 值为：

$$K_a = \frac{K_w}{K_b} = \frac{10^{-14}}{1.8 \times 10^{-5}} = 5.6 \times 10^{-10}$$

不能直接用碱标准溶液滴定，而需采取间接的测定方法，主要采用蒸馏法和甲醛法两种方法。

1. *蒸馏法*

准确称取一定量的铵盐试样，置于蒸馏瓶中。加入过量的浓 NaOH 加热，使 NH_3蒸馏出来，并用过量的 H_3BO_3 溶液吸收，然后加入甲基红-溴甲酚绿混合指示剂，用 HCl 标准溶液滴定吸收 NH_3时所生成的 $H_2BO_3^-$，当溶液由绿色变为红色时为终点。反应式为：

$$NH_4^+ + OH^- = NH_3\uparrow + H_2O$$

$$NH_3 + H_3BO_3 = NH_4^+ + H_2BO_3^-$$

$$HCl + H_2BO_3^- = H_3BO_3 + Cl^-$$

试样中氮的含量用下式计算：

$$w_N = \frac{c_{HCl} \times V_{HCl} \times M_N}{1000m_s} \times 100\% \qquad (3-30)$$

式中　m_s——试样的质量，g。

由于 H_3BO_3 的 $K_a \approx 10^{-10}$，是极弱的酸，不能用碱溶液直接滴定，但 $H_2BO_3^-$ 是 H_3BO_3 的共轭碱，其 $K_b \approx 10^{-4}$，属于较强的碱，能满足 $cK_b \geq 10^{-8}$的要求，因此，可用标准酸溶液直接目视滴定。

土壤和有机化合物中的氮，经过一定的化学处理后(在无水 $CuSO_4$或其他催化剂存在下，将试样在浓硫酸中加热消化)，可使各种含氮化合物分解并转变成铵盐，然后再按上述蒸馏法进行测定。该方法即为著名的克氏定氮法。

2. *甲醛法*

甲醛与 NH_4^+ 作用，按化学计量关系定量生成 H^+ 和质子化的六亚甲基四胺($K_a = 7.1 \times 10^{-6}$)，以酚酞作指示剂，用 NaOH 标准溶液直接滴定。反应方程式为：

$$4NH_4^+ + 6HCHO \xlongequal{} (CH_2)_6N_4H^+ + 3H^+ + 6H_2O$$

$$(CH_2)_6N_4H^+ + 3H^+ + 4OH^- \xlongequal{} (CH_2)_6N_4 + 4H_2O$$

氮含量的计算式为：

$$w_N = \frac{c_{NaOH}V_{NaOH} \times M_N}{1000m_s} \times 100\% \qquad (3-31)$$

式中　m_s——试样的质量，g。

蒸馏法操作麻烦，分析流程长，但准确度高。甲醛法简便、快速，其准确度比蒸馏法差，但可满足工农业生产要求，应用广泛。

四、氟硅酸钾法测定 SiO_2 含量

矿石、岩石、水泥、玻璃、陶瓷等都是硅酸盐，硅酸盐试样中 SiO_2 含量的测定，一般采用重量法。但是，重量法虽然准确度高，但十分费时，目前生产上各种试样中 SiO_2 含量的分析，一般均采用氟硅酸钾容量法，它是一种简便、快速的酸碱滴定法，只要操作规范细心，也可以得到比较准确的结果。

硅酸盐试样用 KOH 或 NaOH 熔融，使之转化为可溶性硅酸盐，如 K_2SiO_3。K_2SiO_3 在过量 KCl、KF 的存在下与 HF（HF 有剧毒，必须在通风橱中操作）作用，生成微溶的氟硅酸钾（K_2SiF_6），其反应如下：

$$K_2SiO_3 + 6HF \xlongequal{} K_2SiF_6\downarrow + 3H_2O$$

将生成的 K_2SiF_6 沉淀过滤。由于 K_2SiF_6 在水中的溶解度较大，为防止其溶解损失，将其用 KCl－乙醇溶液洗涤。然后用 NaOH 溶液中和溶液中未洗净的游离酸，随后加入沸水使 K_2SiF_6 水解，生成 HF，反应如下：

$$K_2SiF_6 + 3H_2O \xlongequal{} 2KF + H_2SiO_3\downarrow + 4HF$$

水解生成的 HF（$K_a = 3.5 \times 10^{-4}$），可用 NaOH 标准溶液直接滴定，从而计算出试样中 SiO_2 的含量。由于 1mol 的 K_2SiF_6 释放出 4mol 的 HF，也即消耗 4mol 的 NaOH，因此试样中的 SiO_2 与 NaOH 的化学计量关系为 $\frac{1}{4}$，试样中 SiO_2 含量的计算公式为：

$$w_{SiO_2} = \frac{c_{NaOH}V_{NaOH} \times \frac{1}{4} \times 60.084}{m_s \times 1000} \times 100\% \qquad (3-32)$$

式中　c_{NaOH}——标准碱溶液的浓度，$mol \cdot L^{-1}$；

V_{NaOH}——消耗碱溶液的体积，mL；

m_s——为试样的质量，g；

60.084——SiO_2 的摩尔质量，$g \cdot mol^{-1}$。

由于 HF 腐蚀玻璃容器，且对人体健康有害，操作必须在塑料容器中进行，在整个分析过程中应特别注意安全。

五、硼酸的测定

硼酸的酸性太弱（$K_a = 5.7 \times 10^{-10}$），不能用 NaOH 直接滴定。实际测定时一般是在硼酸溶液中加入甘露醇或甘油等多元醇，使之与硼酸形成稳定的配合物，如用甘露醇强化后形成硼酸－甘露醇配合物，其反应式如下：

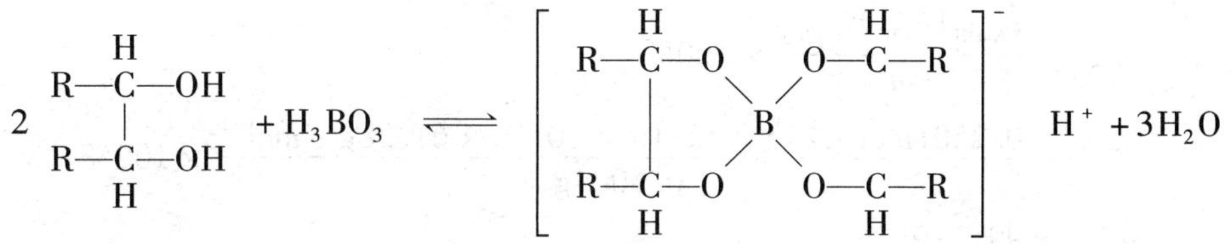

该配合物为一元酸，其 $K_a = 5.5 \times 10^{-5}$，故能用 NaOH 来直接滴定。化学计量点 pH 值在 9 左右，可用酚酞或百里酚酞作指示剂。

为了使反应进行完全，需加入过量的甘露醇或甘油。本法常用于硼镁矿中硼含量的测定。但硼镁矿中常伴随有铁、铝等杂质，易水解出相应的酸或碱，对测定有影响，应采取措施消除其干扰，如用离子交换树脂分离，然后进行测定。

第九节　酸碱滴定法结果计算示例

【例 3-12】 移取某硫酸溶液 25.00mL，以浓度为 $0.2056 mol \cdot L^{-1}$ NaOH 标准溶液滴定，以甲基橙为指示剂，滴定至终点，共消耗 NaOH 标准溶液 30.12mL，求该硫酸溶液的质量浓度。

【解】

$$H_2SO_4 + 2NaOH = Na_2SO_4 + 2H_2O$$

$$\rho_{H_2SO_4} = \frac{c_{NaOH} \times V_{NaOH} \times M_{\frac{1}{2}H_2SO_4}}{V}$$

$$\rho_{H_2SO_4} = \frac{0.2056mol \cdot L^{-1} \times 30.12 \times 10^{-3}L \times \frac{1}{2} \times 98.08g \cdot mol^{-1}}{25.00 \times 10^{-3}L}$$

$$\rho_{H_2SO_4} = 12.15(g \cdot L^{-1})$$

【例 3-13】 发烟硫酸（$SO_3 + H_2SO_4$）1.000g，需 $0.5710\ mol \cdot L^{-1}$ 的 NaOH 标准溶液 35.90mL 才能中和。求试样中两组分的质量分数。

【解】 已知：$M_{H_2SO_4} = 98.08g \cdot mol^{-1}$，$M_{SO_3} = 80.06g \cdot mol^{-1}$。根据反应式：

$$SO_3 + 2NaOH = Na_2SO_4 + H_2O$$

$$H_2SO_4 + 2NaOH = Na_2SO_4 + 2H_2O$$

设试样中含 SO_3 的质量为 x(g)，则：

$$\frac{x}{80.06g \cdot mol^{-1}} + \frac{1.000 - x}{98.08g \cdot mol^{-1}} = \frac{0.5710mol \cdot L^{-1} \times 35.90 \times 10^{-3}L}{2}$$

解得：

$$x = 0.02342g$$

$$w_{SO_3} = \frac{0.02342}{1.000} \times 100\% = 2.34\% \qquad w_{H_2SO_4} = 97.66\%$$

【例 3-14】 准确称取硼酸试样 0.5004g 于烧杯中，加沸水使其溶解，加入甘露醇使之强化。然后用 $0.2501mol \cdot L^{-1}$ NaOH 标准溶液滴定，酚酞为指示剂，耗去 NaOH 溶液 32.16mL。计算试样中以 H_3BO_3 和 B_2O_3 表示的质量分数。

【解】 根据硼酸的测定原理，H_3BO_3 与 NaOH 的化学计量关系为 1∶1，已知：$M_{H_3BO_3} = 61.83g \cdot mol^{-1}$，$M_{B_2O_3} = 69.62g \cdot mol^{-1}$。所以：

$$w_{H_3BO_3} = \frac{c_{NaOH}V_{NaOH}M_{H_3BO_3}}{m} \times 100\%$$

$$= \frac{0.2501\text{mol} \cdot L^{-1} \times 32.16 \times 10^{-3}L \times 61.38\text{g} \cdot \text{mol}^{-1}}{0.5004\text{g}} \times 100\%$$

$$= 99.38\%$$

$$w_{B_2O_3} = \frac{M_{B_2O_3}}{2M_{H_3BO_3}} \times w_{H_3BO_3}$$

$$= \frac{69.62\text{g} \cdot \text{mol}^{-1}}{2 \times 61.83\text{g} \cdot \text{mol}^{-1}} \times 99.38\%$$

$$= 55.95\%$$

【例 3－15】 阿斯匹林（乙酰水杨酸）的测定可用已知过量的碱进行水解（煮沸 10min），然后用酸标准溶液滴定剩余的碱，若称取 0.2745g 试样，用 50.00 mL 0.1000mol · L^{-1}NaOH 溶解，滴定过量碱需 11.03mL 0.2100mol · L^{-1}的 HCl 溶液（一般用酚红作指示剂）。试计算试样中乙酰水杨酸的质量分数（$M_{乙酰水杨酸} = 180.16\text{g} \cdot \text{mol}^{-1}$）。

反应式：$HOOCC_6H_4COOCH_3 + 2NaOH = CH_3COONa + NaOOCC_6H_4OH + H_2O$

【解】 根据反应方程式 $HOOCC_6H_4COOCH_3$ 与 NaOH 的化学计量关系为 1∶2，已知，$M_{乙酰水扬酸} = 180.16\text{g} \cdot \text{mol}^{-1}$。所以：

$$w_{乙酰水扬酸} = \frac{(c_{NaOH} \times V_{NaOH} - c_{HCl} \times V_{HCl}) \times \frac{1}{2} \times M_{乙酰水扬酸}}{m \times 1000}$$

$$w_{乙酰水扬酸} = \frac{(0.1000\text{mol} \cdot L^{-1} \times 50.00\text{mL} - 0.2100\text{mol} \cdot L^{-1} \times 11.03\text{mL}) \times \frac{1}{2} \times 180.16\text{g} \cdot \text{mol}^{-1}}{0.2745\text{g} \times 1000}$$

$$w_{乙酰水扬酸} = 88.07\%$$

【例 3－16】 有一碱液，已知其相对密度为 1.200，其中可能含 NaOH 和 Na_2CO_3，也可能含 Na_2CO_3 和 $NaHCO_3$。现取试样 1.00mL，加适量水后再加酚酞指示剂，用 0.3000mol · L^{-1} HCl 标准溶液滴定至酚酞变色时，消耗 HCl 溶液 28.40mL。再加入甲基橙指示剂，继续用同浓度的 HCl 滴定至甲基橙变色为终点，又消耗 HCl 溶液 3.60mL。问此碱液是何混合物？并计算各组分的质量分数。已知 $M_{NaOH} = 40.01\text{g} \cdot \text{mol}^{-1}$，$M_{Na_2CO_3} = 106.0\text{g} \cdot \text{mol}^{-1}$，$M_{NaHCO_3} = 84.01\text{g} \cdot \text{mol}^{-1}$。

【解】 可能发生的滴定反应是：

$$Na_2CO_3 + HCl = NaHCO_3 + NaCl \quad （酚酞变色）$$

$$NaHCO_3 + HCl = CO_2 + H_2O + NaCl \quad （甲基橙变色）$$

$$NaOH + HCl = NaCl + H_2O \quad （酚酞变色）$$

设 V_1是以酚酞为指示剂时消耗 HCl 溶液的体积；V_2是以甲基橙为指示剂时又耗去 HCl 溶液的体积。

现 $V_1 > V_2$，说明此碱液是 NaOH 和 Na_2CO_3的混合物，它们的质量分数可分别计算如下：

$$w_{Na_2CO_3} = \frac{0.3000\text{mol} \cdot L^{-1} \times 3.60 \times 10^{-3}L \times 106.0\text{g} \cdot \text{mol}^{-1}}{1.200\text{g} \cdot \text{mL}^{-1} \times 1.00\text{mL}} \times 100\%$$

$$w_{Na_2CO_3} = 9.54\%$$

$$w_{NaOH} = \frac{0.3000 mol \cdot L^{-1} \times (28.40 - 3.60) \times 10^{-3} L \times 40.01 g \cdot mol^{-1}}{1.200 g \cdot mL^{-1} \times 1.00 mL} \times 100\%$$

$$w_{NaOH} = 24.81\%$$

第十节　非水溶液中的酸碱滴定

水是最重要的溶剂，酸碱滴定一般都是在水溶液中进行的。但是，许多有机试样难溶于水；有些弱酸、弱碱，当它们的离解常数 K_a 或 K_b 小于 10^{-8} 时，都不能在水溶液中直接滴定。在水以外的溶剂中进行滴定的方法，称非水溶液滴定，现多指在非水溶液中的酸碱滴定法，主要用于有机化合物的分析。使用非水溶剂，可以增大样品的溶解度，同时可增强其酸碱性，使在水中不能进行完全的滴定反应可顺利进行，对有机弱酸、弱碱可以得到明显的终点突跃。水中只能滴定 pK(K 为电离常数)小于 8 的化合物，在非水溶液中则可滴定 pK 小于 13 的物质，因此，该方法已广泛应用于有机酸碱的测定中。

一、溶剂的种类和性质

1. *溶剂的分类*

根据溶液的酸碱性可分为两大类：

(1) 两性溶剂　该类溶剂既能给出质子也能接受质子。当溶质是较强的酸时，这类溶剂显碱性；反之则显酸性。根据它们得失质子能力的相对大小，可将它们进一步划分为以下三类。

① 中性溶剂　这类溶剂的酸碱性与水相近，得失质子的能力相当，如甲醇、乙醇、丙醇、乙二醇、异丙醇等。

② 酸性溶剂　这类溶剂也具有一定的两性，但其给出质子的能力比水强，而接受质子的能力比水弱，因此这类溶剂酸性比水强。如甲酸、冰醋酸、醋酐等。

③ 碱性溶剂　这类溶剂也具有一定的两性，但其接受质子的能力比水强，而给出质子的能力比水弱，因此这类溶剂碱性比水强。如乙二胺、丁胺、乙醇胺等。

(2) 非释质子性溶剂　这类溶剂没有给出质子的能力，故称为非释质子性溶剂。在这类溶剂中，溶剂分子之间没有质子自递反应。但是，这类溶剂可能具有接受质子的能力，因而溶液中有溶剂化质子的形成，但不可能有溶剂阴离子的形成。根据非释质子性溶剂接受质子能力的不同，可具体将它们分为 3 类 。

① 极性亲质子溶剂　这类溶剂从结构上来讲，具有较强的接受质子的能力，常显示出较强的碱性 。如吡啶、二甲基甲酰胺等。

② 极性疏质子溶剂　这类溶剂从结构上来讲，接受质子的能力弱。如丙酮、甲基异丁酮等酮类中的 C ═O 基，接受质子的倾向很小，仅显示很弱的碱性。

③ 惰性溶剂　这类溶剂不具有酸碱性或酸碱性都极微弱，几乎没有接受质子的能力。如苯、氯仿、四氯化碳等。在这类溶剂中质子的转移过程只发生在溶质分子之间。惰性溶剂不参与质子转移过程。

2. *溶剂的性质*

任何一种溶质溶于给定的溶剂中，其酸碱性都将受到溶剂的离解程度、溶剂的酸碱性及溶剂的极性等因素的影响。所以，酸碱强弱不仅决定于物质本身的酸碱性，也决定于溶剂的性质。

同一种酸，溶解于不同类型的溶剂中，它将表现出不同的强度。例如，苯酚在水中是极弱的酸，不能用碱标准溶液直接滴定，但在乙二胺中却可以直接滴定。同理，氨的水溶液表现为弱碱性，但在甲酸溶液中其碱性要强得多。

一些物质酸碱性的强弱，在同一种溶剂中时常不易区别，如 HNO_3、HCl、H_2SO_4、$HClO_4$的水溶液都呈现强酸性，这是因为水几乎全部把它们的质子接受过来，生成溶剂化的水合离子(H_3O^+)，此效应称为拉平效应。如果将这几种酸溶解在冰醋酸溶剂中，由于醋酸是一种酸性溶剂，对质子的亲和力相对较弱，就显示出上述四种酸给出质子能力的差别了，实验证明，强度顺序为：

$$HClO_4 > H_2SO_4 > HCl > HNO_3$$

这种能区分酸(碱)强弱作用的效应称为区分效应，醋酸溶剂称为区分溶剂。

拉平效应和区分效应都是针对溶剂而言的：酸性溶剂对碱具有拉平效应，对酸具有区分效应；碱性溶剂对酸具有拉平效应，对碱具有区分效应。非释质子溶剂没有明显的酸碱性，因而不具有拉平效应，但具有区分效应。

在非水滴定中，利用溶剂的拉平效应可测各种酸或碱的总浓度；利用溶剂的区分效应，可以分别测定酸或碱的含量。

二、非水溶液滴定条件的选择

1. 溶剂的选择

在非水滴定中，溶剂的选择至关重要。选择原则为：依据溶剂酸碱性对被测物酸碱性和对滴定反应的影响选择溶剂。滴定弱碱时，通常选用酸性溶剂，使滴定反应更完全；同理滴定弱酸时，则要选用碱性溶剂。

非水滴定溶剂的选择，除了考虑非水溶剂应使滴定反应完全以外，还应使非水溶剂具有一定的纯度、黏度小、挥发性低、价廉、安全并易于回收等。

2. 标准溶液

在非水溶液中测定碱常用冰醋酸作溶剂，配成 $HClO_4$的冰醋酸溶液。由于 $HClO_4$的浓溶液中仅含 $HClO_4$ 70% ~72%，还含有不少的水分，可加入一定量的醋酐以除去水分，以免水分的存在影响质子转移过程，影响滴定终点的观察。

$HClO_4$的冰醋酸溶液，可用邻苯二甲酸氢钾作基准物，在冰醋酸溶液中进行标定，其反应为

$$C_8H_5KO_4 + HClO_4 \longrightarrow KClO_4 + C_8H_6O_4$$

用甲基紫作指示剂。

在非水溶液中滴定酸时，常用甲醇钠或甲醇钾的苯 - 甲醇溶液。甲醇钠或甲醇钾是由金属钠或钾与甲醇反应制得：

$$2CH_3OH + 2Na \longrightarrow 2CH_3ONa + H_2\uparrow$$

氢氧化四丁基铵$(C_4H_9)_4N^+OH^-$的甲醇 - 甲苯溶液也常用。氢氧化四丁基铵碱性强，滴定产物易溶于有机溶剂中。

3. 滴定终点的检测

非水溶液酸碱滴定，一般使用的试剂较多，因此其达到终点时的突跃范围不便计算。

故非水滴定终点常用电位法和指示剂法进行检测，即在电位滴定的同时，观察拟用指示

剂的颜色变化，从而可以确定何种酸碱指示剂与电位滴定曲线的突跃范围相一致。电位法使用玻璃电极和甘汞电极。

三、非水溶液滴定法的应用

利用非水滴定可以测定一些酸类，如磺酸、羧酸、酚类、酰胺、某些含氮化合物和含硫化合物；可测定的碱类，如伯胺、仲胺和叔胺类，环状结构中含有氮化合物（如吡啶、吡唑）等。还可以利用拉平效应测定某些混合酸的总酸度；利用区分效应可分别测定混合酸中各组分的含量。

本章小结

- 酸碱滴定法
  - 基础知识
    - 酸碱质子理论、水的质子自递作用
    - 酸碱离解平衡
    - 溶液中酸碱组分不同型体的分布
    - 酸碱溶液 pH 值计算及缓冲溶液
  - 基本原理
    - 酸碱指示剂作用原理及变色范围
    - 滴定曲线、化学计量点、滴定突跃
    - 弱酸、弱碱能否被准确滴定及多元酸碱是否分步滴定
    - 非水溶液中的酸碱滴定
  - 应　用
    - 酸碱标准溶液的配制与标定
    - 应用示例

思考题

1. 什么是酸碱滴定法？此法能测定哪些物质？
2. 共轭酸碱对对应的 K_a 与 K_b 有何关系？
3. 什么是缓冲溶液的缓冲容量与缓冲范围？怎样选择缓冲溶液？
4. 往氨水中加入少量固体氯化铵，该溶液的 pH 值如何变化？
5. 酸碱指示剂为什么可以用来指示溶液 pH 值的变化？
6. 用 NaOH 滴定 $0.1mol \cdot L^{-1} H_3PO_4$ 时，会出现几个 pH 突跃？应分别选用何种指示剂指示终点？

已知：H_3PO_4 $K_{a1}=7.6\times10^{-3}$，$K_{a2}=6.3\times10^{-8}$，$K_{a3}=4.4\times10^{-13}$

7. 影响酸碱滴定突跃范围的因素是什么？

8. 多元酸、碱分步滴定的条件是什么？

9. 为什么氢氧化钠可以直接滴定盐酸而不能直接滴定硼酸？

10. 为什么盐酸可以直接滴定硼砂？而不能直接滴定乙酸钠？

习　题

一、选择题

1. 按质子理论，Na_2HPO_4是(　　)。

A. 中性物质　　B. 酸性物质　　C. 碱性物质　　D. 两性物质

2. 下列各组酸碱中，不属于共轭酸碱对的是(　　)。

A. $H_2^+Ac - HAc$　　B. $NH_3 - NH_2^-$

C. $HNO_3 - NO_3^-$　　D. $H_2SO_4 - SO_4^{2-}$

3. 下列阴离子的水溶液，若浓度相同，则(　　)碱度最强。

A. CN^- ($K_a = 6.2 \times 10^{-10}$)

B. S^{2-} ($K_{a1} = 1.3 \times 10^{-7}$，$K_{a2} = 7.1 \times 10^{-15}$)

C. F^- ($K_a = 3.5 \times 10^{-4}$)

D. CH_3COO^- ($K_a = 1.8 \times 10^{-5}$)

4. 已知0.10mol·L^{-1}一元弱酸溶液的pH = 3.0，则0.10mol·L^{-1}共轭碱NaB溶液的pH值为(　　)。

A. 11　　B. 9　　C. 8.5　　D. 9.5

5. 已知NH_3的$K_b = 1.8 \times 10^{-5}$，则其共轭酸的K_a值为(　　)。

A. 1.8×10^{-9}　　B. 1.8×10^{-10}　　C. 5.6×10^{-10}　　D. 5.6×10^{-5}

6. 下列有关Na_2CO_3在水溶液中质子条件的叙述，正确的是(　　)。

A. $[H^+] + 2[Na^+] + [HCO_3^-] = [OH^-]$

B. $[H^+] + 2[H_2CO_3] + [HCO_3^-] = [OH^-]$

C. $[H^+] + [H_2CO_3] + [HCO_3^-] = [OH^-]$

D. $[H^+] + [HCO_3^-] = [OH^-] + 2[CO_3^{2-}]$

7. NaOH滴定H_3PO_4以酚酞为指示剂，终点时生成(　　)(已知H_3PO_4的各级离解常数：$K_{a1} = 6.9 \times 10^{-3}$，$K_{a2} = 6.2 \times 10^{-8}$，$K_{a3} = 4.8 \times 10^{-13}$)。

A. NaH_2PO_4　　B. Na_2HPO_4　　C. Na_3PO_4　　D. $NaH_2PO_4 + Na_2HPO_4$

8. pH = 5和pH = 3的两种盐酸以1 + 2体积比混合，混合溶液的pH值为(　　)。

A. 3.17　　B. 10.1　　C. 5.3　　D. 8.2

9. pH = 5的盐酸溶液和pH = 12的氢氧化钠溶液等体积混合时pH值为(　　)。

A. 5.3　　B. 7　　C. 10.8　　D. 11.7

10. 欲配制pH = 10的缓冲溶液选用的物质组成是(　　)。

A. $NH_3 - NH_4Cl$　　B. $HAc - NaAc$　　C. $NH_3 - NaAc$　　D. $HAc - NH_3$

11. 将1.0mol·L^{-1} $NH_3 \cdot H_2O$与0.1mol·L^{-1} NH_4Cl水溶液按(　　)体积比混合(V_{NH_3}: V_{NH_4Cl})，能配得缓冲能力最强的缓冲溶液。

A. 1∶1　　B. 2∶1　　C. 10∶1　　D. 1∶10

12. 酸碱滴定法选择指示剂时可以不考虑的因素(　　)。

A. 滴定突跃的范围　　B. 指示剂的变色范围

C. 指示剂的颜色变化　　D. 指示剂相对分子质量的大小

13. 某酸碱指示剂的 $K_{HIn}=1.0\times10^{-5}$，则从理论上推算其变色范围是(　　)。

A. 4 ~ 5　　B. 5 ~ 6　　C. 4 ~ 6　　D. 5 ~ 7

14. 酸碱滴定中选择指示剂的原则是(　　)。

A. 指示剂的变色范围与化学计量点完全符合

B. 指示剂应在 pH = 7.00 时变色

C. 指示剂变色范围应全部落在 pH 突跃范围之内

D. 指示剂的变色范围应全部或部分落在 pH 突跃范围之内

15. 用 $0.1mol\cdot L^{-1}$NaOH 滴定 $0.1mol\cdot L^{-1}$的甲酸($pK_a=3.74$)，适用的指示剂为(　　)。

A. 甲基橙(3.46)　　B. 百里酚蓝(1.65)　　C. 甲基红(5.00)　　D. 酚酞(9.1)

16. 酸碱滴定过程中，选取合适的指示剂是(　　)。

A. 减少滴定误差的有效方法　　B. 减少偶然误差的有效方法

C. 减少操作误差的有效方法　　D. 减少试剂误差的有效方法

17. 酸碱滴定曲线直接描述的内容是(　　)。

A. 指示剂的变色范围　　B. 滴定过程中 pH 值变化规律

C. 滴定过程中酸碱浓度变化规律　　D. 滴定过程中酸碱体积变化规律

18. 讨论酸碱滴定曲线的最终目的是(　　)。

A. 了解滴定过程　　B. 找出溶液 pH 值变化规律

C. 找出 pH 值突跃范围　　D. 选择合适的指示剂

19. 用 $0.10mol\cdot L^{-1}$ NaOH 滴定 $0.10mol\cdot L^{-1}$的 $pK_a=4.0$ 的弱酸，其 pH 突跃是 7.0 ~ 9.7，用同浓度的 NaOH 滴定 $pK_a=3.0$ 的弱酸时，其突跃范围是(　　)。

A. 6.0 ~ 10.7　　B. 6.0 ~ 9.7　　C. 7.0 ~ 10.7　　D. 8.0 ~ 9.7

20. 用 $0.1000mol\cdot L^{-1}$NaOH 标准溶液滴定同浓度的 $H_2C_2O_4$($K_{a1}=5.9\times10^{-2}$、$K_{a2}=6.4\times10^{-5}$)时，有几个滴定突跃，应选用何种指示剂(　　)。

A. 二个突跃，甲基橙($pK_{HIn}=3.40$)　　B. 二个突跃，甲基红($pK_{HIn}=5.00$)

C. 一个突跃，溴百里酚蓝($pK_{HIn}=7.30$)　　D. 一个突跃，酚酞($pK_{HIn}=9.10$)

21. 用 $0.10\ mol\cdot L^{-1}$NaOH 标准溶液分别滴定 25.00mL 的 H_2SO_4和 HCOOH 溶液，若消耗 NaOH 的体积相同，则这两种溶液中 H_2SO_4和 HCOOH 浓度之间的关系是(　　)。

A. $c_{HCOOH}=c_{H_2SO_4}$　　B. $4c_{HCOOH}=c_{H_2SO_4}$　　C. $c_{HCOOH}=2c_{H_2SO_4}$　　D. $2c_{HCOOH}=c_{H_2SO_4}$

22. 下列物质中，能用氢氧化钠标准溶液直接滴定的是(　　)。

A. 苯酚　　B. 氯化氨　　C. 醋酸钠　　D. 草酸

23. 以邻苯二甲酸氢钾为基准物质，标定 NaOH 溶液浓度，滴定前碱式滴定管内的气泡未赶出，滴定过程中气泡消失，则会导致(　　)。

A. 滴定体积减小　　B. 对测定结果无影响

C. NaOH 浓度偏大　　D. NaOH 浓度偏小

24. 下列物质能用甲醛法测定其中氮含量的是(　　)。

A. NH_4Cl　　B. NH_4HCO_3　　C. $CO(NH_2)_2$　　D. 吡啶

二、判断题

1. 根据酸碱质子理论，只要能给出质子的物质就是酸，只要能接受质子的物质就是碱。(　　)

2. 醋酸钠是强碱弱酸盐，它的水溶液显碱性。(　　)

3. 水的离子积 K_w 是常数，不受外界条件影响，其值不变。(　　)

4. 相同体积、相同浓度的酸和碱混合后溶液一定呈中性。(　　)

5. 若盐酸的摩尔浓度是醋酸的3倍时，盐酸中$[H^+]$是醋酸中$[H^+]$的3倍。(　　)

6. 向缓冲溶液中加入少量的酸或碱，溶液的pH值不发生变化。(　　)

7. 组成缓冲体系的酸的 pK_a 应等于或接近所需的pH值。(　　)

8. 缓冲溶液在任何pH值条件下都能起缓冲作用。(　　)

9. 酸碱滴定中选择指标剂的原则是：指示剂应在 $pH=7.00$ 时变色。(　　)

10. $0.1mol\cdot L^{-1}$ HAc－NaAc缓冲溶液的pH值是4.74($K_a=1.8\times10^{-5}$)。(　　)

11. 当酸的浓度一定时，K_a 值愈大，即酸愈强时，滴定突跃范围愈小。(　　)

12. 酚酞和甲基橙都可用于强碱滴定弱酸的指示剂。(　　)

13. 常用的酸碱指示剂，大多是弱酸或弱碱，所以滴加指示剂的多少及时间的早晚不会影响分析结果。(　　)

14. 酸碱滴定中有时需要用颜色变化明显的、变色范围较窄的指示剂即混合指示剂。(　　)

15. 强酸滴定弱碱达到化学计量点时 $pH>7$。(　　)

16. H_2SO_4是二元酸，因此用NaOH滴定有两个突跃。(　　)

17. 双指示剂就是混合指示剂。(　　)

18. 准确称取分析纯的固体NaOH，就可直接配制标准溶液。(　　)

19. 以硼砂标定盐酸溶液时，硼砂的基本单元是 $Na_2B_4O_7\cdot10H_2O$。(　　)

20. 酸碱滴定法测定相对分子质量较大的难溶于水的羧酸时，可采用中性乙醇为溶剂。(　　)

三、计算题

1. 求下列溶液的pH值

(1) $0.040mol\cdot L^{-1}H_2CO_3$。

(2) $0.10mol\cdot L^{-1}NH_4Cl$ 溶液。

(3) $0.20mol\cdot L^{-1}$的NaAc溶液。

(4) $0.10mol\cdot L^{-1}$的HAc溶液。

(5) $0.10mol\cdot L^{-1}$的 Na_2CO_3 水溶液。

(6) $0.50mol\cdot L^{-1}$的 $NH_3\cdot H_2O$ 溶液。

(7) $0.10mol\cdot L^{-1}Na_2HPO_4$溶液。

2. 计算 $pH=5.0$ 时 $0.1mol\cdot L^{-1}$HAc溶液中Ac^-的浓度。

3. 计算 $pH=5.0$ 时 $0.1mol\cdot L^{-1}H_2C_2O_4$溶液中 $C_2O_4^-$ 的浓度。

4. 计算下列滴定中化学计量点的pH值，并指出选用何种指示剂指示终点：

(1) $0.2000mol\cdot L^{-1}$NaOH滴定20.00mL $0.2000mol\cdot L^{-1}$HCl；

(2) 0.2000mol · L^{-1} HCl 滴定 20.00mL 0.2000mol · L^{-1}NaOH；

(3) 0.2000mol · L^{-1}NaOH 滴定 20.00mL 0.2000mol · L^{-1}HAc；

(4) 0.2000mol · L^{-1} HCl 滴定 20.00mL 0.2000mol · $L^{-1}$$NH_3 \cdot H_2O$。

5. 要求在滴定时消耗 0.2mol · L^{-1}NaOH 溶液 25 ~ 30mL。问应称取基准试剂邻苯二甲酸氢钾($KHC_8H_4O_4$)多少克？如果改用 $H_2C_2O_4 \cdot 2H_2O$ 作基准物，应称取多少克？

6. 粗铵盐 2.000g，加过量 KOH 溶液，加热，蒸出的氨吸收在 50.00mL0.5000mol · L^{-1} 标准溶液中，过量的酸用 0.5000mol · L^{-1} NaOH 溶液回滴，用去 1.56mL，计算试样中的 NH_3含量。

7. 配制 pH = 5.0 的缓冲溶液 1L，总浓度为 1.0mol · L^{-1}，问：需要加多少毫升冰醋酸？加多少克无水醋酸钠？（已知，冰醋酸浓度约为 17.5mol · L^{-1}，醋酸钠摩尔质量为 82.03g · mol^{-1}，$pK_a = 4.74$）

8. 将 0.50mol · L^{-1}的 HAc 与 0.30mol · L^{-1}的 NaOH 溶液等体积混合，溶液 pH 值为多大？（$pK_a = 4.74$）

9. 将含有 Na_2CO_3 的 $NaHCO_3$ 的样品 1.200g 溶于水，以酚酞为指示剂，用浓度为 0.5000mol · L^{-1}的盐酸标准溶液滴定至酚酞退色，消耗 $V_1 = 15.00$mL。再加甲基橙指示剂，继续滴定至溶液由黄变橙色，又消耗 $V_2 = 22.00$mL，计算样品中 Na_2CO_3和 $NaHCO_3$的质量分数。

10. 称取混合碱样品 0.9476g，溶入水后加入酚酞指示剂，用 0.2785mol · L^{-1}HCl 标准溶液滴定至终点，消耗 HCl 溶液 34.12mL。再加甲基橙指示剂，滴定至终点，又消耗 HCl 溶液 23.66mL。试判断混合碱的组成并求混合碱中各组分的质量分数。

11. 测定氮肥中 NH_3的含量，称取试样 1.6160g，溶解后在 250mL 容量瓶中定容，移取 25.00mL，加入过量的 NaOH 溶液，将产生的 NH_3 导入 40.00mL $c_{\frac{1}{2}H_2SO_4} = 0.1020$mol · L^{-1} 的硫酸标准溶液吸收，剩余的硫酸用 $c_{NaOH} = 0.09600$mol · L^{-1}的 NaOH 滴定，消耗 17.00mL 到终点，计算氮肥试样中 NH_3的含量(或以 N 的含量表示)。

12. 有工业硼砂 1.000g，用 0.2000mol · L^{-1} 盐酸标准溶液 25.00mL 滴定至终点，计算试样中 $Na_2B_4O_7$的质量分数及硼的质量分数。

13. 乌洛托品(六亚甲基四铵)在医疗领域可作为治疗尿路感染的药品，药典上规定其质量分数不得小于 99%，称取该药品 0.1190g，加入 $c_{1/2\,H_2SO_4} = 0.09942$mol · L^{-1} 标准滴定溶液 50.00mL，六亚甲基四铵的摩尔质量为 140.2g · mol^{-1}，加热发生如下反应：

$$(CH_2)_6N_4 + 2H_2SO_4 + 6H_2O = 6HCHO + 2(NH_4)_2SO_4$$

再用 0.1037mol · L^{-1} NaOH 标准滴定溶液回滴剩余的 H_2SO_4，消耗 NaOH 15.27mL，计算样品中乌洛托品的质量分数。

第四章　配位滴定法

☞ **知识目标：**

- 掌握 EDTA 的性质及其与金属离子形成配合物的特点。
- 掌握绝对稳定常数与条件稳定常数、酸效应系数、配位效应系数的关系及计算方法。
- 掌握配位滴定的基本原理，影响配位滴定曲线突跃大小的因素及 EDTA 酸效应曲线。
- 了解金属指示剂的作用原理，掌握金属指示剂应具备的条件及选择依据。
- 掌握提高配位滴定选择性的方法原理。

☞ **能力目标：**

- 能根据实际情况准确计算滴定金属离子的最小 pH 值及适宜的酸度范围。
- 能根据金属指示剂的适用条件、注意事项等正确地使用金属指示剂。
- 能在实际滴定分析过程中，通过控制溶液的酸度排除干扰离子和利用掩蔽法、解蔽法提高配位滴定的选择性。
- 能正确配制与标定 EDTA 标准溶液以及合理选择不同的配位滴定方式，测定金属离子。

第一节　概　　述

配位滴定法是以配位反应为基础的滴定分析方法，亦称络合滴定法。例如，用 $AgNO_3$标准溶液滴定氰化物时，Ag^+与 CN^-络合，形成难离解的$[Ag(CN)_2]^-$络离子。其反应式如下：

$$Ag^+ + 2CN^- \rightleftharpoons [Ag(CN)_2]^-$$

当滴定达到化学计量点时，稍过量的 $AgNO_3$标准溶液与$[Ag(CN)_2]^-$反应生成白色沉淀 $Ag[Ag(CN)_2]$，使溶液变浑浊，指示滴定终点的到达。反应式为。

$$Ag^+ + [Ag(CN)_2]^- \rightleftharpoons Ag[Ag(CN)_2]\downarrow(白色)$$

能形成配合物的反应很多，但能用于配位滴定的反应必须具备下列条件：

（1）生成的配合物必须足够稳定，以保证反应完全，一般应满足 $K_{稳} \geqslant 10^8$ 。

（2）生成的配合物要有确定的组成，即中心离子与配位剂严格按一定比例化合。

（3）配位反应速率要快。

（4）要有适当的方法指示或确定滴定终点。

由于大多数无机配合物的稳定性不高，而且还存在逐级配位现象，无法确定其化学计量关系，滴定终点不明显，致使配位滴定方法受到很大局限。自从滴定分析中引入了有机配位剂特别是氨羧配位剂，他们与金属离子的配合反应能满足上述要求，因此在生产和科研中得到广泛应用，配位滴定法也成为一种重要的化学分析方法。

氨羧配位剂是一类以氨基二乙酸基团[$-N(CH_2COOH)_2$]为基体的有机化合物，他含有配位能力很强的氨氮和羧氧两种配位原子，能与多数金属离子形成稳定的配合物。氨羧配位体的种类很多，比较重要的有：

环己烷二胺四乙酸(简称 CDTA 或 DCTA)：

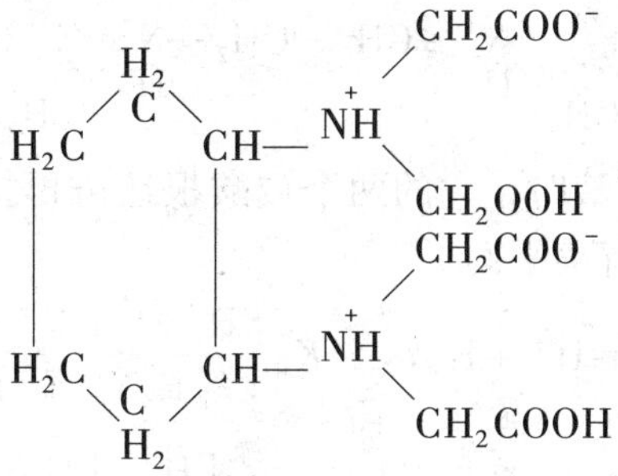

乙二醇二乙醚二胺四乙酸(简称 EGTA)：

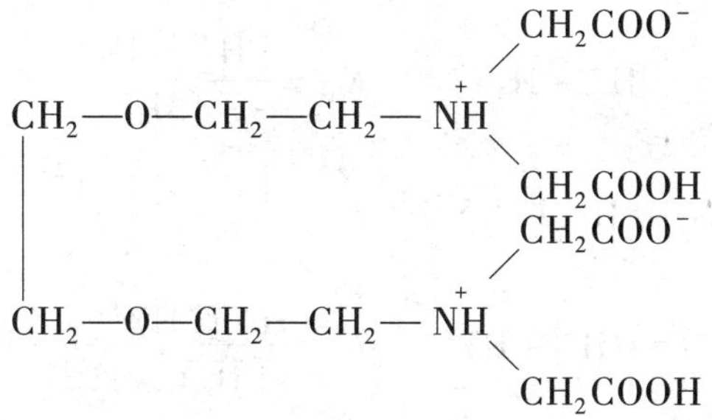

乙二胺四丙酸(简称 EDTP)：

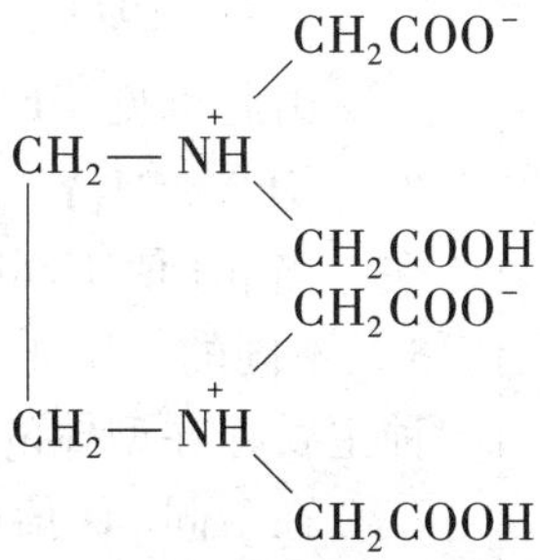

其他还有乙二胺四丙酸(EDTA)、氨三乙酸(NTA)、三乙四胺六乙酸(TTHA)等。在配位滴定中，以乙二胺四乙酸(EDTA)的应用最为广泛，本章主要介绍以 EDTA 为滴定剂的配位滴定法。

第二节　乙二胺四乙酸及其配合物

一、乙二胺四乙酸的性质

乙二胺四乙酸(Ethylene Diamine Tetraacetic Acid，简称 EDTA)是一种四元酸。习惯上用 H_4Y 表示。由于他在水中的溶解度很小(22℃时，每 100 mL 水溶解 0.02 g)，因此分析工作中常用它的二钠盐 $Na_2H_2Y \cdot 2H_2O$，习惯也称为 EDTA。

$Na_2H_2Y \cdot 2H_2O$ 是一种白色结晶状粉末，无臭、无味、无毒，易精制，稳定。室温下其饱和溶液的浓度约为0.3mol·L^{-1}，22℃时，每100 mL水溶解11.1g。

在水溶液中，乙二胺四乙酸两个羧基上的H^+转移到N原子上，形成双偶极离子，其结构式为：

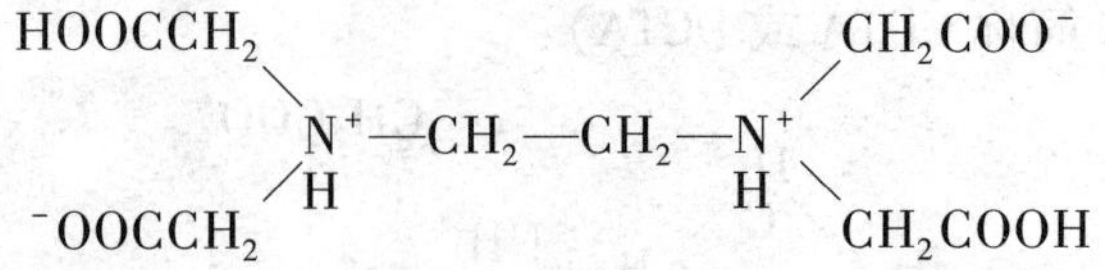

当H_4Y溶于酸度很高的溶液时，它的两个羧酸根还可再接受H^+而形成H_6Y^{2+}，这样，EDTA相当于六元酸，有六级解离平衡。

$$H_6Y^{2+} \rightleftharpoons H^+ + H_5Y^+ \qquad K_{a1}\frac{[H^+][H_5Y^+]}{[H_6Y^{2+}]} = 10^{-0.9}$$

$$H_5Y^+ \rightleftharpoons H^+ + H_4Y \qquad K_{a2} = \frac{[H^+][H_4Y]}{[H_5Y^+]} = 10^{-1.6}$$

$$H_4Y \rightleftharpoons H^+ + H_3Y^- \qquad K_{a3} = \frac{[H^+][H_3Y^-]}{[H_4Y]} = 10^{-2.0}$$

$$H_3Y^- \rightleftharpoons H^+ + H_2Y^{2-} \qquad K_{a4} = \frac{[H^+][H_2Y^{2-}]}{[H_3Y^-]} = 10^{-2.67}$$

$$H_2Y^{2-} \rightleftharpoons H^+ + HY^{3-} \qquad K_{a5}\frac{[H^+][HY^{3-}]}{[H_2Y^{2-}]} = 10^{-6.16}$$

$$HY^{3-} \rightleftharpoons H^+ + Y^{4-} \qquad K_{a6}\frac{[H^+][Y^{4-}]}{[HY^{3-}]} = 10^{-10.26}$$

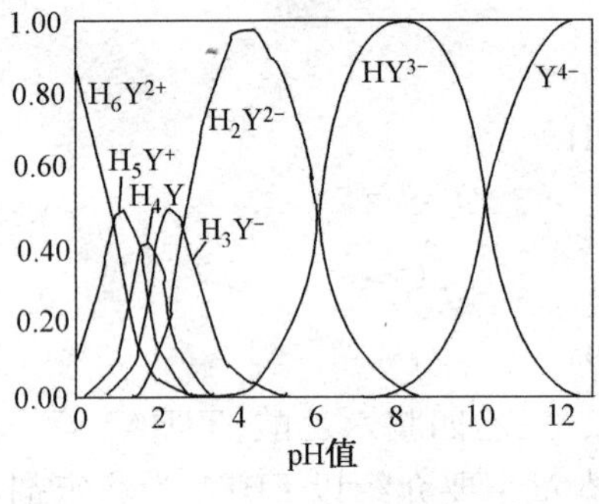

图4-1　EDTA各种存在型体在不同pH值时的分布曲线

由此可见，EDTA在水溶液中总是以H_6Y^{2+}、H_5Y^+、H_4Y、H_3Y^-、H_2Y^{2-}、HY^{3-}和Y^{4-}七种型体存在，当pH值不同时，各种存在型体所占的分布系数δ是不同的。图4-1是不同pH值时EDTA溶液中各种主要存在型体的分布曲线。

在不同pH值时，EDTA的主要存在型体列于表4-1中。

表4-1　不同pH值时EDTA的主要存在型体

pH	<1	1~1.6	1.6~2	2~2.7	2.7~6.2	6.2~10.3	>10.3
主要存在型体	H_6Y^{2+}	H_5Y^+	H_4Y	H_3Y^-	H_2Y^{2-}	HY^{3-}	Y^{4-}

在这七种型体中，只有Y^{4-}能与金属离子直接配位。所以溶液的酸度越低，Y^{4-}的分布系数越大，EDTA的配位能力越强。

二、EDTA与金属离子配位的特点

EDTA所以适用于作配位滴定剂是由他本身所具有的特殊结构决定的。

（1）配位能力强，几乎能和所有的金属离子形成配合物。从 EDTA 的结构式可以看出，其分子中同时含有配位能力很强的氨基和羧基，具有六个配位原子(两个胺基氮和四个羧基氧)，既可以作为四基配体，也可以作为六基配体，因此，EDTA 几乎能与周期表中绝大多数金属离子配位化合。EDTA 与金属离子配位的普遍性，使得配位滴定可以得到更广泛应用，但同时也增加了提高配位滴定选择性的难度。

（2）形成的配合物非常稳定。EDTA 与大多数金属离子配位时，可形成具有五个五元环(四个 O—C—C—N（经 M 成环）五元环和一个 N—C—C—N（经 M 成环）五元环)的螯合物，例如 EDTA 与 Ca^{2+}、Fe^{3+} 的配合物的结构。

如图 4－2 所示。具有这类环状结构的螯合物都很稳定，故配位反应完全。

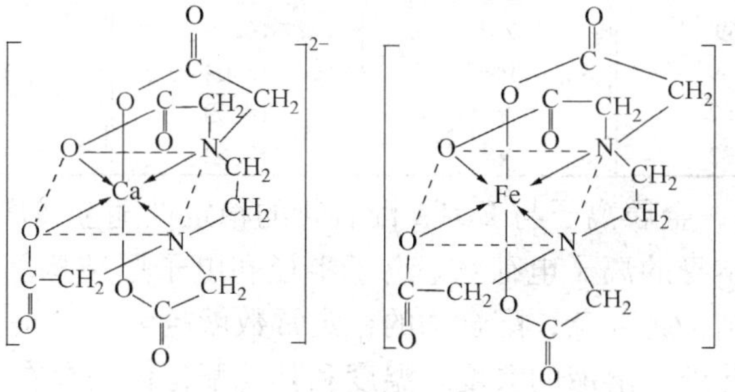

图 4－2　EDTA 与 Ca^{2+}、Fe^{3+} 的配合物的结构示意图

（3）配位比简单。EDTA 分子中含有六个配位原子，而大多数金属离子的配位数不超过 6，所以 EDTA 与大多数金属离子可形成 1∶1 型的配合物；只有极少数变价金属离子与 EDTA 配位时例外。如 Mo(Ⅴ)与 EDTA 形成 2∶1 配合物，在中性或碱性溶液中 Zr(Ⅳ)与 EDTA 亦形成 2∶1 配合物。

（4）生成的配合物易溶于水。EDTA 与金属离子形成的配合物大多带有电荷，易溶于水中，因此滴定反应能在水溶液中进行，并且反应速率快。

（5）EDTA 与无色金属离子配位时，则形成无色的螯合物，与有色金属离子配位时，一般则形成颜色更深的螯合物，如：

NiY^{2-}	CuY^{2-}	CoY^{2-}	MnY^{2-}	CrY^{-}	FeY^{-}
蓝色	深蓝	紫红	紫红	深紫	黄色

滴定这些金属离子时，浓度要稀一些，否则影响终点的观察。

第三节　EDTA 与金属离子的配位平衡及影响因素

一、EDTA 与金属离子的主反应及配合物的稳定常数

如前所述，EDTA 与大多数金属离子形成 1∶1 型的配合物，为简便起见可忽略离子的电荷数，则反应通式为：

$$M + Y \rightleftharpoons MY \tag{4-1}$$

此反应为配位滴定的主反应，平衡时配合物的稳定常数为：

$$K_{MY}=\frac{[MY]}{[M][Y]} \tag{4-2}$$

K_{MY}越大，表示配合物越稳定。EDTA 与不同的金属离子形成的配合物，其稳定性是不同的。一些常见金属离子与 EDTA 所形成的配合物的稳定常数见表 4－2。

表 4－2 EDTA 与一些常见金属离子的配合物的稳定常数

（溶液离子强度 $I=0.1$，温度 20℃）

阳离子	$\lg K_{MY}$	阳离子	$\lg K_{MY}$	阳离子	$\lg K_{MY}$
Na^{+}	1.66	Ce^{3+}	15.98	Cu^{2+}	18.80
Li^{+}	2.79	Al^{3+}	16.3	Ga^{2+}	20.3
Ba^{2+}	7.86	Co^{2+}	16.31	Hg^{2+}	21.8
Sr^{2+}	8.73	Cd^{2+}	16.46	Th^{4+}	23.2
Mg^{2+}	8.69	Zn^{2+}	16.50	Cr^{3+}	23.4
Ca^{2+}	10.69	Pb^{2+}	18.04	Fe^{3+}	25.1
Mn^{2+}	13.87	Y^{3+}	18.09	U^{4+}	25.80
Fe^{2+}	14.32	Ni^{2+}	18.62	Bi^{3+}	27.94

由表 4－2 可以看出，金属离子与 EDTA 配合物的稳定性随金属离子的不同而差别较大。其主要取决于金属离子本身的离子电荷数、离子半径和电子层结构。金属离子电荷数越高，离子半径越大，电子层结构越复杂，配合物的稳定常数就越大。这是金属离子影响配合物稳定性大小的本质因素。此外，溶液的酸度、温度和其他配位体的存在等外界条件的变化也影响配合物的稳定性。

二、影响配位平衡的主要因素

实际分析工作中，配位滴定是在一定的条件下进行的。例如，为控制溶液的酸度，需要加入某种缓冲溶液；为掩蔽干扰离子，需要加入某种掩蔽剂等。在这种条件下配位滴定，除了 M 和 Y 的主反应外，还可能发生如下一些副反应：

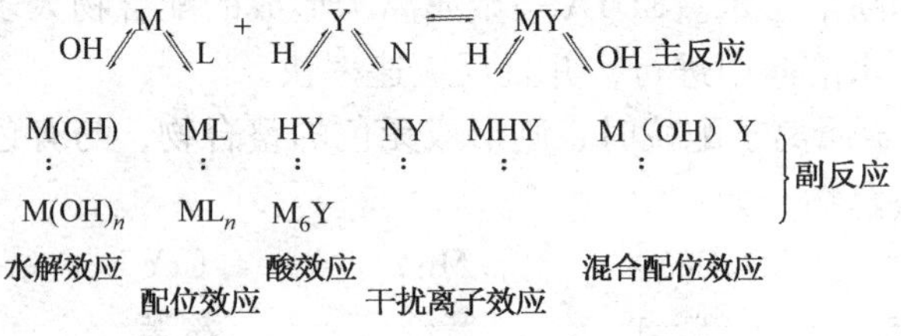

式中，L 为辅助配位体；N 为干扰离子。

若反应物 M 或 Y 发生副反应，则不利于主反应的进行；若反应产物 MY 发生副反应，则有利于主反应进行，但这些混合配合物大多不太稳定，可以忽略不计。下面主要讨论对配位平衡影响较大的 EDTA 的酸效应和金属离子的配位效应。

1. EDTA 的酸效应及酸效应系数

由于溶液中 H^{+} 的存在，使配位剂 EDTA 参加主反应的能力降低的现象称为 EDTA 的酸效应。

当 Y 与 H^{+} 发生副反应时，未与金属离子配位的配位体除了游离的 Y 外，还有 HY、H_2Y、…、H_6Y 等，因此未与 M 配位的 EDTA 浓度应等于以上七种形式浓度的总和，以 $[Y']$ 表示：

$$[Y']=[Y]+[HY]+[H_2Y]+[H_3Y]+[H_4Y]+[H_5Y]+[H_6Y] \tag{4-3}$$

其影响程度的大小，可用酸效应系数 $\alpha_{Y(H)}$ 来衡量，即：

$$\alpha_{Y(H)} = \frac{[Y']}{[Y]} \tag{4-4}$$

$\alpha_{Y(H)}$表示在一定 pH 值下未与金属离子配位的 EDTA 各种型体的总浓度是游离的 Y 浓度的多少倍。显然，$\alpha_{Y(H)}$是 Y 的分布系数 δ_Y 的倒数，即：

$$\alpha_{Y(H)} = \frac{[Y]+[HY]+\cdots+[H_6Y]}{[Y]} = \frac{1}{\delta_Y}$$

经推导整理可得：

$$\alpha_{Y(H)} = 1 + \frac{[H]}{K_{a6}} + \frac{[H]^2}{K_{a6}K_{a5}} + \cdots + \frac{[H]^6}{K_{a6}K_{a5}\cdots K_{a1}} \tag{4-5}$$

$\alpha_{Y(H)}$值与溶液酸度有关，它随溶液的 pH 值增大而减小，$\alpha_{Y(H)}$越大，表示参加配位反应的 Y 浓度越小，酸效应越严重。当 $\alpha_{Y(H)}=1$ 时，说明 Y 没有发生副反应。不同 pH 值时 EDTA 的 $\lg\alpha_{Y(H)}$ 值列于表 4－3。

4－3　不同 pH 值时 EDTA 的 $\lg\alpha_{Y(H)}$ 值

pH	$\lg\alpha_{Y(H)}$	pH	$\lg\alpha_{Y(H)}$	pH	$\lg\alpha_{Y(H)}$
0.0	23.64	3.4	9.70	6.8	3.55
0.4	21.32	3.8	8.85	7.0	3.32
0.8	19.08	4.0	8.44	7.5	2.78
1.0	18.01	4.4	7.64	8.0	2.27
1.4	16.02	4.8	6.84	8.5	1.77
1.8	14.27	5.0	6.45	9.0	1.28
2.0	13.51	5.4	5.69	9.5	0.83
2.4	12.19	5.8	4.98	10.0	0.45
2.8	11.09	6.0	4.65	11.0	0.07
3.0	10.60	6.4	4.06	12.0	0.01

从表 4－3 可以看出，多数情况下 $\alpha_{Y(H)}$大于 1，[Y′]总是大于[Y]，只有在 pH＞12 时，$\alpha_{Y(H)}$才等于 1，EDTA 几乎完全解离为 Y，此时 EDTA 的配位能力最强。

2. 金属离子的配位效应及配位效应系数

当 EDTA 与金属离子 M 配位时，由于溶液中其他配位体(辅助配位体、缓冲溶液中的配位体或掩蔽剂等)与金属离子 M 的配位反应，使金属离子参加主反应能力降低，这种现象称为金属离子的配位效应。当有配位效应存在时，未与 Y 配位的金属离子，除游离的 M 外，还有 ML、ML_2、…、ML_n等，以[M′]表示未与 Y 配位的金属离子总浓度，则：

$$[M'] = [M] + [ML] + [ML_2] + \cdots + [ML_n] \tag{4-6}$$

其影响程度大小可用配位效应系数 $\alpha_{M(L)}$表示，即：

$$\alpha_{M(L)} = \frac{[M']}{[M]} = \frac{[M]+[ML]+[ML_2]+\cdots+[ML_n]}{[M]} \tag{4-7}$$

$\alpha_{M(L)}$表示未与 Y 配位的金属离子的各种形式的总浓度是游离金属离子浓度的多少倍。当 $\alpha_{M(L)}=1$ 时，$[M']=[M]$，表示金属离子没有发生副反应。$\alpha_{M(L)}$值越大，表示金属离子 M 的副反应配位效应越严重。

若用 K_1、K_2、…、K_n 表示配合物 ML_n 的各级稳定常数，将 K 的关系式带入式(4－7)，并整理得：

$$\alpha_{M(L)} = 1 + [L]K_1 + [L]^2K_1K_2 + \cdots + [L]^nK_1K_2\cdots K_n \tag{4-8}$$

化学手册中还常常给出配合物的累积稳定常数(β_i)的数据，配位效应系数也可以从

ML_n 的各级累积稳定常数推导而得：

$$\alpha_{M(L)}=1+\beta_1[L]+\beta_2[L]^2+\cdots+\beta_n[L]^n \tag{4-9}$$

可以看出，其他配位体的浓度越大，或其配合物 ML_n 稳定常数越大，则配位效应系数越大，越不利于主反应的进行。

三、条件稳定常数

当没有任何副反应存在时，配合物 MY 的稳定常数用 K_{MY} 表示，它不受溶液浓度、酸度等外界条件影响，所以又称绝对稳定常数。当 M 和 Y 的配合反应在一定的酸度条件下进行，且有其他金属离子共存以及 EDTA 以外的其他配位体存在时，将会引起副反应，从而影响主反应的进行。此时，稳定常数 K_{MY} 就不能客观地反映主反应进行的程度，为此引入条件稳定常数的概念。

条件稳定常数又称表观稳定常数，它是将各种副反应如酸效应、配位效应、共存离子效应、水解效应等因素都考虑进去以后配合物 MY 的实际稳定常数，用 K'_{MY} 表示。

在配位滴定法中，一般情况下，对主反应影响较大的副反应是 EDTA 的酸效应和金属离子的配位效应，则：

$$K'_{MY}=\frac{[MY]}{[M'][Y']} \tag{4-10}$$

由于 EDTA 是一个多元酸，所以 EDTA 的酸效应总是存在而不能忽略。如不考虑其他副反应，仅考虑 EDTA 的酸效应，则：

$$K'_{MY}=\frac{[MY]}{[M][Y']}=\frac{K_{MY}}{\alpha_{Y(H)}} \tag{4-11}$$

或

$$\lg K'_{MY}=\lg K_{MY}-\lg\alpha_{Y(H)}$$

式(4-11)是讨论配位平衡的重要公式，它表明对同一配合物来说，其条件稳定常数 K'_{MY} 随溶液的 pH 值不同而改变，其大小反映了在相应 pH 值条件时形成配合物的实际稳定程度，也是判断滴定可能性的重要依据。

【例 4-1】 只考虑酸效应，计算 pH = 2.0 和 pH = 5.0 时 ZnY 的条件稳定常数 $\lg K'_{ZnY}$。

【解】 已知 $\lg K_{ZnY}=16.50$

pH = 2.0 时，查表得 $\lg\alpha_{Y(H)}=13.51$。故：

$$\lg K'_{ZnY}=16.50-13.51=2.99$$

pH = 5.0 时，查表得 $\lg\alpha_{Y(H)}=6.45$。故：

$$\lg K'_{ZnY}=16.50-6.45=10.05$$

四、滴定金属离子的最小 pH 值和酸效应曲线

从例 4-1 中可以看到，在 pH = 2.0 时，$\lg K'_{ZnY}=2.99$，说明生成的 ZnY 很不稳定，因此，不能用 EDTA 准确滴定 Zn^{2+}；pH = 5.0 时，$\lg K'_{ZnY}=10.05$，说明此时生成的 ZnY 很稳定，能用 EDTA 准确滴定 Zn^{2+}。这表明，对于配合物 ZnY 来说，在 pH = 2.0 ~ 5.0 之间，存在着可以滴定与不可以滴定的界限。

已知 $\lg K_{FeY^-}=25.1$，当 pH = 2 时，$\lg K'_{FeY^-}=25.1-13.51=11.59$，由计算可知在 pH = 2 时 FeY^- 很稳定，所以能够滴定 Fe^{3+}；但对于 Mg^{2+}，其 $\lg K_{MgY}=8.69$，pH = 2 时，$\lg K'_{MgY}=8.69-13.51=-4.82$ 为负值，说明在此条件下 Mg^{2+} 与 EDTA 不能形成稳定的配合物。实验表明，即使在 pH = 5.0 ~ 6.0 时，MgY 也几乎全部解离，只有在 pH 值不低于 9.7 的碱性溶液中，滴定才

能顺利进行。可见，对不同的金属离子，滴定时都有各自允许的最小 pH 值(即最高酸度)。

在配位滴定中，当目测终点与化学计量点二者 pM(pM = - lg[M])的差值 ΔpM 为 ±0.2pM 单位，允许的终点误差为 ±0.1% 时，根据有关公式，可推导出准确测定单一金属离子的条件是：

$$\lg(cK'_{MY}) \geqslant 6 \qquad (4-12)$$

式中，c 为金属离子的浓度。在配位滴定中，待测的金属离子的浓度一般为$10^{-2}mol \cdot L^{-1}$左右，当 $c = 10^{-2}mol \cdot L^{-1}$时，则有：

$$\lg K'_{MY} \geqslant 8 \qquad (4-13)$$

这时金属离子可以被准确滴定。由式(4 - 11)和式(4 - 13)，得：

$$\lg\alpha_{Y(H)} \leqslant \lg K_{MY} - 8 \qquad (4-14)$$

按式(4 - 14)计算可得 $\lg\alpha_{Y(H)}$，它所对应的 pH 值就是滴定该金属离子 M 所允许的最低 pH 值。

如果不考虑其他配位剂所引起的副反应，则 $\lg K'_{MY}$ 值的大小主要取决于溶液的酸度，当酸度高于某一限度时，则不能准确滴定。这一限度就是配位滴定该金属离子所允许的最低 pH 值。

【例 4 - 2】 已知 Mg^{2+} 和 EDTA 的浓度均为$10^{-2}mol \cdot L^{-1}$。

求：(1) pH = 6 时的 $\lg K'_{MgY}$，并判断能否进行滴定；

(2)若 pH = 6 时不能准确滴定，试确定滴定允许的最小 pH 值。

【解】 已知 $\lg K_{MgY} = 8.69$

(1) pH = 6 时，查表得 $\lg\alpha_{Y(H)} = 4.65$。故：

$$\lg K'_{MgY} = \lg K_{MgY} - \lg\alpha_{Y(H)} = 8.69 - 4.65 = 4.04 < 8$$

所以在 pH = 6 时，用 EDTA 不能准确滴定 Mg^{2+}。

(2) 已知 $c = 10^{-2}mol \cdot L^{-1}$，根据 $\lg\alpha_{Y(H)} \leqslant \lg K_{MY} - 8$ 得：

$$\lg\alpha_{Y(H)} \leqslant \lg K_{MgY} - 8 = 8.69 - 8 \leqslant 0.69$$

查表 4 - 3 得对应的 pH = 9.7，此即为滴定 Mg^{2+} 时所允许的最小 pH 值。

对于不同的金属离子，可求出其允许的最小 pH 值。图 4 - 3 为$10^{-2}mol \cdot L^{-1}$金属离子在允许终点误差为 ±0.1% 时的最小 pH 值所连成的曲线，称为 EDTA 酸效应曲线或林旁曲线。

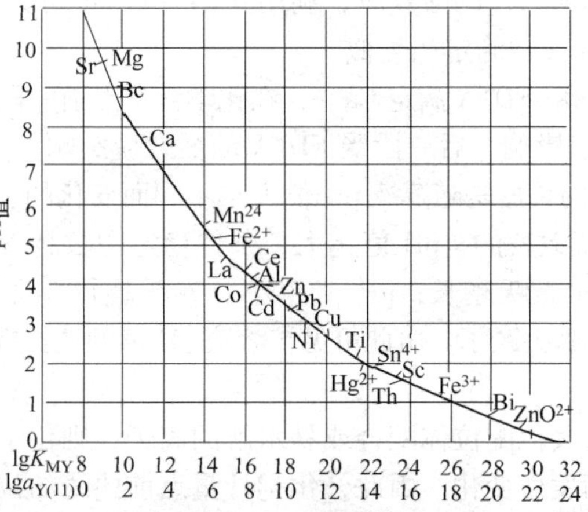

图 4 - 3　酸效应曲线

应用酸效应曲线可以：

(1)确定滴定时所允许的最小 pH 值　从图 4 - 3 曲线上可以找出滴定各金属离子所允许

的最小 pH 值。例如，滴定 Fe^{3+} 时，pH 值必须大于 1；滴定 Zn^{2+} 时，pH 值必须大于 4。实际滴定时所采用的 pH 值要比允许的最小 pH 值高一些，这样可以保证被滴定的金属离子配位更完全。但应注意，过高的 pH 值可能会引起金属离子的水解，形成氢氧化物沉淀。例如，滴定 Mg^{2+} 时，pH 值应大于 9.7，但若 pH > 12，Mg^{2+} 形成 $Mg(OH)_2$ 沉淀，影响与 EDTA 配位。

(2)判断干扰情况　从曲线上可以判断在一定 pH 值滴定某金属离子时，哪些离子有干扰。例如，在 pH = 4 时滴定 Zn^{2+}，若溶液中存在 Pb^{2+}、Cu^{2+}、Fe^{3+}，都能与 EDTA 配位而干扰 Zn^{2+} 的测定。

(3)控制溶液酸度进行连续测定　从图 4 - 3 曲线可以看出，通过控制溶液酸度的方法，有可能在同一溶液中连续滴定几种金属离子。一般说来，曲线上相隔越远的离子越容易用控制酸度的方法进行选择性滴定或连续滴定。

(4)酸效应曲线还可以兼作 pH - $\alpha_{Y(H)}$ 表使用。

最后需要说明的是，酸效应曲线是在一定条件和要求下得出的，它只考虑了酸度对 EDTA的影响，没有考虑酸度对金属离子和 MY 的影响，更没有考虑其他配位体存在的影响，因此他是较粗略的结果，只能提供参考，实际分析应视具体情况灵活运用。

第四节　配位滴定法的基本原理

一、滴定曲线

与酸碱滴定法类似，在配位滴定中被滴定的一般是金属离子。随着配位剂 EDTA 的不断加入，被滴定的金属离子浓度不断减小，在化学计量点附近，溶液中金属离子浓度发生突跃。因此可将配位滴定过程中金属离子浓度(以 $pM = -\lg[M]$ 表示)随滴定剂加入量不同而变化的规律绘制成滴定曲线。

图 4 - 4 为在不同 pH 值时 EDTA 滴定 Ca^{2+} 的滴定曲线。由于 Ca^{2+} 既不易水解也不与其他配位剂反应，只需考虑 EDTA 的酸效应，利用式(4 - 11)即可计算不同阶段溶液中被滴定的 Ca^{2+} 浓度，计算思路同酸碱滴定相类似。

从图 4 - 4 可以看出，用 EDTA 滴定 Ca^{2+}，在化学计量点前一段曲线的位置仅随 Ca^{2+} 的浓度而改变，不受溶液 pH 值影响。后一段受 EDTA 的酸效应影响，pCa 数值随 pH 值不同而不同，即滴定曲线突跃部分的长短是随溶液 pH 值大小不同而变化的。这是由于配合物的条件稳定常数的大小是随 pH 值而改变的。pH 值越大，条件稳定常数越大，配合物越稳定，滴定曲线的化学计量点附近 pCa 突跃越长；pH 值越小，突跃越短。当 pH = 7 时，$\lg K'_{CaY} = 7.3$，图 4 - 4中滴定曲线就看不到突跃了。由此可见，溶液 pH 值的选择在 EDTA 配合滴定中起着非常重要的作用。

如果被滴定的是易与其他配位体配合或易水解的离子，则化学计量点前金属离子浓度受配位效应或水解的影响而发生变化，因此，化学计量点前曲线的位置高低也因配合或水解影响而变化。图 4 - 5 是 EDTA 滴定 Ni^{2+} 的滴定曲线，由于在氨缓冲溶液中 Ni^{2+} 易与 NH_3 配位化合，生成较稳定的 $Ni(NH_3)_4^{2+}$，使游离的 Ni^{2+} 的浓度减小，因而滴定曲线在化学计量点前一段的位置升高。化学计量点后一段曲线的位置，主要受 EDTA 酸效应的影响，与图 4 - 4 情况一样。因此在选择溶液的 pH 值时，必须综合两种效应来考虑。

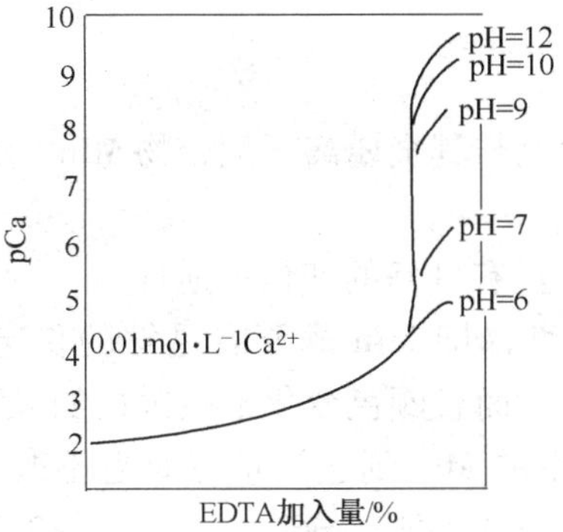

图4－4　0.01mol·L^{-1}EDTA滴定 0.01mol·$L^{-1}Ca^{2+}$的滴定曲线

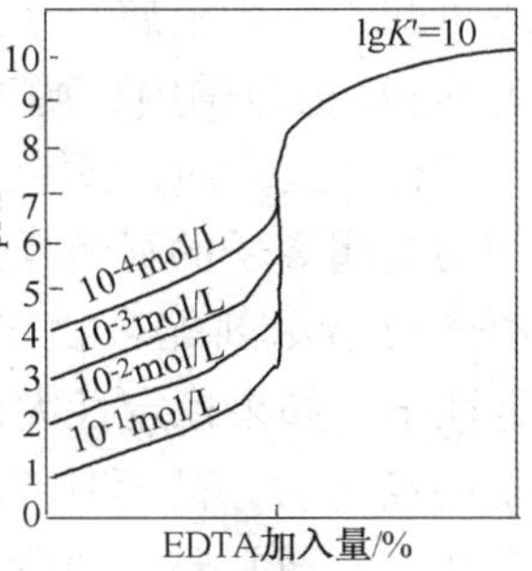

图4－5　0.01mol·$L^{-1}Ni^{2+}$溶液用EDTA滴定的滴定曲线（溶液中[NH_3]＋[NH_4^+]＝0.1mol·L^{-1}）

由滴定曲线可以看出，用EDTA滴定某离子时，配合物的条件稳定常数K'_{MY}和被滴定金属离子的起始浓度是影响滴定突跃的主要因素。

对于同一金属离子，在滴定允许的酸度范围内，pH值越大，配合物的条件稳定常数越大，滴定突跃的范围就越大；当K'_{MY}一定时，金属离子的起始浓度越大，滴定突跃的范围就越大。

特别指出，讨论配位滴定曲线的目的，主要是为了选择滴定时适宜的条件；其次是为选择指示剂提供一个大概的范围。这一点与讨论酸碱滴定曲线有所不同。

二、金属指示剂

在配位滴定中广泛采用金属指示剂来确定滴定终点。

1. 金属指示剂作用原理

金属指示剂（也称显色剂）是一些有机配位剂，能同金属离子M形成有色配合物，其颜色与游离指示剂本身的颜色不同，从而指示滴定的终点。

现以铬黑T（以In表示）为例，说明金属指示剂的作用原理。

铬黑T在pH＝8～11时呈蓝色，他与Ca^{2+}、Mg^{2+}、Zn^{2+}等金属离子形成比较稳定的红色配合物。滴定前加入指示剂，铬黑T与少量的金属离子配位成红色MIn：

$$M + In(蓝色) \rightleftharpoons MIn(红色)$$

滴定时随着EDTA的滴入，游离的金属离子逐步被EDTA配位化合形成MY，当接近化学计量点时，即游离的金属离子大部分配合后，继续滴加EDTA时，由于配合物MY的条件稳定常数大于铬黑T与金属离子配合物MIn的条件稳定常数，因此，稍过量的EDTA将夺取MIn中的M，使指示剂游离出来，溶液由红色转变为游离铬黑T的蓝色，指示滴定终点的到达。

$$MIn(红色) + Y \rightleftharpoons MY + In(蓝色)$$

许多金属指示剂不仅具有配位体的性质，而且本身常是多元弱酸或多元弱碱，在不同的pH值范围内，指示剂本身会呈现不同的颜色。例如，铬黑T指示剂就是一种三元弱酸，它本身能随溶液pH值的变化而呈现不同的颜色：pH＜6时，铬黑T呈现红色；pH＞12时，呈现橙色。显然，在pH＜6或者pH＞12时，游离铬黑T的颜色与配合物MIn的颜色没有显著区别，只有在pH值为8～11的酸度条件下进行滴定，到终点时才会发生由红色到蓝色的颜色突变。因此选用金属指示剂，必须注意选择合适的pH值范围。

2. 金属指示剂必须具备的条件

由以上讨论可知，作为金属指示剂必须具备下列条件：

（1）在滴定的pH值范围内，游离指示剂In本身的颜色与其金属离子配合物MIn的颜色应有显著区别。这样，终点时的颜色变化才明显；

（2）指示剂与金属离子的显色反应必须灵敏、迅速，且有良好的变色可逆性；

（3）金属离子与指示剂配合物MIn应有适当的稳定性，即MIn既要有足够的稳定性，又要比MY稳定性小。如果稳定性太低，就会使终点提前，而且颜色变化不敏锐；如果稳定性太高，就会使终点拖后，甚至使EDTA不能夺取MIn中的M，到达计量点时也不改变颜色，看不到滴定终点。通常要求两者的稳定常数之差大于100，即：$\lg K'_{MY} - \lg K'_{MIn} \geq 2$。

3. 使用金属指示剂时可能出现的问题

（1）指示剂的封闭现象　有的指示剂能与某些金属离子生成极稳定的配合物，这些配合物MIn较对应的MY配合物更稳定，以致到达化学计量点时滴入过量EDTA，指示剂也不能释放出来，溶液颜色不变化，称为指示剂的封闭现象。例如，用铬黑T作指示剂，在pH=10的条件下，用EDTA滴定Ca^{2+}、Mg^{2+}时，Fe^{3+}、Al^{3+}、Ni^{2+}和Co^{2+}对铬黑T有封闭作用，这时，可加入少量三乙醇胺（掩蔽Fe^{3+}、Al^{3+}）和KCN（掩蔽Ni^{2+}和Co^{2+}）以消除干扰。

（2）指示剂的僵化现象　有些指示剂和金属离子配合物MIn在水中的溶解度小，使EDTA与MIn的置换缓慢，终点的颜色变化不明显，这种现象称为指示剂僵化。这时，可加入适当的有机溶剂或加热，以增大其溶解度。例如，用PAN作指示剂时，可加入少量的甲醇或乙醇，也可将溶液适当加热以加快置换速度，使指示剂的变色敏锐一些。

（3）指示剂的氧化变质现象　金属指示剂大多数是具有许多双键的有色化合物，易被日光、氧化剂、空气所分解；有些指示剂在水溶液中不稳定，日久会变质。如铬黑T、钙指示剂的水溶液均易氧化变质，所以常配成固体混合物或加入具有还原性的物质来配成溶液，如加入盐酸羟胺等还原剂。

一些常用的金属指示剂见表4-4。

表4-4　常用的金属指示剂

指示剂	适用的pH值范围	颜色变化		直接滴定的离子	指示剂配制	注意事项
		In	MIn			
铬黑T（简称BT或EBT）	8~10	蓝	红	pH=10，Mg^{2+}、Zn^{2+}、Cd^{2+}、Pb^{2+}、Mn^{2+}、稀土	1∶100NaCl（研磨）	Al^{3+}、Fe^{3+}、Cu^{2+}、Ni^{2+}等离子封闭EBT
酸性铬蓝K	8~13	蓝	红	pH=10，Mg^{2+}、Zn^{2+}、Mn^{2+} pH=13，Ca^{2+}	1∶100NaCl（研磨）	
二甲酚橙（简称XO）	<6	亮黄	红	pH<1，ZrO^{2+} pH=1~3.5，Bi^{3+}、Th^{4+} pH=5~6，Tl^{3+}、Zn^{2+}、Pb^{2+}、Cd^{2+}、Hg^{2+}、稀土	0.5%水溶液（$5g\cdot L^{-1}$）	Al^{3+}、Fe^{3+}、Ni^{2+}、Ti^{4+}等离子封闭XO
磺基水杨酸（简称ssal）	1.5~2.5	无色	紫红	pH=1.5~2.5，Fe^{3+}	5%水溶液（$50g\cdot L^{-1}$）	ssal本身无色，FeY^-呈黄色

续表

指示剂	适用的pH值范围	颜色变化		直接滴定的离子	指示剂配制	注意事项
		In	MIn			
钙指示剂（简称 NN）	12～13	蓝	红	pH＝12～13，Ca^{2+}	1：100NaCl（研磨）	Al^{3+}、Fe^{3+}、Ti^{4+}、Cu^{2+}、Ni^{2+}、Co^{2+}、Mn^{2+}等离子封闭 NN
PAN	2～12	黄	紫红	pH＝2～3，Bi^{3+}、Th^{4+} pH＝4～5，Cu^{2+}、Ni^{2+}、Pb^{2+}、Mn^{2+}、Zn^{2+}、Cd^{2+}、Fe^{2+}	0.1%乙醇溶液（$1g \cdot L^{-1}$）	MIn 在水中溶解度小，为防止 PAN 僵化，滴定时须加热

第五节　提高配位滴定选择性的方法

由于 EDTA 能与多种金属离子形成稳定的配合物，而实际分析试样中常常是多种离子共存，从而相互干扰。因此，如何减小或消除干扰，提高配位滴定的选择性，是配位滴定中必须解决的重要问题。在实际分析中，主要是设法降低干扰离子的浓度或降低干扰离子与EDTA配合物的稳定性，常用的方法有以下几种。

一、控制溶液的酸度

不同的金属离子和 EDTA 所形成的配合物的稳定常数是不相同的，因此在滴定时所允许的最小 pH 值也不同。若溶液中同时有两种或两种以上的金属离子，它们与 EDTA 所形成的配合物稳定常数又相差足够大，则通过控制溶液的酸度，使其只满足滴定某一种金属离子允许的最小 pH 值，但又不会使该离子发生水解而析出沉淀，此时就只能有一种金属离子与 EDTA 形成稳定的配合物，而其他金属离子与 EDTA 不发生配位反应，这样就可以避免干扰。

设溶液中有被测离子 M，其浓度为 c_M；干扰离子 N，其浓度为 c_N，它们均可与 EDTA 形成配合物，但 $K_{MY} > K_{NY}$，对于有干扰离子共存时的配位滴定，通常允许有 $\leqslant \pm 0.5\%$ 的相对误差，当 $c_M = c_N$，而且用指示剂检测终点时终点与化学计量点二者 pM 的差值 $\Delta pM \approx 0.3$，经计算推导，可得出要准确滴定 M 而 N 不干扰，就要满足：

$$\Delta \lg K \geqslant 5 \qquad (4-15)$$

一般以此式作为判断能否利用控制酸度进行分别滴定的条件。

例如，当溶液中 Bi^{3+}、Pb^{2+}浓度皆为 $0.01mol \cdot L^{-1}$时，要选择滴定 Bi^{3+}。从表 4－2 可知，$\lg K_{BiY} = 27.94$，$\lg K_{PbY} = 18.04$，$\Delta \lg K = 27.94 - 18.04 = 9.90 > 5$，故可以选择滴定 Bi^{3+} 而 Pb^{2+}不干扰。由于 Bi^{3+}浓度为 $0.01mol \cdot L^{-1}$，则可由 EDTA 的酸效应曲线(图 4－3)直接查到滴定 Bi^{3+}的允许的最小 pH 值约为 0.7，即要求 $pH \geqslant 0.7$ 时滴定 Bi^{3+}。但滴定时 pH 值不能太大，在 $pH \approx 2$ 时，Bi^{3+}将开始水解析出沉淀，因此滴定 Bi^{3+}、Pb^{2+}溶液中的 Bi^{3+}时，适宜酸度范围为 pH＝0.7～2.0。

滴定时可用 HNO_3调节溶液 pH 值约为 1，用二甲酚橙做指示剂，用 EDTA 滴定 Bi^{3+}，此时 Pb^{2+}不被滴定，溶液由紫红变为亮黄色，表明 Bi^{3+}的终点，继续加六亚甲基四胺调节 pH＝5～6，溶液又变回紫红色，用 EDTA 继续滴定 Pb^{2+}至亮黄色为终点。

【例 4－3】 溶液中有 Fe^{3+}、Mg^{2+}、Zn^{2+}，其浓度均为 $0.01mol \cdot L^{-1}$，能否控制溶液酸度测定 Fe^{3+}含量？

【解】 查表4-2可知，$\lg K_{FeY}=25.1$，$\lg K_{ZnY}=16.5$，$\lg K_{MgY}=8.69$。

滴定Fe^{3+}时最可能发生干扰的是Zn^{2+}，$\Delta\lg K=25.1-16.5=8.6>5$，所以，滴定$Fe^{3+}$时共存的$Mg^{2+}$、$Zn^{2+}$不干扰。

由图4-3酸效应曲线可知，滴定Fe^{3+}所允许的最低$pH\approx1.0$，Fe^{3+}开始水解的$pH=2.2$，故可在$pH=1.0\sim2.0$时滴定Fe^{3+}。

二、掩蔽和解蔽的方法

若待测金属离子M的配合物MY与干扰离子N的配合物NY的稳定性相差不大，即$\Delta\lg K<5$时，可用掩蔽剂降低干扰离子的浓度，以消除干扰。常用的掩蔽方法按反应类型不同，可分为配位掩蔽法、沉淀掩蔽法和氧化还原掩蔽法，其中以配位掩蔽法用得最多。

1. 配位掩蔽法

利用掩蔽剂与干扰离子形成稳定的配合物，降低干扰离子浓度而消除干扰的方法。例如，用EDTA滴定Ca^{2+}、Mg^{2+}测定水的硬度时，Fe^{3+}、Al^{3+}等离子的存在对测定产生干扰，通常可加入三乙醇胺与Fe^{3+}、Al^{3+}离子生成更稳定的配合物，则可消除Fe^{3+}、Al^{3+}的干扰。

配位掩蔽剂必须具备的条件：

（1）掩蔽剂与干扰离子生成的配合物应比滴定剂EDTA与干扰离子生成的配合物稳定；

（2）掩蔽剂与干扰离子生成的配合物应是无色或浅色，不影响终点的观察；

（3）掩蔽剂不与待测离子配位，即使形成配合物，其稳定性也应比被测离子与EDTA形成配合物的稳定性小得多，这样在滴定时EDTA就能将掩蔽剂置换出来；

(4)掩蔽剂的应用应有一定的pH值范围，而且要符合测定要求的pH值范围。

一些常用的配位掩蔽剂及其使用范围见表4-5。

表4-5 一些常用的配位掩蔽剂及其使用范围

名称	pH值范围	被掩蔽的离子	备注
KCN	pH>8	Co^{2+}、Ni^{2+}、Zn^{2+}、Cu^{2+}、Hg^{2+}、Cd^{2+}、Ag^{+}、Tl^{+}及铂族元素	
NH_4F	pH=4~6	Al^{3+}、Ti^{4+}、Zr^{4+}、W^{6+}、Sn^{4+}、Be^{2+}等	加入后溶液pH值变化不大
	pH=10	Al^{3+}、Mg^{2+}、Ca^{2+}、Sr^{2+}、Ba^{2+}及稀土元素	
三乙醇胺	pH=10	Al^{3+}、Sn^{4+}、Ti^{4+}、Fe^{3+}	可与KCN并用，提高掩蔽效果
	pH=11~12	Fe^{3+}、Al^{3+}及少量Mn^{2+}	
三巯基丙醇	pH=10	Hg^{2+}、Cd^{2+}、Zn^{2+}、Bi^{3+}、Pb^{2+}、Ag^{+}、As^{3+}、Sb^{3+}、Sn^{4+}及少量Cu^{2+}、Co^{2+}、Ni^{2+}、Fe^{3+}	
硫醇	pH=5~6	Cu^{2+}、Hg^{2+}	
乙酰丙酮	pH=5~6	Fe^{3+}、Al^{3+}、Be^{2+}、Uo^{2+}，部分掩蔽Cu^{2+}、Hg^{2+}、Cr^{3+}、Ti^{4+}	
铜试剂	pH=10	能与Cu^{2+}、Hg^{2+}、Pb^{2+}、Cd^{2+}、Bi^{3+}生成沉淀，其中Cu-DDTC为褐色，Bi-DDTC为黄色，故其存在量应分别小于2mg和10mg	
酒石酸	pH=1.2	Sb^{3+}、Sn^{4+}、Fe^{3+}及5mg以下Cu^{2+}	在抗坏血酸存在下
	pH=2	Fe^{3+}、Sn^{2+}、Mn^{2+}	
	pH=5.5	Fe^{3+}、Al^{3+}、Sn^{4+}、Ca^{2+}、Sb^{3+}	
	pH=6~7.5	Mg^{2+}、Cu^{2+}、Fe^{3+}、Al^{3+}、Mo^{4+}、Sb^{3+}、W^{6+}	
	pH=10	Al^{3+}、Sn^{4+}	

2. 沉淀掩蔽法

利用掩蔽剂与干扰离子发生沉淀反应，降低干扰离子浓度，在不分离沉淀的情况下直接进行滴定的方法。例如，在 Ca^{2+}、Mg^{2+} 共存的溶液中测定 Ca^{2+}，由于 CaY、MgY 配合物的稳定常数相差不大（$\Delta \lg K = 2$），所以 Mg^{2+} 产生干扰，测定时可在混合溶液中加入 NaOH 溶液，调节 pH > 12，使 Mg^{2+} 形成 $Mg(OH)_2$ 沉淀，从而消除 Mg^{2+} 的干扰，加入钙指示剂后，用 EDTA 滴定 Ca^{2+}。

沉淀掩蔽法在实际应用中有一定的局限性，它要求所生成的沉淀致密，溶解度要小，无色或浅色，且吸附作用小。否则，由于颜色深、体积大，吸附待测离子或吸附指示剂都将影响终点的观察和测定结果。

常用的沉淀掩蔽剂及使用范围列于表 4 – 6。

表 4 – 6　常用的沉淀掩蔽剂及使用范围

名称	被掩蔽的离子	待测定的离子	pH 值范围	指示剂
NH_4F	Mg^{2+}、Ca^{2+}、Sr^{2+}、Ba^{2+}、Ti^{4+} 及稀土元素	Zn^{2+}、Cd^{2+}、Mn^{2+}（有还原剂存在下）	10	铬黑 T
		Cu^{2+}、Ni^{2+}、Co^{2+}		紫脲酸铵
K_2CrO_4	Ba^{2+}	Sr^{2+}	10	Mg – EDTA + 铬黑 T
Na_2S 或铜试剂	微量重金属	Mg^{2+}、Ca^{2+}	10	铬黑 T
H_2SO_4	Pb^{2+}	Bi^{3+}	1	二甲酚橙
$K_4[Fe(CN)_6]$	微量 Zn^{2+}	Pb^{2+}	5 ~ 6	二甲酚橙
KI	Cu^{2+}	Zn^{2+}	5 ~ 6	PAN

3. 氧化还原掩蔽法

当某种价态的共存离子对滴定有干扰时，利用氧化还原反应改变干扰离子的价态，从而改变其条件稳定常数以消除干扰的方法，例如，Bi^{3+} 和 Fe^{3+} 共存时，测定 Bi^{3+} 时 Fe^{3+} 有干扰，可加入抗坏血酸或盐酸羟胺，将 Fe^{3+} 还原为 Fe^{2+}，由于 Fe^{2+} 与 EDTA 形成的配合物的稳定性比 Fe^{3+} 与 EDTA 形成的配合物稳定性小得多（$\lg K_{FeY^-} = 25.1$，而 $\lg K_{FeY^{2-}} = 14.32$）因而能掩蔽 Fe^{3+} 的干扰。

氧化还原掩蔽法，只适用于那些易发生氧化还原反应的金属离子，且生成的还原型物质或氧化型物质不干扰测定的情况。因此，目前只有少数几种离子可用这种掩蔽方法。

4. 解蔽方法

在金属离子与 EDTA（$Na_2H_2Y \cdot 2H_2O$）配合物的溶液中，加入某种试剂（解蔽剂），将已被 EDTA 或掩蔽剂配位的金属离子释放出来，再进行滴定的方法称为解蔽。

例如，用配位滴定法测定铜样中 Zn^{2+} 和 Pb^{2+}，试液调至碱性后，加入 KCN 掩蔽 Zn^{2+}、Cu^{2+}（KCN 剧毒，只允许在碱性溶液中使用，遇酸产生 HCN 逸出），此时 Pb^{2+} 不能被 KCN 掩蔽，故可在 pH = 10 时，以铬黑 T 为指示剂，用 EDTA 标准溶液滴定 Pb^{2+}。在滴定 Pb^{2+} 后的溶液中，加入甲醛做解蔽剂破坏 $[Zn(CN)_4]^{2-}$，使原来被配位的 Zn^{2+} 解蔽出来，再用 EDTA继续滴定 Zn^{2+}。

在实际分析中，用一种掩蔽剂常常不能得到令人满意的结果，当有许多离子共存时，常将几种掩蔽剂或沉淀剂联合使用，这样才能获得较好的选择性，提高配位滴定的选择性。但须注意，共存干扰离子的量不能太多，否则得不到满意的结果。

三、化学分离法

当利用控制溶液酸度或掩蔽、解蔽等方法都无法避免干扰时，可采用化学分离法把被测离子从其他组分中分离出来。

四、选用其他配位滴定剂

随着配位滴定法的发展，除 EDTA 外还可选用其他一些氨羧配合物作为滴定剂，它们与金属离子形成的配合物的稳定性各有特点，可以用来提高配位滴定的选择性。

例如，EDTA 与 Ca^{2+}、Mg^{2+} 形成的配合物稳定性相差不大，而 EGTA 与 Ca^{2+}、Mg^{2+} 形成的配合物稳定性相差较大，故可以在 Ca^{2+}、Mg^{2+} 共存时，用 EGTA 选择性滴定 Ca^{2+}。EDTP 与 Cu^{2+} 形成的配合物稳定性高，可以在 Zn^{2+}、Cd^{2+}、Mn^{2+}、Mg^{2+} 共存的溶液中选择性滴定 Cu^{2+}。

第六节　配位滴定法应用

一、EDTA 标准溶液的配制与标定

1. EDTA 标准溶液的配制

EDTA 常含有 0.3% 左右的湿存水，且含有少量杂质而不能直接配制，故一般采用间接法配制。

配位滴定对蒸馏水的要求较高，若配制溶液的水中含有 Ca^{2+}、Mg^{2+}、Pb^{2+}、Sn^{2+} 等，会消耗部分 EDTA，随测定情况的不同对测定结果产生不同的影响。若水中含有 Al^{3+}、Cu^{2+} 等，对某些指示剂有封闭作用，使终点难以判断。因此，在配位滴定中最好选用去离子水或二次蒸馏水。

为了防止 EDTA 溶液溶解玻璃中的 Ca^{2+} 形成 CaY，EDTA 溶液应储存在聚乙烯塑料瓶或硬质玻璃瓶中

2. EDTA 标准溶液的标定

标定 EDTA 溶液的基准物质很多，例如 Zn、ZnO、$CaCO_3$、Bi、Cu、Ni、Pb 等。一般选用其中与被测组分相同的物质作基准物，这样滴定条件较一致。国家标准中采用氧化锌作基准物质(使用前 ZnO 应在 800℃ 灼烧至质量恒定)，准确称取一定量的 ZnO，加少量的水湿润，加 HCl 溶液(1+1)至试样溶解后，用氨水(10%)中和至 pH=7~8，加 10mL 氨－氯化铵缓冲溶液(pH=10)，以铬黑 T 为指示剂，用待标定的 EDTA 溶液滴定至溶液由紫红色变为纯蓝色为终点，同时作空白试验。

$$c_{\mathrm{EDTA}} = \frac{1000m}{(V - V_0) \times M_{\mathrm{ZnO}}} \qquad (4-16)$$

式中　m——ZnO 的质量，g；

V——EDTA 溶液的用量，mL；

V_0——空白试验 EDTA 溶液的用量，mL；

M_{ZnO}——ZnO 的摩尔质量，81.37g·mol^{-1}。

二、配位滴定方式

1. 直接滴定法

这是配位滴定中最基本的方法。这种方法是将待测物质经过预处理制成溶液后，调节酸

度，加入指示剂（有时还需要加入适当的辅助配位剂及掩蔽剂），直接用 EDTA 标准溶液进行滴定，然后根据标准溶液的浓度和所消耗的体积，计算试样中待测组分的含量。

一般可以直接滴定的金属离子有：

pH = 1.0 时，Zr^{4+}；

pH = 2.0 ~ 3.0 时，Fe^{3+}、Bi^{3+}、Th^{4+}、Ti^{4+}、Hg^{2+}；

pH = 5.0 ~ 6.0 时，Zn^{2+}、Pb^{2+}、Cd^{2+}、Cu^{2+}及稀土元素；

pH = 10.0 时，Mg^{2+}、Co^{2+}、Ni^{2+}、Zn^{2+}、Cd^{2+}；

pH = 12.0 时，Ca^{2+}等。

2. 返滴定法

当待测离子与 EDTA 配位缓慢，或在滴定的 pH 值下发生水解，或对指示剂有封闭作用，或使指示剂产生僵化，或无合适的指示剂等，可采用返滴定法。即在待测溶液中先加入已知过量的 EDTA 标准溶液，待被测的离子完全反应后，再用另一种金属离子的标准溶液滴定剩余的 EDTA，根据两种标准溶液的浓度和用量，即可求得被测物质的含量。

例如，Al^{3+}的测定，由于Al^{3+}与 EDTA 配位速度缓慢，需在过量的 EDTA 存在下，煮沸才能配位完全；Al^{3+}易水解，在最高酸度（pH = 4.1）时，水解反应相当明显，并可能形成多核羟基配合物，如$[Al_2(H_2O)_6(OH)_3]^{3+}$、$[Al_3(H_2O)_6(OH)_6]^{3+}$等。这些多核配合物不仅与 EDTA 配合缓慢，并可能影响 Al 与 EDTA 的配位比，对滴定十分不利；在酸性介质中，Al^{3+}对二甲酚橙等指示剂有封闭作用。

因此，Al^{3+}一般采用返滴定法进行测定，试液中先加入已知过量的 EDTA 标准溶液，在 pH≈3.5 时煮沸 2 ~ 3min，使Al^{3+}配位完全。冷至室温，调 pH = 5 ~ 6 在 HAc - NaAc 缓冲溶液中，以二甲酚橙作指示剂，用Zn^{2+}标准溶液返滴定。

用返滴定法测定的常见离子还有Ti^{4+}、Sn^{4+}（易水解且无适宜指示剂）和Cr^{3+}、Co^{2+}、Ni^{2+}（与 EDTA 配位速度慢）。

3. 置换滴定法

利用置换反应，从配合物中置换出等物质的量的另一种金属离子（或 EDTA），然后进行滴定。置换滴定法灵活多样，不仅能扩大配位滴定的应用范围，同时还可以提高配位滴定的选择性。

例如，Ag^+与 EDTA 配合物不稳定（$\lg K_{AgY} = 7.32$），不能用 EDTA 直接滴定，如果将$[Ni(CN)_4]^{2-}$加入到Ag^+溶液中，则发生置换反应：

$$2Ag^+ + [Ni(CN)_4]^{2-} \rightleftharpoons 2[Ag(CN)_2]^- + Ni^{2+}$$

在 pH = 10 的氨性溶液中，用 EDTA 滴定置换出来的Ni^{2+}，即可求得Ag^+的含量。

同样，测定锡青铜中的锡时，先向试液中加入过量的 EDTA，Sn^{4+}与共存的Pb^{2+}、Zn^{2+}，Cu^{2+}等一起与 EDTA 配位，用Zn^{2+}标准溶液滴定过量的 EDTA，再加入NH_4F，F^-将 SnY 中的 Y 置换出来，再用Zn^{2+}标准溶液滴定置换出来的 Y，即可求出 Sn 的含量。

另外，利用置换滴定法原理，还可以改善指示剂指示滴定终点的敏锐性。例如，钙镁特（CMG）与Mg^{2+}显色很灵敏，但与Ca^{2+}显色的灵敏性较差，为此，在 pH = 10.0 的溶液中用 EDTA 滴定Ca^{2+}时，常于溶液中先加入少量 MgY，此时发生下列置换反应：

$$MgY + Ca^{2+} \rightleftharpoons CaY + Mg^{2+}$$

置换出来的Mg^{2+}与钙镁特显很深的红色。滴定时 EDTA 先与Ca^{2+}配位，当达到滴定终点时，EDTA 夺取 Mg - CMG 中的Mg^{2+}，形成 MgY，游离出指示剂，显蓝色，颜色变化很明显。由于加入的 MgY 和最后生成的 MgY 的量是相等的，故加入的 MgY 不影响滴定结果。

4. 间接滴定法

有些金属离子（如 Li^+、Na^+、K^+、Rb^+、Cs^+ 等）和一些非金属离子（如 SO_4^{2-}、PO_4^{3-} 等），由于和 EDTA 形成的配合物不稳定或不与 EDTA 配位，这时可采用间接滴定法进行测定。

例如，PO_4^{3-} 的测定，在一定条件下，可将 PO_4^{3-} 沉淀为 $MgNH_4PO_4$，然后过滤，洗净并将它溶解，调节溶液的 pH = 10.0，用铬黑 T 作指示剂，以 EDTA 标准溶液滴定 Mg^{2+}，从而求得试样中磷的含量。

三、应用示例

1. 水的总硬度测定

水的总硬度是指水中 Ca^{2+}、Mg^{2+} 的总量，它包括暂时硬度和永久硬度。在水中以碳酸盐及酸式碳酸盐形式存在的钙、镁盐，加热能被分解、析出沉淀而除去，称为暂时硬度；而以硫酸盐、硝酸盐和氯化物等形式存在的部分，因其性质比较稳定，不能够通过加热的方式除去，故称为永久硬度。

硬度是衡量生活用水和工业用水水质的一项重要指标，是形成锅垢和影响产品质量的主要因素。如锅炉给水，经常要进行硬度分析，为水的处理提供依据。测定水的总硬度就是测定水中 Ca^{2+}、Mg^{2+} 的总含量。一般采用配位滴定法，即在 pH = 10 的氨性缓冲溶液中，以铬黑 T 作指示剂，用 EDTA 标准溶液直接滴定，直至溶液由酒红色转变为纯蓝色为终点。滴定时，水中存在的少量 Fe^{3+}、Al^{3+} 等干扰离子用三乙醇胺掩蔽，Cu^{2+}、Pb^{2+}、Zn^{2+} 等重金属离子可用 KCN、Na_2S 或硫基乙酸等来掩蔽。

各国对水的硬度表示方法不同，我国通常以含 $CaCO_3$ 的质量浓度 ρ 表示硬度，单位取 $mg \cdot L^{-1}$。国家标准规定饮用水硬度不能超过 $450mg \cdot L^{-1}$。也有用含 $CaCO_3$ 的物质的量浓度来表示，单位取 $mmol \cdot L^{-1}$。

$$\rho(mg \cdot L^{-1}) = \frac{c_{EDTA}V_{EDTA} \cdot M_{CaCO_3}}{V} \times 1000 \qquad (4-17)$$

2. 氢氧化铝凝胶含量的测定

Al^{3+} 与 EDTA 的配位反应缓慢，对指示剂有封闭作用，又易水解，因此一般用返滴定法进行测定。即将一定量的氢氧化铝凝胶溶解，加 $HAc-NH_4Ac$ 缓冲溶液，控制酸度 pH = 3 ~ 4（避免 Al^{3+} 在高 pH 值时发生水解），准确加入过量的 EDTA 标准溶液，加热煮沸使 Al^{3+} 与 EDTA 配位完全，冷却后调节 pH = 5 ~ 6，以二甲酚橙为指示剂，用 Zn^{2+} 标准溶液滴定剩余的 EDTA。溶液由黄色变为红色，即为终点。

药典规定氢氧化铝凝胶的含量以 Al_2O_3 计算，不得少于 3.6% ~ 4.4%，由于凝胶制剂的均匀性较差，因此，测定时取样量应大一些。

$$w_{Al_2O_3} = \frac{(c_{EDTA} \times V_{EDTA} - c_{Zn} \times V_{Zn})M_{1/2Al_2O_3}}{m_s} \qquad (4-18)$$

式中　m_s——每份测定试液中所含试样质量，g。

明矾、干燥氢氧化铝、铝盐等都可用此法测定。

本章小结

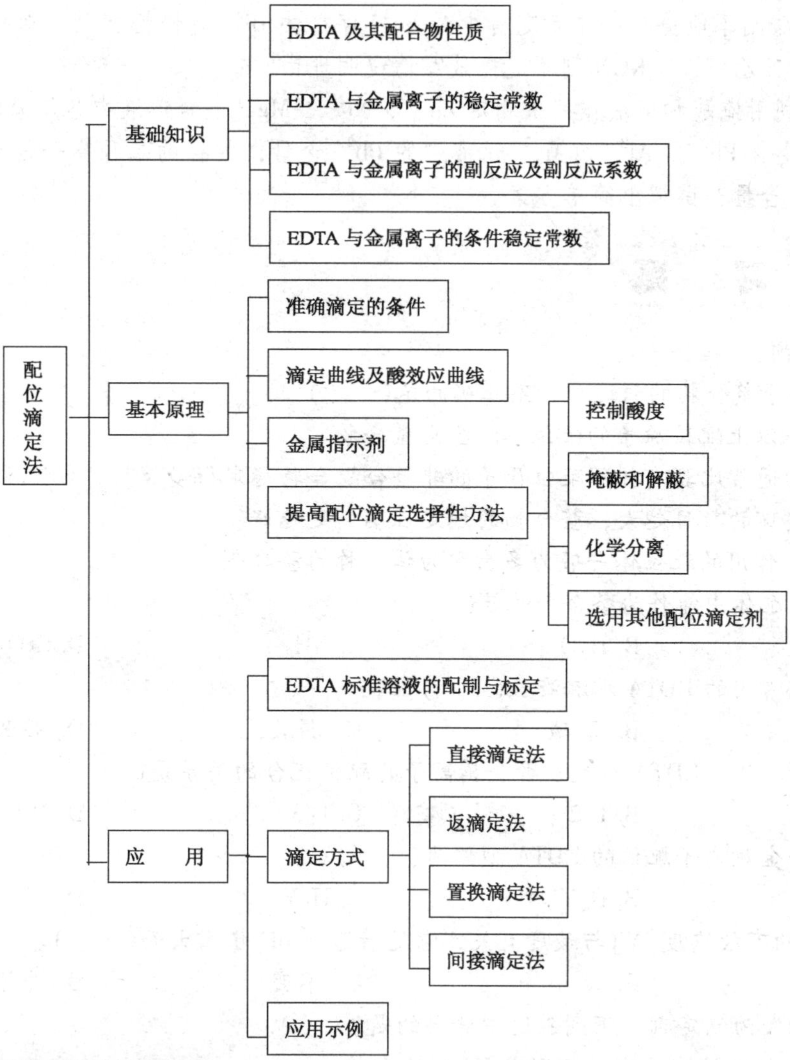

思考题

1. EDTA与金属离子形成的配合物有哪些特点？

2. 配合物的稳定常数与条件稳定常数有何不同？为什么要引用条件稳定常数？

3. 在配位滴定中控制适当的酸度有什么重要意义？实际应用时应如何全面考虑选择滴定时的pH值？

4. 金属指示剂的作用原理是什么？它应该具备哪些条件？

5. 选择金属指示剂的依据是什么？为什么金属指示剂使用时要限定适宜的pH值？

6. 什么是金属指示剂的封闭和僵化现象？应如何避免？

7. 两种金属离子M和N共存时，什么条件下才可用控制酸度的方法进行分别滴定？

8. 为什么用EDTA滴定Mg^{2+}必须在pH = 10而不是pH = 5的溶液中进行？但滴定Zn^{2+}

时，则可以在 pH =5 的溶液中进行。

9. 掩蔽的方法有哪些？为防止干扰，是否在任何情况下都能使用掩蔽方法？

10. 用 EDTA 滴定含有少量 Fe^{3+} 的 Ca^{2+}、Mg^{2+} 试液时，用三乙醇胺、KCN 都可以掩蔽 Fe^{3+}，抗坏血酸则不能掩蔽；在滴定有少量 Fe^{3+} 存在的 Bi^{3+} 时恰恰相反，即抗坏血酸可以掩蔽 Fe^{3+}，而三乙醇胺、KCN 则不能掩蔽？请说明理由？

11. 如何利用掩蔽和解蔽作用来测定 Zn^{2+}、Ni^{2+}、Mg^{2+} 混合溶液中各组分的含量？

12. 欲测定含 Pb^{2+}、Al^{3+} 和 Mg^{2+} 试液中的 Pb^{2+} 含量，共存的二种离子是否有干扰？应如何测定 Pb^{2+} 含量？试拟出简单方案。

习　题

一、选择题

1. 下列关于螯合物的叙述中，不正确的是(　　)。

A. 有两个以上配位原子的配位体均生成螯合物

B. 螯合物通常比具有相同配位原子的非螯合配合物稳定得多

C. 形成螯环的数目越大，螯合物的稳定性不一定越好

D. 起螯合作用的配位体一般为多齿配为体，称为螯合剂

2. 下列各配体中能作为螯合剂的是(　　)。

A. F^-　　B. H_2O　　C. NH_3　　D. $C_2O_4^{2-}$

3. 分析室常用的 EDTA 水溶液呈(　　)性。

A. 强碱　　B. 弱碱　　C. 弱酸　　D. 强酸

4. 一般情况下，EDTA 与大多数金属离子的配位化合的关系是(　　)。

A. 1∶1　　B. 1∶2　　C. 1∶3　　D. 2∶1

5. 直接与金属离子配位的 EDTA 型体为(　　)。

A. H_6Y^{2+}　　B. H_4Y　　C. H_2Y^{2-}　　D. Y^{4-}

6. EDTA 的有效浓度[Y]与酸度有关，它随着溶液 pH 值增大而(　　)。

A. 增大　　B. 减小　　C. 不变　　D. 先增大后减小

7. 以 EDTA 为滴定剂，下列叙述中错误的是(　　)。

A. 在酸度较高的溶液中，可形成 MHY 络合物

B. 在碱性较高的溶液中，可形成 MOHY 络合物

C. 不论形成 MHY 或 MOHY，均有利于滴定反应

D. 不论溶液 pH 值的大小，只形成 MY 一种形式络合物

8. 下列叙述中错误的是(　　)。

A. 酸效应使络合物的稳定性降低

B. 共存离子使络合物的稳定性降低

C. 配位效应使络合物的稳定性降低

D. 各种副反应均使络合物的稳定性降低

9. 在 EDTA 配位滴定中，下列叙述正确的是(　　)。

A. 酸效应系数愈大，配合物的稳定性愈大

B. 酸效应系数愈小，配合物的稳定性愈大

C. pH 值愈大，酸效应系数愈大

D. 酸效应系数愈大，配位滴定曲线的 pM 突跃范围愈大

10. EDTA 滴定 M，随着$[H^+]$的增大，(　　)量减小。

A. $\lg\alpha_{Y(H)}$　　B. $\lg K'_{MY}$

C. $\alpha_{Y(H)}$　　D. $[HY]+[H_2Y]+\cdots+[H_6Y]$

11. EDTA 滴定金属离子 M，MY 的绝对稳定常数为 K_{MY}，当金属离子 M 的浓度为 $0.01mol\cdot L^{-1}$时，下列 $\lg\alpha_{Y(H)}$ 对应的 pH 值是滴定金属离子 M 的最高允许酸度的是(　　)。

A. $\lg\alpha_{Y(H)}\geqslant\lg K_{MY}-8$　　B. $\lg\alpha_{Y(H)}=\lg K_{MY}-8$

C. $\lg\alpha_{Y(H)}\geqslant\lg K_{MY}-6$　　D. $\lg\alpha_{Y(H)}\geqslant\lg K_{MY}-3$

12. 以 EDTA 滴定金属离子，影响滴定曲线化学计量点后突跃范围大小，说法正确的是(　　)。

A. 金属离子 M 的络合效应　　B. 金属离子 M 的浓度

C. EDTA 的酸效应　　D. 金属离子 M 的浓度及其络合效应

13. 采用返滴定法测定 Al^{3+} 的含量时，欲在 pH = 5.5 条件下以某一金属离子的标准溶液返滴定过量的 EDTA，此金属离子标准溶液最好选用(　　)。

A. Ca^{2+}　　B. Pb^{2+}　　C. Fe^{3+}　　D. Ti^{4+}

14. 配位滴定分析中测定单一金属离子的条件是(　　)。

A. $\lg(cK'_{MY})\geqslant 8$　　B. $cK'_{MY}\geqslant 10^{-8}$　　C. $\lg(cK'_{MY})\geqslant 6$　　D. $cK'_{MY}\geqslant 10^{-6}$

15. 配位滴定终点呈现的是(　　)的颜色。

A. 金属与指示剂形成的配合物　　B. 配位剂与指示剂的混合物

C. 游离金属指示剂　　D. 配位剂与金属形成的配合物

16. 用 EDTA 溶液连续滴定 Fe^{3+}、Al^{3+} 时，可以在下列哪个条件下进行(　　)。

A. pH = 2 时滴定 Al^{3+}，pH = 4 时滴定 Fe^{3+}

B. pH = 1 时滴定 Fe^{3+}，pH = 4 时滴定 Al^{3+}

C. pH = 2 时滴定 Fe^{3+}，pH = 4 时返滴定 Al^{3+}

D. pH = 2 时滴定 Fe^{3+}，pH = 4 时间接法测 Al^{3+}

17. EDTA 和金属离子配合物为 MY，金属离子和指示剂的配合物为 MIn，当 $K'_{MIn}>K'_{MY}$ 时，称为指示剂的(　　)。

A. 僵化　　B. 失效　　C. 封闭　　D. 掩蔽

18. 某溶液主要含有 Ca^{2+}、Mg^{2+} 及少量 Al^{3+}、Fe^{3+}，今在 pH = 10 时加入三乙醇胺后，用 EDTA 滴定，用铬黑 T 为指示剂，则测出的是(　　)的含量。

A. Mg^{2+}　　B. Ca^{2+}、Mg^{2+}

C. Al^{3+}、Fe^{3+}　　D. Ca^{2+}、Mg^{2+}、Al^{3+}、Fe^{3+}

19. EDTA 酸效应曲线不能回答的问题是(　　)。

A. 进行各金属离子滴定时的最低 pH 值

B. 在一定 pH 值范围内滴定某种金属离子时，哪些离子可能有干扰

C. 控制溶液的酸度，有可能在同一溶液中连续测定几种离子

D. 准确测定各离子时溶液的最低酸度

20. 配位滴定法测定水中钙时，Mg^{2+} 干扰用的消除方法通常为(　　)。

A. 控制酸度法　　B. 配位掩蔽法

C. 氧化还原掩蔽法　　　　　　　　D. 沉淀掩蔽法

21. 通过控制溶液酸度用 EDTA 滴定 M，而 N 不干扰的判断条件中，下列哪一项不正确(　　)。

A. $c_M \approx c_N$，$K'_{MY}/K'_{NY} \geqslant 10^5$　　　　B. $c_M \approx c_N$，$\lg K'_{MY} - \lg K'_{NY} \geqslant 5$

C. $\lg c_N K'_{NY} - \lg c_M K'_{MY} \leqslant -5$　　　　D. $c_N K'_{NY}/c_M K'_{MY} \geqslant 10^5$

22. 在 EDTA 配位滴定中，下列有关掩蔽剂的叙述哪些是错误的(　　)。

A. 配位掩蔽剂必须可溶且无色

B. 氧化还原掩蔽剂必须改变干扰离子的价态

C. 掩蔽剂的用量越多越好

D. 掩蔽剂最好是无毒的

23. 用 EDTA 滴定 Ca^{2+}、Mg^{2+} 时，可用下列掩蔽剂掩蔽 Fe^{3+} 的是(　　)。

A. KCN 或抗坏血酸　　　　B. 盐酸羟胺或三乙醇胺

C. 三乙醇胺或 KCN　　　　D. 盐酸羟胺或抗坏血酸

24. 用 EDTA 滴定 Bi^{3+} 时，可用于掩蔽 Fe^{3+} 的掩蔽剂是(　　)。

A. 三乙醇胺　　B. KCN　　C. 草酸　　D. 抗坏血酸

25. 以配位滴定法测定 Pb^{2+} 时，消除 Ca^{2+}、Mg^{2+} 干扰最简便的方法是(　　)。

A. 控制酸度法　　B. 配位掩蔽法　　C. 氧化还原掩蔽法　　D. 沉淀掩蔽法

26. 在 Fe^{3+}、Al^{3+}、Ca^{2+}、Mg^{2+} 的混合溶液中，用 EDTA 法测定 Ca^{2+}、Mg^{2+}，要消除 Fe^{3+}、Al^{3+} 的干扰，最有效可靠的方法是(　　)。

A. 沉淀掩蔽法　　B. 配位掩蔽法　　C. 氧化还原掩蔽法　　D、萃取分离法

27. 在 Fe^{3+}、Al^{3+}、Ca^{2+}、Mg^{2+} 的混合液中，用 EDTA 法测定 Fe^{3+}、Al^{3+} 的含量，消除 Ca^{2+}、Mg^{2+} 干扰，最简便的方法是(　　)。

A. 沉淀分离　　B. 控制酸度　　C. 络合掩蔽　　D. 离子交换

28. 用含有少量 Cu^{2+} 的蒸馏水配制 EDTA 溶液，于 pH = 5.0 时，用锌标准溶液标定 EDTA的浓度。然后用此 EDTA 溶液于 pH = 10.0 时，滴定试样中的 Ca^{2+}，对测定结果的影响是(　　)。

A. 基本无影响　　B. 偏高　　C. 偏低　　D. 不能确定

29. 用含有少量 Ca^{2+} 的蒸馏水配制 EDTA 溶液，于 pH = 5.0 时，用锌标准溶液标定 EDTA的浓度。然后用此 EDTA 溶液于 pH = 10.0 时，滴定试样中的 Ca^{2+}，对测定结果的影响是(　　)。

A. 基本无影响　　B. 偏高　　C. 偏低　　D. 不能确定

30. 用 EDTA 滴定 Ag^{+}，采用的滴定方法是(　　)。

A. 直接滴定　　B. 返滴定　　C. 置换滴定　　D. 间接滴定

二、判断题

1. 金属指示剂是指示金属离子浓度变化的指示剂。(　　)

2. 造成金属指示剂封闭的原因是指示剂本身不稳定。(　　)

3. 用 EDTA 配位滴定法测水泥中氧化镁含量时，不用测钙镁总量。(　　)

4. 金属指示剂的僵化现象是指滴定时终点没有出现。(　　)

5. 在配位滴定中，若溶液的 pH 值高于滴定 M 的最小 pH 值，则无法准确滴定(　　)。

6. EDTA 酸效应系数 $\alpha_{Y(H)}$ 随溶液中 pH 值变化而变化；pH 值低，则 $\alpha_{Y(H)}$ 值高，对配位

滴定有利(　　)。

7. 用 EDTA 法测定试样中的 Ca^{2+} 和 Mg^{2+} 含量时，先将试样溶解，然后调节溶液 pH 值为 5.5 ~ 6.5，并进行过滤，目的是去除 Fe、Al 等干扰离子。(　　)

8. 配位滴定中，溶液的最佳酸度范围是由 EDTA 决定的(　　)

9. 铬黑 T 指示剂在 pH = 8 ~ 11 范围使用，其目的是为减少干扰离子的影响。(　　)

10. 滴定 Ca^{2+}、Mg^{2+} 总量时要控制 pH ≈ 10，而滴定 Ca^{2+} 分量时要控制 pH = 12 ~ 13。若 pH > 13 时测 Ca^{2+} 则无法确定终点。(　　)

三、计算题

1. 欲配制 0.02mol · L^{-1} 的 EDTA 溶液 1L，问应取 0.05mol · L^{-1} 的 EDTA 溶液多少毫升？

2. 计算 pH = 5.0 时，EDTA 的酸效应系数 $\alpha_{Y(H)}$ 和 $\lg\alpha_{Y(H)}$。

3. Bi^{3+} 和 Ni^{2+} 均为 0.01mol · L^{-1} 的混合溶液中，用 EDTA 滴定时所允许的最小 pH 值。能否采用控制溶液酸度的方法实现二者的分别滴定？

4. 求用 0.01000mol · L^{-1} EDTA 溶液滴定同浓度的 Ca^{2+}，若在 pH = 5.0 条件下，$\lg K'_{CaY}$ 为多大？可否准确滴定？若准确滴定，所允许的最低 pH 值为多少？

5. pH = 5.0 时，锌和 EDTA 配合物的条件稳定常数是多少？假设 Zn^{2+} 和 EDTA 的浓度皆为 1.0×10^{-2} mol · L^{-1}(不考虑羟基配位等副反应)，pH = 5.0 时，能否用 EDTA 标准溶液滴定 Zn^{2+}。

6. 试求以 EDTA 滴定浓度各为 0.01mol · L^{-1} 的 Fe^{3+} 和 Fe^{2+} 溶液时所允许的最小 pH 值。

7. 称取 0.1005g $CaCO_3$ 溶解后，用容量瓶配成 100mL 溶液。吸取 25.00mL，在 pH = 12 时，用钙指示剂指示终点，用待标定的 EDTA 溶液滴定，用去 24.50mL。

(1) 计算 EDTA 溶液的物质的量浓度；

(2) 计算该 EDTA 溶液对 ZnO 和 Fe_2O_3 的滴定度。

8. 用配位滴定法测定氯化锌($ZnCl_2$)的含量。称取 0.2500g 试样溶于水后，稀释至 250.0 mL，吸取 25.00mL，在 pH = 5 ~ 6 时，用二甲酚橙作指示剂，用 0.01024mol · L^{-1} EDTA 标准溶液滴定，用去 17.61 mL。计算试样中 $ZnCl_2$ 的质量分数。

9. 称取 1.032g 氧化铝试样，溶解后移入 250mL 容量瓶，稀释至刻度。吸取 25.00mL，加入 $T_{Al_2O_3/EDTA} = 1.505$ mg · mL^{-1} 的 EDTA 标准溶液 10.00mL，以二甲酚橙指示剂，用 $Zn(OAc)_2$ 标准溶液进行返滴定，至红紫色终点，消耗 $Zn(OAc)_2$ 标准溶液 12.20mL。已知 1mL $Zn(OAc)_2$ 溶液相当于 0.6812mL EDTA 溶液。求试样中 Al_2O_3 的质量分数。

10. 用 0.01060mol · L^{-1} EDTA 标准溶液滴定水中钙和镁的含量，取 100.0mL 水样，以铬黑 T 为指示剂，在 pH = 10 时滴定，消耗 EDTA 31.30mL。另取一份 100.0mL 水样，加 NaOH 使呈强碱性，使 Mg^{2+} 生成 $Mg(OH)_2$ 沉淀，用钙指示剂指示终点，继续用 EDTA 滴定，消耗 19.20mL。计算：

(1) 水的总硬度(以 $CaCO_3$ mg · L^{-1} 表示)。

(2) 水中钙和镁的含量(以 $CaCO_3$ mg · L^{-1} 和 $MgCO_3$ mg · L^{-1} 表示)。

11. 称取含 Fe_2O_3 和 Al_2O_3 的试样 0.2015g 溶解后，在 pH = 2 时以磺基水杨酸做指示剂，以 0.02008mol · L^{-1} EDTA 标准溶液滴定至终点，消耗 15.20mL。然后再加入上述 EDTA 溶液 25.00mL，加热煮沸使 EDTA 与 Al^{3+} 反应完全，调节 pH = 4.5，以 PAN 做指示剂，趁热

用 0.02112mol · L^{-1} Cu^{2+} 标准溶液返滴，用去 8.16mL，试计算试样中 Fe_2O_3 和 Al_2O_3 的质量分数。

12. 称取含锌、铝的试样 0.1200g，溶解后调至 pH = 3.5，加入 50.00mL0.02500mol · L^{-1} EDTA 溶液，加热煮沸，冷却后，加醋酸缓冲溶液，此时 pH = 5.5，以二甲酚橙为指示剂，用 0.02000mol · L^{-1} 标准锌溶液滴定至红色，用去 5.08mL。加足量 NH_4F，煮沸，再用上述锌标准溶液滴定，用去 20.70mL。计算试样中锌、铝的质量分数。

13. 欲测定某试液中的 Fe^{3+}、Fe^{2+} 的含量。吸取 25.00mL 该试液，在 pH = 2 时用浓度为 0.01500mol · L^{-1} 的 EDTA 滴定，消耗 15.40mL，调节 pH = 6，继续滴定，又消耗 14.10mL，计算其中 Fe^{3+} 及 Fe^{2+} 的浓度（以 mg · mL^{-1} 表示）。

14. 分析铜、锌、镁合金，称取 0.5000g 试样，溶解后，在 100 mL 容量瓶中定容后，吸取 25.00 mL，调节 pH = 6.0 时，用 PAN 作指示剂，用 0.05000mol · L^{-1} EDTA 滴定 Cu^{2+} 和 Zn^{2+}，用去 EDTA 37.00 mL，再吸取 25.00 mL 试液，调 pH = 10.0 时，加入 KCN 掩蔽 Cu^{2+} 和 Zn^{2+}，用同一浓度的 EDTA 滴定 Mg^{2+}，用去 4.10 mL，然后加入甲醛解蔽 Zn^{2+}，用 EDTA 滴 Zn^{2+}，用去 EDTA 13.40 mL，计算 Cu^{2+}、Zn^{2+}、Mg^{2+} 的百分含量。

15. 测定铅锡合金中 Pb、Sn 含量时，称取试样 0.2000g，用 HCl 溶解后，准确加入 50.00mL 0.03000mol · L^{-1} EDTA，50mL 水，加热煮沸 2min，冷后，用六亚甲基四胺将溶液调节至 pH = 5.5，加入少量 1，10 - 邻二氮菲，以二甲酚橙作指示剂，用 0.03000mol · L^{-1} Pb^{2+} 标准溶液滴定，用去 3.00mL。然后加入足量 NH_4F，加热至 40℃ 左右，再用上述 Pb^{2+} 标准溶液滴定，用去 35.00mL。计算试样中 Pb 和 Sn 的质量分数。

16. 25.00mL 试液中的镓（Ⅲ）离子，在 pH = 10 的缓冲溶液中，加入 25mL 浓度为 0.05mol · L^{-1} 的 Mg - EDTA 溶液时，置换出的 Mg^{2+} 以铬黑 T 为指示剂，需用 0.05000mol · L^{-1} 的 EDTA 10.78mL 滴定至终点。计算：

（1）镓溶液的浓度；

（2）该试液中所含镓的质量（单位以 g 表示）。

17. 称取苯巴比妥钠（$C_{12}H_{11}N_2O_3Na$，摩尔质量为 254.2g · mol^{-1}）试样 0.2014g，溶于稀碱溶液中并加热（60℃）使之溶解，冷却后，加入醋酸酸化并移入 250mL 容量瓶中，加入 0.03000mol · L^{-1} $Hg(ClO_4)_2$ 标准溶液 25.00mL，稀释至刻度，放置待下述反应发生：

$$Hg^{2+} + 2C_{12}H_{11}N_2O_3^{-} \Longrightarrow Hg(C_{12}H_{11}N_2O_3)_2$$

过滤弃去沉淀，滤液用干烧杯接收。吸取 25.00mL 滤液，加入 10mL 0.01mol · L^{-1} MgY 溶液，释放出的 Mg^{2+} 在 pH = 10 时，以铬黑 T 为指示剂，用 0.01000mol · L^{-1} EDTA 滴定至终点，消耗 3.60mL。计算试样中苯巴比妥钠的质量分数。

18. 将镀于 5.04cm^2 某惰性材料表面上的金属铬（$\rho = 7.10g \cdot cm^{-3}$）溶解于无机酸中，然后将此酸性溶液移入 100mL 容量瓶中并稀释至刻度。吸取 25.00mL 该试液，调节 pH = 5 后，加入 25.00mL0.02010mol · L^{-1} 的 EDTA 溶液使之充分螯合，过量的 EDTA 用 0.01005 mol · L^{-1} 的 $Zn(OAc)_2$ 溶液回滴，需 8.24mL，可滴定至二甲酚橙指示剂变色。该惰性材料表面上铬镀层的平均厚度为多少毫米？

第五章　氧化还原滴定法

☞ 知识目标：

- 学习氧化还原平衡、标准电极电位、条件电极电位及相关计算。
- 掌握氧化还原滴定曲线及终点的确定。
- 掌握常用的氧化还原滴定法的测定原理、条件和注意事项。
- 学习氧化还原滴定法的应用。

☞ 能力目标：

- 能利用能斯特方程进行计算。
- 能配制常规氧化还原标准溶液和指示剂。
- 能绘制氧化还原滴定曲线及选择指示剂。
- 能进行氧化还原测定方法的浓度、含量计算。

第一节　氧化还原滴定法概述

氧化还原滴定法是以氧化还原反应为基础的滴定分析方法，能直接或间接测定很多无机物和有机物，应用范围广，是滴定分析中应用最为广泛的方法之一。氧化还原反应是基于电子转移的反应，其特点是反应机理比较复杂，常分步进行；有些反应虽可进行得很完全但反应速率却很慢(氧化还原反应的速率与物质的结构有关：一般说来，仅涉及电子转移的反应是快的，如 $Fe^{3+} + e \rightleftharpoons Fe^{2+}$，而涉及打开共价键的体系反应常常较慢，如 $KMnO_4$，对某一元素而言，氧化数越高，反应越慢；有时由于副反应的发生使反应物间没有确定的计量关系等。因此在氧化还原滴定中要注意创造和控制适当的反应条件，防止副反应的发生；加快反应速率，以满足滴定反应的要求。

一、电极电势

1. 电极电势的产生

在一定条件下，当把金属放入含有该金属离子的盐溶液时，有两种反应倾向存在：一方面，金属表面的离子进入溶液和水分子结合成为水合离子，某种条件下达到平衡时金属表面带负电荷，靠近金属附近的溶液带正电荷；另一方面，溶液中的水合离子有从金属表面获得电子沉积到金属上的倾向，平衡时金属表面带正电荷，而溶液带负电荷。金属和金属离子建立了动态平衡，金属表面与其盐溶液就形成了带异种电荷的双电层。如图 5－1 所示。

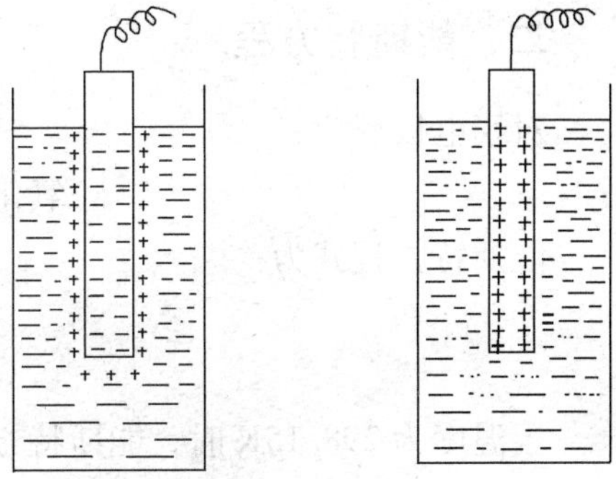

图 5－1　金属的电极电势示意图

由于双电层的存在，使金属与溶液之间产生了电势差，这个电势差叫做金属的电极电势。用符号 E 表示，单位为伏特。电极电势的大小主要取决于电极材料的本性，同时还与溶液浓度、温度、介质等因素有关。

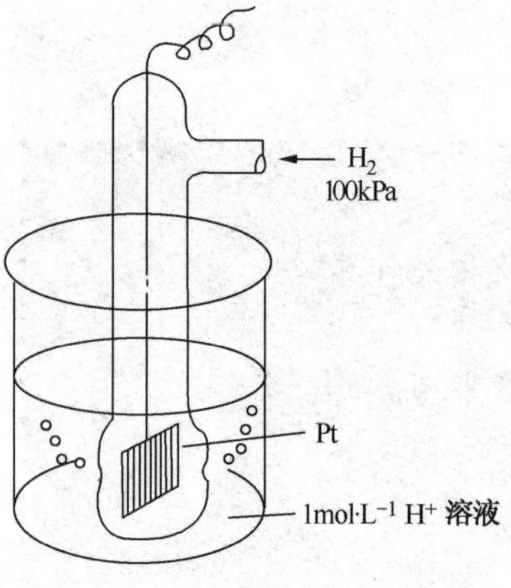

图 5－2　标准电极

2. 标准氢电极和标准电极电势

标准氢电极（如图 5－2 所示）是将镀有铂黑的铂片浸入到 H^+ 离子浓度（确切地讲应是活度）为 $1mol \cdot L^{-1}$ 的酸溶液中，于 298.15K 时通入 101.3kPa 的纯净氢气，氢气为铂黑所吸附。被铂黑吸附的氢气与溶液中的氢离子建立了如下的动态平衡：

$$2H^+ + 2e^- \rightleftharpoons H_2(g) \quad (5-1)$$

标准氢电极的电极电势表示为：$E^{\ominus}_{H^+/H_2} = 0.00V$。

在原电池中，当无电流通过时两电极之间的电势差称为电池的电动势，用 ε 表示；当两电极均处于标准状态时称为标准电动势，用 $\varepsilon^{\ominus}$ 表示，即：

$$\varepsilon = E_{(+)} - E_{(-)} \quad (5-2)$$

$$\varepsilon^{\ominus} = E^{\ominus}_{(+)} - E^{\ominus}_{(-)} \quad (5-3)$$

标准电极电势的测定按以下步骤进行：

（1）将待测电极与标准氢电极组成原电池；

（2）用电势差计测定原电池的电动势；

（3）用检流计来确定原电池的正负极。

标准电极电势表见附录五。使用标准电极电势表时应注意下面几点：

（1）为便于比较和统一，电极反应常写成：氧化型 + ne = 还原型，氧化型与氧化态，还原型与还原态略有不同，即氧化型包括氧化态和介质；还原型包括还原态和介质产物。

（2）$E^{\ominus}$ 值较大的电对中的氧化态物质能和 $E^{\ominus}$ 值较小的电对中的还原态物质反应。

（3）$E^{\ominus}$ 值与电极反应的书写形式和物质的计量系数无关，仅取决于电极的本性。

（4）使用电极电势时一定要注明相应的电对。如 $E^{\ominus}_{Fe^{3+}/Fe^{2+}} = 0.771V$，而 $E^{\ominus}_{Fe^{2+}/Fe} = -0.440V$，二者相差很大。

（5）标准电极电势表分为酸表和碱表。

二、能斯特方程

对于电极反应：

$$a(\text{氧化型}) + ne^- \rightleftharpoons b(\text{还原型})$$

能斯特方程式为：

$$E = E^{\ominus} + \frac{RT}{nF}\ln\frac{c^{a}_{\text{氧化型}}}{c^{b}_{\text{还原型}}} \quad (5-4)$$

当温度为 298.15K 时，能斯特方程式为：

$$E = E^{\ominus} + \frac{0.059}{n}\lg\frac{c^{a}_{\text{氧化型}}}{c^{b}_{\text{还原型}}} \quad (5-5)$$

三、条件电极电势

考虑到溶液中的实际情况，在能斯特方程中引入相应的活度系数和副反应系数：

$$a_{Ox}=[Ox]\gamma_{Ox}=\frac{c_{Ox}}{\alpha_{Ox}}\gamma_{Ox},\ a_{Red}=[Red]\gamma_{Red}=\frac{c_{Red}}{\alpha_{Red}}\gamma_{Red}$$

有

$$E=E^{\ominus}+\frac{0.059}{n}\lg\frac{\gamma_{Ox}\alpha_{Red}}{\gamma_{Red}\alpha_{Ox}}+\frac{0.059}{n}\lg\frac{c_{Ox}}{c_{Red}} \tag{5-6}$$

当 $c_{Ox}=c_{Red}=1$ 时，得到：

$$E^{\ominus\prime}=E^{\ominus}+\frac{0.059}{n}\lg\frac{\gamma_{Ox}\alpha_{Red}}{\gamma_{Red}\alpha_{Ox}} \tag{5-7}$$

$E^{\ominus\prime}$称为条件电极电势，它表示在一定介质条件下，氧化态和还原态的分析浓度都为 $1mol\cdot L^{-1}$时的实际电势，在条件一定时为常数。

(1) $E^{\ominus\prime}$与$E^{\ominus}$的关系如同条件稳定常数K'与稳定常数K之间的关系。

(2) 条件电势反映了离子强度与各种副反应的影响的总结果，比较符合实际情况。

(3) 各种条件下的条件电势都是由实验测定的。附录六中列出了部分电对在不同介质中的条件电势。

(4) 当缺乏相同条件下的条件电势时，可采用条件相近的条件电势数据。如没有相应的条件电势数据，则采用标准电势。

【例 5-1】 计算 $1mol\cdot L^{-1}$ HCl 溶液中铈电对 $c_{Ce(IV)}=1.00\times10^{-2}mol\cdot L^{-1}$，$c_{Ce(III)}=1.00\times10^{-3}mol\cdot L^{-1}$时的电极电势。

【解】 查得 $E^{\ominus\prime}=1.28$（在 $1mol\cdot L^{-1}$ HCl 溶液中）

$$E=E^{\ominus\prime}-\frac{0.059}{n}\lg\frac{C'_{Red}}{C'_{Ox}}=1.28-\frac{0.059}{1}\lg\frac{1.00\times10^{-3}}{1.00\times10^{-2}}=1.34V$$

如利用标准电极电势计算，则为 1.67V。

若没有相同条件的$E^{\ominus\prime}$值，可采用条件相近的$E^{\ominus\prime}$值。如未查到$3mol\cdot L^{-1}H_2SO_4$介质中$E^{\ominus\prime}_{Cr_2O_7^{2-}/Cr^{3+}}$，可用$4mol\cdot L^{-1}H_2SO_4$介质中$E^{\ominus\prime}_{Cr_2O_7^{2-}/Cr^{3+}}=1.15V$来代替。如用$E^{\ominus}=1.33V$误差更大。

对于没有条件电极电势的氧化还原电对，则只能采用标准电极电势。

四、影响电极电位的因素

1. 沉淀的生成对$E^{\ominus\prime}$的影响

在氧化还原反应中，当溶液中存在有与电对的氧化型或还原型生成难溶沉淀的沉淀剂时，将会改变电对的条件电极电位。若氧化型生成难溶沉淀，则条件电极电位$E^{\ominus\prime}$减小；若还原型生成难溶沉淀，则条件电极电位$E^{\ominus\prime}$增大。

例如，在氧化还原（间接碘量）法测定 Cu^{2+} 含量时，利用下列反应：

$$2Cu^{2+}+4I^{-}\rightleftharpoons 2CuI\downarrow+I_2$$

两电对的电极电位：　$Cu^{2+}+e^{-}\rightleftharpoons Cu^{+}$　　$E^{\ominus}_{Cu^{2+}/Cu^{+}}=0.159V$

$I_2+2e^{-}\rightleftharpoons 2I^{-}$　　$E^{\ominus}_{I_2/I^{-}}=0.545V$

因为 Cu^{2+}/Cu^{+} 电对的标准电极电位小于 I_2/I^{-} 电对的标准电极电位，理论上 Cu^{2+} 似乎不能氧化 I^{-}，而事实上反应能定量完成，这是因为生成了难溶沉淀 CuI，从而改变了电对的电极电位：

$$Cu^{+} + I^{-} \rightleftharpoons CuI\downarrow \qquad K_{sp} = 1.1\times10^{-12}$$

$$E_{Cu^{2+}/Cu^{+}} = E^{\ominus}_{Cu^{2+}/Cu^{+}} + 0.059\ \lg\frac{[Cu^{2+}]}{[Cu^{+}]}$$

$$E_{Cu^{2+}/Cu^{+}} = E^{\ominus}_{Cu^{2+}/Cu^{+}} + 0.059\ \lg\frac{[Cu^{2+}][I^{-}]}{K_{sp}}$$

$$E_{Cu^{2+}/Cu^{+}} = E^{\ominus}_{Cu^{2+}/Cu^{+}} + 0.059\ \lg\frac{[I^{-}]}{K_{sp}} + 0.059\ \lg Cu^{2+}$$

$$= E^{\ominus\prime}_{Cu^{2+}/Cu^{+}} + 0.059\ \lg Cu^{2+}$$

当 $[I^{-}] = 1mol\cdot L^{-1}$ 时，则：

$$E^{\ominus\prime}_{Cu^{2+}/Cu^{+}} = E^{\ominus}_{Cu^{2+}/Cu^{+}} + 0.059\ \lg\frac{[I^{-}]}{K_{sp}}$$

$$= 0.159 + 0.059\ \lg\frac{1}{1.1\times10^{-12}} = 0.864V = E^{\ominus}_{Cu^{2+}/CuI}$$

$$E^{\ominus}_{Cu^{2+}/CuI} = 0.864V > 0.545V = E^{\ominus}_{I_2/I^{-}}$$

2. 形成配合物对 $E^{\ominus\prime}$ 的影响

氧化还原反应中，当溶液中存在有与电对的氧化型或还原型生成配合物的配位剂时，将会改变该体系的条件电极电位。若氧化型生成稳定配合物，则条件电极电位 $E^{\ominus\prime}$ 减小；若还原型生成稳定配合物，则条件电极电位 $E^{\ominus\prime}$ 增大。

3. 溶液的酸度对 $E^{\ominus\prime}$ 的影响

$[H^{+}]$ 及溶液的酸度影响氧化体系或还原体系的浓度值，会使氧化型和还原型的主要存在型体发生变化而影响电极电位值。

例如： $H_3AsO_4 + 2H^{+} + 2e^{-} \rightleftharpoons HAsO_2 + 2H_2O \qquad E^{\ominus}_{As(V)/As(III)} = 0.56V$

25℃时：

$$E_{H_3AsO_4/HAsO_2} = E^{\ominus}_{H_3AsO_4/HAsO_2} + \frac{0.059}{2}\lg\frac{[H_3AsO_4][H^{+}]^2}{[HAsO_2]}$$

由于 H_3AsO_4 和 $HAsO_2$ 都是弱酸，溶液的酸度变化将使氧化型和还原型的主要存在型体发生变化：

H_3AsO_4：$K_{a_1} = 5.6\times10^{-3}$，$K_{a_2} = 1.7\times10^{-7}$，$K_{a_3} = 3.0\times10^{-12}$

$HAsO_2$：$K_a = 6.0\times10^{-10}$

当 $pH < 2$ 时，溶液中 H_3AsO_4、$HAsO_2$ 为主要存在型体（其他可忽略）。

当 $pH > 2$ 时，必须考虑 H_3AsO_4 离解为 $H_2AsO_4^{-}$、$HAsO_4^{2-}$ 等。

只有当 $pH > 9.2$ 时，才有必要考虑 $HAsO_2$ 的离解：

$$E_{H_3AsO_4/HAsO_2} = E^{\ominus}_{H_3AsO_4/HAsO_2} + \frac{0.059}{2}\lg\frac{c_{H_3AsO_4}\alpha_{HAsO_2}[H^{+}]^2}{\alpha_{H_3AsO_4}c_{HAsO_2}}$$

$$= E^{\ominus\prime}_{H_3AsO_4/HAsO_2} + \frac{0.059}{2}\lg\frac{c_{H_3AsO_4}}{c_{HAsO_2}}$$

当 $[H^{+}] = 1mol\cdot L^{-1}$ 时：

$$\alpha_{HAsO_2} \approx 1,\ \alpha_{H_3AsO_4} \approx 1$$

此时：

$$E^{\ominus\prime}_{H_3AsO_4/HAsO_2}=E^{\ominus}_{H_3AsO_4/HAsO_2}+\frac{0.059}{2}\lg\frac{\alpha_{HAsO_2}}{\alpha_{H_3AsO_4}}=0.56V$$

当$[H^+]=10^{-8}mol\cdot L^{-1}$时：

$$\alpha_{HAsO_2}\approx1,\ \alpha_{H_3AsO_4}\approx6.90\times10^{6}$$

此时：

$$E^{\ominus\prime}_{H_3AsO_4/HAsO_2}=0.56+\frac{0.059}{2}\lg\frac{10^{-16}}{6.90\times10^{6}}=-0.11V$$

因此，在碘量法应用中，在强酸性溶液中利用滴定碘法测 H_3AsO_4（间接碘量法）：

$$H_3AsO_4+2I^-+2H^+\rightleftharpoons HAsO_2+I_2+2H_2O$$

$$E^{\ominus\prime}_{H_3AsO_4/HAsO_2}\geqslant0.56V>0.545V=E^{\ominus}_{I_2/I^-}$$

在 pH≈8 溶液中，利用碘滴定法标定标液 I_2（直接碘量法）：

$$HAsO_2+I_2+2H_2O\rightleftharpoons HAsO_4{}^{2-}+2H^++2I^-$$

4. 离子强度的影响

一般较小，忽略作近似处理，若需准确，可实际测得。

五、氧化还原平衡常数

1. 条件平衡常数

任一氧化还原反应：

$$n_2Ox_1+n_1Red_2\rightleftharpoons n_1Ox_2+n_2Red_1 \tag{5-8}$$

两电对的半反应及相应的 Nerst 方程：

$$E_1=E^{\ominus\prime}_1+\frac{0.059}{n_1}\lg\frac{c_{Ox_1}}{c_{Red_1}} \tag{5-9}$$

$$E_2=E^{\ominus\prime}_2+\frac{0.059}{n_2}\lg\frac{c_{Ox_2}}{c_{Red_2}} \tag{5-10}$$

其条件平衡常数为：

$$K'=\frac{c^{n_1}_{Ox_2}c^{n_2}_{Red_1}}{c^{n_2}_{Ox_1}c^{n_1}_{Red_2}} \tag{5-11}$$

2. 条件平衡常数与条件电势的关系

当反应达平衡时，两电对的电势相等 $E_1=E_2$，则：

$$E^{\ominus\prime}_1+\frac{0.059}{n_1}\lg\frac{c_{Ox_1}}{c_{Red_1}}=E^{\ominus\prime}_2+\frac{0.059}{n_2}\lg\frac{c_{Ox_2}}{c_{Red_2}}$$

整理得：

$$\lg K'=\lg\left[\left(\frac{c_{Red_1}}{c_{Ox_1}}\right)^{n_2}\left(\frac{c_{Ox_2}}{c_{Red_2}}\right)^{n_1}\right]=\frac{(E^{\ominus\prime}_1-E^{\ominus\prime}_2)n_1n_2}{0.059}=\frac{(E^{\ominus\prime}_1-E^{\ominus\prime}_2)n}{0.059}$$

将条件电势改为标准电势，即得氧化还原平衡常数与标准电势的关系：

$$\lg K=\frac{(E^{\ominus}_1-E^{\ominus}_2)n_1n_2}{0.059}=\frac{(E^{\ominus}_1-E^{\ominus}_2)n}{0.059} \tag{5-12}$$

六、影响氧化还原反应速率的因素

氧化还原反应的平衡常数，只能说明该反应的可能性和反应完全的程度，而不能表明反应速率的快慢。不同的氧化还原反应，其反应速率可以有很大差别。这是因为氧化还原反应过程比较复杂，许多反应不是一步完成的，整个反应的速率是由最慢的一步决定的。因此不能笼统地按总的氧化还原反应式判断反应速率。很多因素会影响氧化还原反应的速率。在滴定分析中，要求氧化还原反应必须定量、迅速地进行，所以对于氧化还原反应除了从平衡观点来了解反应的可能性外，还应考虑反应的速率。下面具体讨论影响氧化还原反应速率的因素。

1. 浓度对反应速率的影响

在一般情况下，增加反应物质的浓度可以加快反应速率。例如，在酸性溶液中重铬酸钾和碘化钾反应：

$$Cr_2O_7^{2-} + 6I^- + 14H^+ \rightleftharpoons 2Cr^{3+} + 3I_2 + 7H_2O$$

若适当增大 I^- 和 H^+ 的浓度，可加快反应速率。实验结果表明，加 KI 过量约 5 倍，在 $0.4mol \cdot L^{-1}[H^+]$ 条件下，反应速率会加快，放置 5min 反应就可以进行完全。但酸度不能太大，否则将促使空气中的氧对 I^- 的氧化速率也加快，造成分析误差。

2. 温度对反应速率的影响

温度对反应速率的影响也是很复杂的。温度的升高对于大多数反应来说，可以加快反应速率。通常温度每升高 10℃，反应速率增加 2～3 倍。例如，高锰酸钾与草酸的反应：

$$2MnO_4^- + 5C_2O_4^{2-} + 16H^+ \rightleftharpoons 2Mn^{2+} + 10CO_2 + 8H_2O$$

3. 催化剂对反应速率的影响

使用催化剂是加快反应速率的有效方法之一。例如，在酸性溶液中 $KMnO_4$ 与 $H_2C_2O_4$ 的反应，即使将溶液的温度升高，在滴定的最初阶段，$KMnO_4$ 褪色仍很慢，若加入少许 Mn^{2+}，反应就能很快进行。

4. 诱导反应

有些氧化还原反应在通常情况下并不发生或进行极慢，但在另一反应进行时会促进这一反应的发生。这种由于一个氧化还原反应的发生促进另一氧化还原反应进行，称为诱导反应。例如，在酸性溶液中，$KMnO_4$ 氧化 Cl^- 的反应速率极慢，当溶液中同时存在 Fe^{2+} 时，$KMnO_4$ 氧化 Fe^{2+} 的反应将加速 $KMnO_4$ 氧化 Cl^- 的反应。这里 Fe^{2+} 称为诱导体，MnO_4^- 称为作用体，Cl^- 称为受诱体。

诱导反应与催化反应不同，催化反应中，催化剂参加反应后恢复到原来的状态；而诱导反应中，诱导体参加反应后变成其他物质，受诱体也参加反应，以致增加了作用体的消耗量。因此用 $KMnO_4$ 滴定 Fe^{2+}，当有 Cl^- 存在时，将使 $KMnO_4$ 溶液消耗量增加，而使测定结果产生误差。如需在 HCl 介质中用 $KMnO_4$ 法测 Fe^{2+}，应在溶液中加入 $MnSO_4 - H_3PO_4 - H_2SO_4$ 混合溶液，可防止 Cl^- 对 MnO_4^- 的还原作用，以得到正确的滴定结果。

第二节 氧化还原滴定基本原理

一、滴定曲线

在氧化还原滴定过程中被测试液的特征变化是电极电势的变化，因此滴定曲线的绘制是以电极电势为纵坐标、滴定剂体积或滴定分数为横坐标。电极电势可以用实验的方法测得，也可用能斯特方程计算得到，但后一种方法只有当两个半反应都是可逆时，所得曲线才与实际测得结果一致(可逆电对能很快地建立氧化还原平衡，其实际电势遵从能斯特方程式)。

现以在 $1mol \cdot L^{-1} H_2SO_4$ 溶液中，用 $0.1000mol \cdot L^{-1} Ce(SO_4)_2$ 标准溶液滴定 20.00mL $0.1000mol \cdot L^{-1} FeSO_4$ 为例，讨论滴定过程中标准溶液用量和电极电位之间量的变化情况。

滴定反应为：

$$Ce^{4+} + Fe^{2+} \xlongequal{} Ce^{3+} + Fe^{3+}$$

两电对的条件电极电势为：

$$Ce^{4+} + e^- \rightleftharpoons Ce^{3+} \qquad E^{\ominus\prime}_{Ce^{4+}/Ce^{3+}} = 1.44V$$

$$Fe^{3+} + e^- \rightleftharpoons Fe^{2+} \qquad E^{\ominus\prime}_{Fe^{3+}/Fe^{2+}} = 0.68V$$

1. 滴定开始至化学计量点前

在化学计量点前，溶液中存在着过量的 Fe^{2+}，故滴定过程中电极电位可根据 Fe^{3+}/Fe^{2+} 电对计算：

$$E_{Fe^{3+}/Fe^{2+}} = E^{\ominus\prime}_{Fe^{3+}/Fe^{2+}} + 0.059\lg\frac{c_{Fe^{3+}}}{c_{Fe^{2+}}}$$

此时 $E_{Fe^{3+}/Fe^{2+}}$ 值随溶液中 $c_{Fe^{3+}}$ 和 $c_{Fe^{2+}}$ 的改变而变化。例如，当加入标准溶液 $Ce(SO_4)$ 99.9%时，Fe^{2+} 剩余0.1%，溶液电位是：

$$E_{Fe^{3+}/Fe^{2+}} = 0.68V + 0.059\lg\frac{99.9}{0.1} = 0.86(V)$$

在化学计量点前各滴定点的电位值可按同法计算。

2. 化学计量点时

根据式求得：

$$E = \frac{n_1 E^{\ominus\prime}_{Ce^{4+}/Ce^{3+}} + n_2 E^{\ominus\prime}_{Fe^{3+}/Fe^{2+}}}{n_1 + n_2} = \frac{1.44V + 0.68V}{2} = 1.06(V)$$

3. 化学计量点后

化学计量点后，加入了过量的 Ce^{4+}，故可利用 $c_{Ce^{4+}/Ce^{3+}}$ 来计算电位。

例如，当 Ce^{4+} 过量0.1%时，溶液电位是：

$$E_{Ce^{4+}/Ce^{3+}} = E^{\ominus\prime}_{Ce^{4+}/Ce^{3+}} + 0.059\lg\frac{0.1}{100} = 1.26(V)$$

化学计量点过后各滴定点的电位值，可按同法计算。

滴定过程中，由计算出的不同滴定点的电位绘制的滴定曲线如图5-3所示。从图中可见，当 Ce^{4+} 标准溶液滴入50%时的电位等于还原剂电对的条件电极电位；当 Ce^{4+} 标准溶液滴入200%时的电位等于氧化剂电对的条件电极电位；滴定由99.9%~100.1%时电极电位变化范围为 1.26V - 0.86V = 0.4V，即滴定曲线的电位突跃是0.4V，这为判断氧化还原反应滴定的可能性和选择指示剂提供了依据。由于 Ce^{4+} 滴定 Fe^{2+} 的反应中，两电对电子转移数都是1，化学计量点的电位

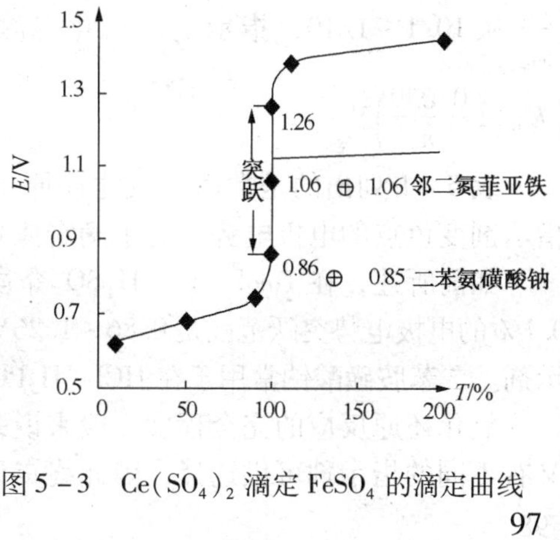

图5-3 $Ce(SO_4)_2$ 滴定 $FeSO_4$ 的滴定曲线

(1.06V)正好处于滴定突跃中间(0.86～1.26V)，整个滴定曲线基本对称。

氧化还原滴定曲线突跃的长短和氧化剂还原剂两电对的条件电极电位的差值大小有关。两电对的条件电极电位相差较大，滴定突跃就较长；反之，其滴定突跃就较短。

由以上讨论可知，影响滴定突跃大小的因素有：

(1) 电子转移数越多，滴定突跃越大。

(2) 氧化剂的条件电极电位越大(氧化剂越强)，还原剂的条件电极电位越小(还原剂越强)，滴定突跃越大。

(3) 由于条件电极电位受离子强度、介质、副反应的影响，故滴定突跃必然也受上述因素的影响。

(4) 滴定突跃与滴定剂和被测物质的浓度无关(此点与其他滴定不同)。

二、氧化还原滴定中的指示剂

氧化还原滴定法中常用的指示剂有以下几类：

1. 自身指示剂

利用滴定剂或被测物质本身的颜色变化来指示滴定终点，无需另加指示剂。例如，用 $KMnO_4$溶液滴定 $H_2C_2O_4$溶液，滴定至化学计量点后只要稍微过量的 $KMnO_4$($2\times10^{-6}mol\cdot L^{-1}$)就能使溶液呈现粉红色，指示终点的到达。

2. 特殊指示剂

有些物质本身并不具有氧化还原性，但它能与滴定剂或被测物产生特殊的颜色以指示终点，例如碘量法中，利用可溶性淀粉与 I_3^- 生成深蓝色的吸附化合物，反应特效且灵敏，以蓝色的出现或消失指示终点。

3. 氧化还原指示剂

这类指示剂具有氧化还原性质，其氧化态和还原态具有不同的颜色。在滴定过程中，因被氧化或还原而发生颜色变化以指示终点。

氧化还原指示剂的半反应和相应的能斯特方程为：

$$In_{Ox} + ne^- \rightleftharpoons In_{Red}$$

$$E_{In} = E_{In}^{\ominus}{}' + \frac{0.059}{n}\lg\frac{c_{In_{Ox}}}{c_{In_{Red}}}$$

在滴定过程中，随着溶液电极电势的改变，$\frac{c_{In_{Ox}}}{c_{In_{Red}}}$随之变化，溶液的颜色也发生变化。当$\frac{c_{In_{Ox}}}{c_{In_{Red}}}$从 10/1～1/10，指示剂由氧化态颜色转变为还原态颜色。相应的指示剂变色范围为$\left(E_{In}^{\ominus}{}' \pm \frac{0.059}{n}\right)$V。

表 5－1 列出的是常用的氧化还原指示剂。在氧化还原滴定中选择这类指示剂的原则：指示剂变色点的电极电势应处于滴定体系的电极电势突跃范围内。

如前所述，在 $1mol\cdot L^{-1}$ H_2SO_4介质中，用 Ce^{4+}溶液滴定 Fe^{2+}溶液，化学计量点前后 0.1%的电极电势突跃范围是 0.86～1.26V，显然宜选用邻苯氨基苯甲酸或邻二氮菲－亚铁作指示剂。二苯胺磺酸钠常用于在 $HCl-H_3PO_4$介质中，用 $K_2Cr_2O_7$溶液滴定 Fe^{2+}溶液的情况。

氧化还原反应的完全程度一般来说是比较高的，因而化学计量点附近的突跃范围较大，又有不同的指示剂可供选择，因此终点误差一般并不大，在此不作介绍。

表 5-1 常用的氧化还原指示剂

指示剂	颜色变化		$E^{\ominus\prime}_{In}/V$ ([H^+] = 1mol·L^{-1})	配制方法
	还原态	氧化态		
次甲基蓝	无色	蓝色	0.53	质量分数为0.05%的水溶液
二苯胺	无色	紫色	0.76	0.25g指示剂与3mL水混合溶于100mL浓H_2SO_4或H_3PO_4中
二苯胺磺酸钠	无色	紫红色	0.84	0.8g指示剂加2gNa_2CO_3，用水溶解并稀释至100mL
邻苯氨基苯甲酸	无色	紫红色	0.89	0.1g指示剂溶于30mL质量分数为0.6%的Na_2CO_3溶液中，用水稀释至100mL过滤，保存在暗处
邻二氮菲-亚铁	红色	淡蓝色	1.06	1.49g邻二氮菲加0.7g $FeSO_4 \cdot 7H_2O$溶于水，稀释至100mL

三、氧化还原预处理

1. 进行预处理的必要性

在测定铁矿中总铁量时，试样溶解后部分铁以三价形态存在，一般须先用$SnCl_2$将Fe^{3+}还原成Fe^{2+}，然后才能用$K_2Cr_2O_7$标准溶液滴定。为使反应顺利进行，在滴定前将全部被测组分转变为适宜滴定价态的氧化或还原处理步骤，称为氧化还原的预处理。预处理时所用的氧化剂或还原剂必须符合下列条件：

(1) 预氧化或预还原反应必须将被测组分定量地氧化或还原成适宜滴定的价态，且反应速率要快。

(2) 过剩的氧化剂或还原剂必须易于完全除去。一般采取加热分解、沉淀过滤或其他化学处理方法。例如，对过量的$(NH_4)_2S_2O_8$、H_2O_2可加热分解除去，过量的$NaBiO_3$不溶于水可过滤除去。

(3) 氧化还原反应的选择性要好，以避免试样中其他组分的干扰。例如，用重铬酸钾法测定钛铁矿中铁的含量，若用金属锌($E^{\ominus} = -0.76V$)为预还原剂，则不仅还原Fe^{3+}，而且也能还原Ti^{4+} ($E^{\ominus}_{Ti^{4+}/Ti^{3+}} = 0.10V$)，其分析结果将是铁、钛两者的总量。因此要选用$SnCl_2$ ($E^{\ominus\prime}_{Sn^{4+}/Sn^{2+}} = 0.14V$)为预还原剂，它只能还原$Fe^{3+}$，其选择性较好。

2. 常用的预处理试剂

根据各种氧化剂、还原剂的性质，选择合理的实验步骤，即可达到预处理的目的。现将几种常用的预处理试剂列于表5-2和表5-3。

表 5-2 常用的氧化剂预处理

氧化剂	反应条件	主要反应	过量试剂除去方法
$(NH_4)_2S_2O_8$	酸性	$Mn^{2+} \longrightarrow MnO_4^-$ $Cr^{3+} \longrightarrow Cr_2O_7^{2-}$ $VO^{2+} \longrightarrow VO_3^-$	煮沸分解
$NaBiO_3$	HNO_3介质	同上	过滤
H_2O_2	碱性	$Cr^{3+} \longrightarrow CrO_4^{2-}$	煮沸分解
Cl_2、Br_2	酸性或中性	$I^- \longrightarrow IO_3^-$	煮沸或通空气

表 5-3　常用的还原剂预处理

还　原　剂	反应条件	主要反应	过量试剂除去方法
$SnCl_2$	酸性加热	$Fe^{3+} \longrightarrow Fe^{2+}$ $As(V) \longrightarrow As(III)$	加 $HgCl_2$ 氧化
$TiCl_3$	酸性	$Fe^{3+} \longrightarrow Fe^{2+}$	稀释，Cu^{2+} 催化空气氧化
联胺		$As(V) \longrightarrow As(III)$	加浓 H_2SO_4 煮沸
锌汞齐还原器	酸性	$Fe^{3+} \longrightarrow Fe^{2+}$ $Sn(IV) \longrightarrow Sn(II)$ $Ti(IV) \longrightarrow Ti(III)$	

第三节　高锰酸钾法

根据所用滴定剂的种类不同，氧化还原滴定法可分为高锰酸钾法、重铬酸钾法、碘量法、铈量法等。各种方法都有其特点和应用范围，应根据实际测定情况选用。

一、概述

$KMnO_4$是一种强氧化剂，在不同酸度条件下，其氧化能力不同。

在强酸溶液中：

$$MnO_4^- + 8H^+ + 5e^- \xlongequal{} Mn^{2+} + 4H_2O \qquad E^{\ominus} = 1.51V$$

在中性、弱酸或弱碱性溶液中：

$$MnO_4^- + 2H_2O + 3e^- \xlongequal{} MnO_2 + 4OH^- \qquad E^{\ominus} = 0.588V$$

在强碱溶液中：

$$MnO_4^- + e^- \xlongequal{} MnO_4^{2-} \qquad E^{\ominus} = 0.564V$$

$KMnO_4$法的优点是氧化能力强，可直接、间接测定多种无机物和有机物，本身可作指示剂。缺点是 $KMnO_4$标准溶液不够稳定，滴定的选择性较差。

二、$KMnO_4$标准溶液的配制和标定

市售的 $KMnO_4$试剂常含有少量 MnO_2和其他杂质，使用的蒸馏水中也常含有微量的还原性物质等。因此 $KMnO_4$标准溶液不能直接配制。通常先配制成近似浓度溶液后再进行标定。配制时，称取略多于理论计算量的固体 $KMnO_4$，溶解于一定体积的蒸馏水中，加热煮沸，保持微沸约 1h，或在暗处放置 7～10d。使还原性物质完全氧化。冷却后用微孔玻璃漏斗过滤除去 $MnO(OH)_2$沉淀。过滤后的 $KMnO_4$溶液储存于棕色瓶中，置于暗处，避光保存。

标定 $KMnO_4$溶液的基准物质有 $H_2C_2O_4 \cdot 2H_2O$、NaC_2O_4、As_2O_3、$(NH_4)_2Fe(SO_4)_2 \cdot 6H_2O$ 等。常用的是 NaC_2O_4，它易提纯，稳定，不含结晶水。在酸性溶液中，$KMnO_4$ 与 NaC_2O_4的反应为：

$$2MnO_4^- + 5C_2O_4^{2-} + 16H^+ \xlongequal{} 2Mn^{2+} + 10CO_2\uparrow + 8H_2O$$

为使反应定量进行，需注意以下滴定条件。

（1）温度　此反应在室温下速度缓慢，需加热至70～80℃，但高于90℃时，$H_2C_2O_4$会分解：

$$H_2C_2O_4 = H_2O + CO_2\uparrow + CO\uparrow$$

（2）酸度　酸度过低MnO_4^-会部分被还原成MnO_2；酸度过高会促使$H_2C_2O_4$分解。一般滴定开始的最宜酸度为$1mol \cdot L^{-1}$。为防止诱导氧化Cl^-的反应发生，应在H_2SO_4介质中进行。

（3）滴定速度　该标定反应属于自身催化反应，即反应的产物Mn^{2+}为该反应的催化剂。若开始滴定速度太快，使滴入的$KMnO_4$来不及和$C_2O_4^{2-}$反应，而发生分解反应：

$$4MnO_4^- + 12H^+ = 4Mn^{2+} + 5O_2\uparrow + 6H_2O$$

有时也可加入少量$MnSO_4$作催化剂以加快反应速率。

三、$KMnO_4$法应用示例

1. 直接滴定法测定H_2O_2

在酸性溶液中H_2O_2被$KMnO_4$定量氧化，其反应为：

$$2MnO_4^- + 5H_2O_2 + 6H^+ = 2Mn^{2+} + 5O_2\uparrow + 8H_2O$$

可加入少量Mn^{2+}加快反应速率。

2. 间接滴定法测定Ca^{2+}

先用$C_2O_4^{2-}$将Ca^{2+}全部沉淀为CaC_2O_4，沉淀经过滤、洗涤后溶于稀H_2SO_4，然后用$KMnO_4$标准溶液滴定，间接测得Ca^{2+}的含量。

3. 返滴定法测定MnO_2和有机物

在含MnO_2试液中加入一定量的过量的$C_2O_4^{2-}$，在酸性介质中发生反应：

$$MnO_2 + C_2O_4^{2-} + 4H^+ = Mn^{2+} + 2CO_2\uparrow + 2H_2O$$

待反应完全后，用$KMnO_4$标准溶液返滴定剩余的$C_2O_4^{2-}$，可求得MnO_2含量。此法也可用于测定PbO_2的含量。

在碱性溶液中$KMnO_4$法可以测定某些具有还原性的有机物(如甘油、甲酸、甲醇、甲醛、酒石酸、柠檬酸、苯酚、葡萄糖等)。以测定甘油为例，将一定量的过量的碱性($2mol \cdot L^{-1}NaOH$)$KMnO_4$标准溶液于含有甘油的试液中，发生如下反应：

$$C_3H_8O_3 + 14MnO_4^- + 20OH^- = 3CO_3^{2-} + 14MnO_4^{2-} + 14H_2O$$

待反应完全后，将溶液酸化MnO_4^{2-}歧化成MnO_4^-和MnO_2，加入一定过量的还原剂$FeSO_4$标准溶液使所有高价锰还原为Mn^{2+}，再用$KMnO_4$标准溶液滴定剩余的还原剂$FeSO_4$。最后通过一系列计量关系(由两次加入$KMnO_4$的量和$FeSO_4$的量)，求得甘油的含量。

【例5-2】　称取软锰矿样0.4212g，以0.4488g $Na_2C_2O_4$在强酸性条件下处理后，再以$0.01012mol \cdot L^{-1}$的$KMnO_4$标准滴定剩余的$Na_2C_2O_4$，消耗$KMnO_4$溶液30.20mL。求软锰矿中MnO_2的含量(提示：$MnO_2 + Na_2C_2O_4 + 2H_2SO_4 = MnSO_4 + Na_2SO_4 + 2CO_2\uparrow + 2H_2O$)。

【解】　因为：

$$n_{MnO_2} = n_{Na_2C_2O_4} - n_{余Na_2C_2O_4} = n_{Na_2C_2O_4} - \frac{5}{2}n_{KMnO_4}$$

所以：

$$w_{MnO_2}=\frac{\left(\frac{m_{Na_2C_2O_4}}{M_{Na_2C_2O_4}}-\frac{5}{2}c_{KMnO_4}V_{KMnO_4}\right)M_{MnO_2}}{m_{样}}$$

$$w_{MnO_2}=\frac{\left(\frac{0.4488g}{134.0g\cdot mol^{-1}}-\frac{5}{2}\times 0.01012mol\cdot L^{-1}\times 30.20\times 10^{-3}L\right)\times 86.94g\cdot mol^{-1}}{0.4212g}\times 100\%$$

$$w_{MnO_2}=53.36\%$$

第四节　重铬酸钾法

一、概述

$K_2Cr_2O_7$是一种常用的氧化剂，在酸性介质中的半反应为：

$$Cr_2O_7^{2-}+14H^++6e^-=\!=\!=2Cr^{3+}+7H_2O \qquad E^{\ominus}=1.33V$$

虽然$K_2Cr_2O_7$在酸性溶液中的氧化能力不如$KMnO_4$强，应用范围不如$KMnO_4$法广泛，但$K_2Cr_2O_7$法与$KMnO_4$法相比却具有以下几个特点：

（1）易提纯，含量达99.99%，在150～180℃（有的书为140～150℃）干燥2h，直接配制。

（2）非常稳定。长期保存，浓度不变。

（3）室温下不与氯作用（煮沸可以），可在HCl介质中滴定，其标准电极电位与氯电对的电极电位相近。

（4）自身不能作为指示剂，需外加指示剂，常用二苯胺磺酸钠或邻苯氨基苯甲酸。

（5）最应注意的是六价铬是致癌物，废水污染环境，应加以处理。

二、$K_2Cr_2O_7$法应用示例

1. 铁的测定

将含铁试样用HCl溶解后，趁热用$SnCl_2$将大部分Fe^{3+}还原至Fe^{2+}，然后在Na_2WO_3存在下，以$TiCl_3$还原剩余的Fe^{3+}至Fe^{2+}，而稍过量的$TiCl_3$使Na_2WO_3被还原为钨蓝，使溶液呈现蓝色，以指示Fe^{3+}被还原完毕。然后以Cu^{2+}作催化剂，利用空气氧化或滴加稀$K_2Cr_2O_7$溶液使钨蓝恰好退色。再于H_3PO_4介质中（也可以用$H_2SO_4-H_3PO_4$介质），以二苯胺磺酸钠为指示剂，用$K_2Cr_2O_7$标准溶液滴定Fe^{2+}。加H_3PO_4的作用：

（1）提供必要的酸度；

（2）与Fe^{3+}形成稳定且无色的$Fe(HPO_4)_2^-$，使Fe^{3+}/Fe^{2+}电对的电极电势降低，使二苯胺磺酸钠变色点的电极电势落在滴定的电极电势突跃范围内；同时，由于$Fe(HPO_4)_2^-$是无色的，掩蔽了Fe^{3+}的黄色，有利于观察终点。

有关反应如下：

$$2Fe^{3+}+Sn^{2+}=\!=\!=2Fe^{2+}+Sn^{4+}$$

$$Fe^{3+} + Ti^{3+} \longrightarrow Fe^{2+} + Ti^{4+}$$

$$6Fe^{2+} + Cr_2O_7^{2-} + 14H^+ \longrightarrow 6Fe^{3+} + 2Cr^{3+} + 7H_2O$$

测定注意事项：

（1）溶样时如酸挥发太多，应适当补加盐酸，使最后滴定的溶液中的盐酸量不少于10mL。

（2）用三氯化钛还原三价铁时，待出现钨蓝，过量1滴为好，如过量太多，钨蓝褪色缓慢。

（3）当试样含铜大于0.5%时，于试液（已溶解完全）中加5mL过氧化氢（30%），煮沸5min，用氢氧化铵中和至沉淀产生，过量10mL，煮沸，待沉淀下降，用快速滤纸过滤，用热氢氧化铵（5%）洗沉淀8～9次。沉淀用20mL盐酸（1+1）溶解，用热盐酸5%洗至滤纸无色。溶液煮沸，用氯化亚锡溶液还原至无色，以下同分析步骤。

（4）氟化钠视样品溶解情况加入，易分解样品可以不加入，只有在低铁高硅的样品中才加入。

（5）某些直接用盐酸分解不好的样品，可采用如下方法：用盐酸溶解至小体积后（约10mL），加3mL硝酸、5mL硫酸（1+1），加热至冒浓白烟2min（驱赶硝酸，因硝酸影响滴定），再加盐酸溶解，以下同分析步骤。

（6）加入硫磷混合酸后，应马上用重铬酸钾溶液进行滴定。

2. 土壤中腐殖质含量的测定

腐殖质是土壤中复杂的有机物质，其含量大小反映土壤的肥力。测定方法是将土壤试样在浓硫酸存在下与已知过量的$K_2Cr_2O_7$溶液共热，使其中的碳被氧化，然后以邻二氮菲-亚铁作指示剂，用Fe^{2+}标准溶液滴定剩余的$K_2Cr_2O_7$，最后通过计算有机碳的含量再换算成腐殖质的含量。反应为：

$$2Cr_2O_7^{2-} + 3C + 16H^+ \longrightarrow 4Cr^{3+} + 3CO_2 + 8H_2O$$

$$Cr_2O_7^{2-}(\text{剩余}) + 6Fe^{2+} + 14H^+ \longrightarrow 2Cr^{3+} + 6Fe^{3+} + 7H_2O$$

空白测定可用纯砂或灼烧过的土壤代替土样。

$$w_{\text{腐殖质}} = \frac{\frac{1}{4}(V_0 - V)C_{Fe^{2+}}}{m_{\text{土样}}} \times 0.021 \times 1.1$$

式中 V_0——空白试验所消耗的Fe^{2+}标准溶液的体积，mL；

V——土壤试样所消耗的Fe^{2+}标准溶液的体积，mL；

$m_{\text{土样}}$——试样的质量，g；

$C_{Fe^{2+}}$——Fe^{2+}标准溶液物质的量液浓，$mol \cdot L^{-1}$。

由于土壤中腐殖质氧化率平均仅为90%，故需乘以校正系数1.1即$\left(\frac{100}{90}\right)$；且因反应中1mmol碳质量为0.012g，土壤中腐殖质中碳平均含量为58%，则1mmol碳相当于$0.012 \times \frac{100}{58}$，即约0.021g的腐殖质。

3. 化学需氧量（COD）的测定

水样与过量重铬酸钾在硫酸介质中及硫酸银催化下，回流加热2h，冷却后用亚铁（硫酸亚铁铵）标准溶液回滴剩余的重铬酸钾，试亚铁灵为指示剂。同高锰酸钾滴定法一样，严格控制酸度、加热时间等反应条件。

【例 5-3】 称取某亚铁盐试样 0.4000g，溶解酸化后用 $c_{K_2Cr_2O_7}=0.02000mol\cdot L^{-1}$ 的重铬酸钾标准溶液滴定，消耗标准溶液 20.00mL。求试样中 $FeSO_4$ 的含量，并将其换算成 Fe 的质量分数。

【解】

$$n_{FeSO_4}=n_{Fe}=6n_{K_2Cr_2O_7}$$

$$w_{FeSO_4}=\frac{6c_{K_2Cr_2O_7}VM_{FeSO_4}}{m_{样}\times 1000}=\frac{6\times 0.02000\times 20.00\times 151.9}{0.4000\times 1000}=91.14\%$$

$$w_{Fe}=\frac{M_{Fe}}{M_{FeSO_4}}\times w_{FeSO_4}=\frac{55.85}{151.9}\times 91.14\%=33.51\%$$

第五节 碘 量 法

一、概述

碘量法是基于 I_2 的氧化性及 I^- 的还原性进行测定的方法。固体碘在水中溶解度很小且易于挥发，通常将 I_2 溶解于 KI 以配成碘液。此时 I_2 以 I_3^- 形式存在，其半反应为：

$$I_3^- + 2e^- \rightleftharpoons 3I^- \qquad E^{\ominus}=0.545V$$

为简化并强调化学计量关系，一般仍简写成 I_2。

由 I_3^-/I^- 电对的标准电极电势值可见，I_3^- 是较弱的氧化剂，I^- 则是中等强度的还原剂。用碘标准溶液直接滴定 SO_3^{2-}、As(Ⅲ)、$S_2O_3^{2-}$、维生素 C 等强还原剂，这种方法称为直接碘量法或碘滴定法。而利用 I^- 的还原性，使它与许多氧化物质如 $Cr_2O_7^{2-}$、MnO_4^-、BrO_3^-、H_2O_2 等反应，定量地析出 I_2，然后用 $Na_2S_2O_3$ 标准溶液滴定 I_2，以间接地测定这些氧化性物质，这种方法称为间接碘量法或滴定碘法。

碘量法采用淀粉作指示剂，灵敏度高。当溶液呈现蓝色(直接碘量法)或蓝色消失(间接碘量法)即为终点。

碘量法中两个主要误差来源是 I_2 的挥发及在酸性溶液中 I^- 易被空气氧化。为防止 I_2 挥发及 I^- 被空气氧化，应加入过量 KI 使形成 I_3^-，析出 I_2 的反应应在碘量瓶中进行，且置于暗处；滴定时勿剧烈摇动。为防止 I^- 被氧化，一般反应后应立即滴定，且滴定是在中性或弱酸性溶液中进行。

I_3^-/I^- 电对的可逆性好，其电极电势在很宽的 pH 值范围内($pH<9$)不受溶液酸度及其他配位剂的影响，且副反应少，因此碘量法应用非常广泛。

二、I_2 标准溶液和 $Na_2S_2O_3$ 标准溶液

1. I_2 溶液的配制和标定

市售碘不纯，用升华法可得到纯碘，用它可直接配成标准溶液，但由于碘的挥发性及对分析天平的腐蚀性，一般将市售配制成近似浓度的溶液再标定。

配制时将一定量碘与 KI 一起置于研钵中，加少量水研磨，使碘全部溶解，再用水稀释至一定体积，放入棕色瓶保存，避免碘液与橡皮等有机物(易与有机物作用)接触，并防止日光照射、受热等，否则浓度会改变。

I_2标准溶液的准确浓度，可用已知准确浓度的 $Na_2S_2O_3$标准溶液比较滴定而求得，也可以用基准物质 As_2O_3(砒霜，有剧毒)来标定。由于 As_2O_3难溶于水，可用 NaOH 溶解，生成亚砷酸盐：

$$As_2O_3 + 6OH^- = 2AsO_3^{3-} + 3H_2O$$

以酚酞为指示剂，用 H_2SO_4中和剩余的 NaOH 至中性或微酸性，再用 I_2标准溶液滴定 AsO_3^{3-}：

$$AsO_3^{3-} + I_2 + H_2O \rightleftharpoons AsO_4^{3-} + 2I^- + 2H^+$$

该反应为可逆反应，在中性或微碱性溶液中能定量地向右进行，因此，通常是加入碳酸氢钠使亚砷酸盐溶液的 pH≈8，然后用 I_2溶液进行滴定。

2. $Na_2S_2O_3$标准溶液的配制与标定

由于 $Na_2S_2O_3 \cdot 5H_2O$ 纯度不够高，易风化和潮解，因此 $Na_2S_2O_3$不能用直接法配制。配好的 $Na_2S_2O_3$溶液也不稳定，易分解，其主要原因是：

(1) 遇酸分解，水中的 CO_2使水呈弱酸性：

$$S_2O_3^{2-} + CO_2 + H_2O \xrightarrow{pH<4.6} HCO_3^- + HSO_3^- + S\downarrow$$

此分解作用一般在制成溶液的最初 10 日内进行。

(2) 受水中微生物的作用分解：

$$S_2O_3^{2-} \longrightarrow SO_3^{2-} + S\downarrow$$

(3) 空气中氧的作用使 $Na_2S_2O_3$分解：

$$2S_2O_3^{2-} + O_2 \longrightarrow 2SO_4^{2-} + 2S\downarrow$$

(4) 见光分解。

另外，蒸馏水中可能含有的 Fe^{3+}、Cu^{2+}等会催化 $Na_2S_2O_3$溶液的氧化分解。

$$2Cu^{2+} + 2S_2O_3^{2-} = 2Cu^+ + S_4O_6^{2-}$$

$$2Cu^+ + \frac{1}{2}O_2 + H_2O = 2Cu^{2+} + 2OH$$

因此配制 $Na_2S_2O_3$溶液的方法是称取比计算用量稍多的 $Na_2S_2O_3 \cdot 5H_2O$ 试剂，溶于新煮沸(除去水中的 CO_2并灭菌)并已冷却的蒸馏水中，加入少量 Na_2CO_3使溶液呈弱碱性，以抑制微生物的生长，溶液储存于棕色瓶中，放置暗处数天后再进行标定。若发现溶液变浑浊，需过滤后再标定，严重时应弃去重新配制。

标定 $Na_2S_2O_3$溶液的基准物有 $K_2Cr_2O_7$、$KBrO_3$、KIO_3等。其中 $K_2Cr_2O_7$最常用，标定实验的主要步骤是：在酸性溶液中，$K_2Cr_2O_7$与过量 KI 反应，生成与 $K_2Cr_2O_7$计量相当的 I_2，在暗处放置 3~5min 使反应完全，然后加蒸馏水稀释以降低酸度，在弱酸性条件下用待标定的 $Na_2S_2O_3$溶液滴定析出的 I_2，近终点时溶液呈现稻草黄色(I_3^- 黄色与 Cr^{3+}绿色)时，加入淀粉指示剂(若滴定前加入，由于碘－淀粉吸附化合物，不易与 $Na_2S_2O_3$反应，给滴定带来误差)，继续滴定至蓝色消失即为终点。最后准确计算 $Na_2S_2O_3$溶液的浓度。

标定 $Na_2S_2O_3$的反应如下：

$$Cr_2O_7^{2-} + 6I^- + 14H^+ = 2Cr^{3+} + 3I_2 + 7H_2O$$

$$I_2 + 2S_2O_3^{2-} = 2I^- + S_4O_6^{2-}$$

三、应用实例

1. 维生素C含量的测定

用I_2标准溶液直接滴定维生素C。维生素C分子中的烯二醇基具有还原性，可被I_2定量氧化成二酮基。维生素C在碱性溶液中易被空气氧化，因此滴定应在HAc介质中，以淀粉为指示剂，用I_2标准溶液迅速滴定至终点。

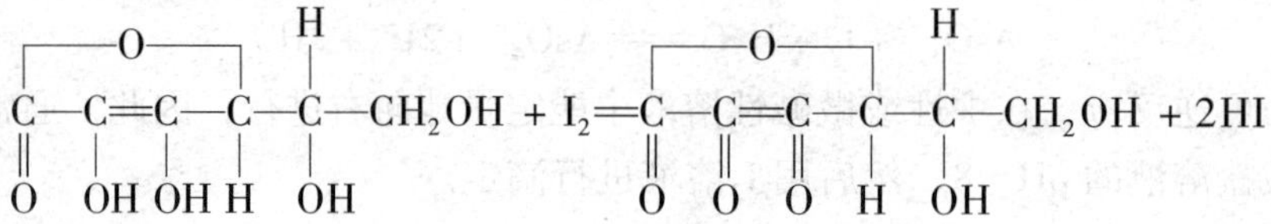

2. Cu^{2+}的测定

在弱酸性溶液中，Cu^{2+}与过量KI反应定量析出I_2，然后用$Na_2S_2O_3$标准溶液滴定析出的I_2，间接法求出Cu^{2+}含量。其反应为：

$$2Cu^{2+} + 4I^- = 2CuI\downarrow + I_2$$

$$I_2 + 2S_2O_3^{2-} = 2I^- + S_4O_6^{2-}$$

为减少CuI对I_2的吸附，可在近终点时加入KSCN溶液，使CuI转化为溶解度更小且对I_2吸附力弱的CuSCN。

$$CuI + SCN^- = CuSCN + I^-$$

3. 葡萄糖含量的测定

葡萄糖分子中的醛基在碱性条件下用过量I_2氧化成羧基，其反应为：

$$I_2 + 2OH^- = IO^- + I^- + H_2O$$

$$CH_2OH(CHOH)_4CHO + IO^- + OH^- = CH_2OH(CHOH)_4COO^- + I^- + H_2O$$

剩余的IO^-在碱性溶液中歧化为：

$$3IO^- = IO_3^- + 2I^-$$

溶液经酸化后又析出I_2：

$$IO_3^- + 5I^- + 6H^+ = 3I_2 + 3H_2O$$

最后用$Na_2S_2O_3$标准溶液滴定析出的I_2。

4. 卡尔－费休(Kerl－Fischer)法测定水

该方法的基本原理是I_2氧化SO_2时需要一定量的H_2O。

$$I_2 + SO_2 + 2H_2O \rightleftharpoons H_2SO_4 + 2HI$$

该反应需在碱性溶液中进行。加入吡啶(C_5H_5N)以中和生成的H_2SO_4，使反应能定量向右进行。其总反应为：

$$C_5H_5N\cdot I_2 + C_5H_5N\cdot SO_2 + C_5H_5N + H_2O = 2C_5H_5N\cdot HI + C_5H_5N\cdot SO_3$$

而生成的$C_5H_5N\cdot SO_3$也能与H_2O反应，消耗一部分水，而干扰测定。为此需加入甲醇，以防止副反应的发生，即：

$$C_5H_5N\cdot SO_3 + CH_3OH = C_5H_5N\cdot HOSO_2OCH_3$$

因此该方法测定水时，所用的标准溶液是含有I_2、SO_2、C_5H_5N和CH_3OH的混合液，称为费休试剂。此试剂呈红棕色，与水作用后呈浅黄色。滴定时溶液由浅黄色变为红棕色即为终点。测定时所用器皿必须干燥，否则会造成误差。费休试剂常用纯水－甲醇标准溶液进行标定。卡尔－费休法不仅可测定水分含量，还可根据反应中生成或消耗水的量，间接测定某些有机物含量，如醇、酸酐、羧酸、羰基化合物、伯胺、仲胺以及过氧化物等。

【例5－4】 漂白粉中的"有效氯"常用碘量法测定。现称取漂白粉0.3000g，经处理后需用$T_{CuSO_4 \cdot 5H_2O/Na_2S_2O_3}=0.02500g \cdot mL^{-1}$的$Na_2S_2O_3$标准溶液24.55mL滴定至终点，求漂白粉中"有效氯"的质量分数（提示：$Ca(OCl)Cl+2H^+ = Cl_2+Ca^{2+}+H_2O$）。

【解】 $$c_{Na_2S_2O_3}=\frac{1000T_{CuSO_4 \cdot 5H_2O/Na_2S_2O_3}}{M_{CuSO_4 \cdot 5H_2O}}=\frac{1000 \times 0.02500g \cdot mL^{-1}}{249.68g \cdot mol^{-1}}=0.1001(mol \cdot L^{-1})$$

$$n_{Cl}=2n_{Cl_2}=2n_{I_2}=n_{Na_2S_2O_3}=c_{Na_2S_2O_3} \times V_{Na_2S_2O_3}$$

$$w_{Cl}=\frac{c_{Na_2S_2O_3}V_{Na_2S_2O_3}M_{Cl}}{m_{样} \times 1000} \times 100\%=\frac{0.1001mol \cdot L^{-1} \times 24.55mL \times 35.45g \cdot mol^{-1}}{0.3000g \times 1000} \times 100\%$$

$$w_{Cl}=29.04\%$$

第六节　其他氧化还原滴定法

一、溴酸钾法

本法以氧化剂$KBrO_3$为滴定剂。$KBrO_3$在酸性溶液中是一个强氧化剂，其半反应式为：

$$BrO_3^- + 6H^+ + 6e^- = Br^- + 3H_2O \qquad E^{\ominus}=1.44V$$

$KBrO_3$易从水溶液中重结晶而提纯，在180℃烘干后，就可以直接称量配制成$KBrO_3$标准溶液。$KBrO_3$溶液的浓度也可以用间接碘法进行标定。一定量的$KBrO_3$在酸性溶液中与过量KI反应而析出I_2：

$$BrO_3^- + 6I^- + 6H^+ = Br^- + 3I_2 + 3H_2O$$

然后用$Na_2S_2O_3$标准溶液进行滴定。

用溴酸钾法可以直接测定一些还原性物质，如As（Ⅲ）、Sb（Ⅲ）、Fe（Ⅱ）、H_2O_2、N_2H_4、Sn（Ⅱ）等，部分滴定反应如下：

$$BrO_3^- + 3Sb^{3+} + 6H^+ = 3Sb^{5+} + Br^- + 3H_2O$$

$$BrO_3^- + 3As^{3+} + 6H^+ = 3As^{5+} + Br^- + 3H_2O$$

$$2BrO_3^- + 3N_2H_4 = 2Br^- + 3N_2 + 6H_2O$$

用BrO_3^-标准溶液滴定时，可以用甲基橙或甲基红的钠盐水溶液为指示剂，当滴定到达化学计量点之后，稍微过量的$KBrO_3$与Br^-作用生成Br_2，使指示剂被氧化而破坏，溶液褪色，指示滴定终点到达。但是，在滴定过程中应尽量避免滴定剂的局部过浓，导致滴定终点过早出现。再者，甲基橙或甲基红在反应中由于指示剂结构被破坏而褪色，必须再滴加少量指示剂进行检验，如果新加入少量指示剂也立即褪色，这说明真正到达滴定终点，如果颜色不褪就应该小心地继续滴定至终点。

溴酸钾法主要用于测定有机物质。在$KBrO_3$的标准溶液中，加入过量的KBr并将溶液酸化，这时发生如下反应：

$$BrO_3^- + 5Br^- + 6H^+ = 3Br_2 + 3H_2O$$

生成的溴能与一些有机化合物发生取代反应和加成反应。

（1）利用溴的取代反应测定苯酚含量　在苯酚的酸性溶液中，加入一定量且过量的 $KBrO_3-KBr$ 标准溶液，使苯酚与过量的 Br_2 发生取代反应：

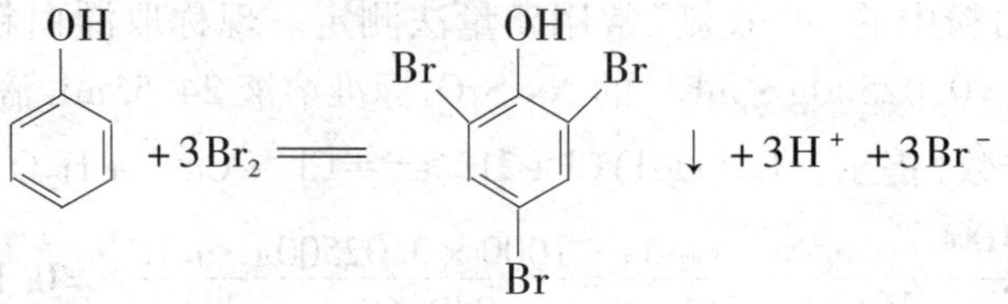

待反应完成后，用过量的 KI 还原剩余的 Br_2，析出 I_2 用 $Na_2S_2O_3$ 标准溶液进行滴定。

$$Br_2+2I^- = 2Br^-+I_2$$

苯酚是煤焦油的主要成分之一，是许多高分子材料、医药、农药以及合成染料等的主要原料，也广泛地用于杀菌消毒等。但另一方面苯酚的生产和应用对环境造成污染，所以苯酚是经常需要监测的项目之一。苯酚在水中溶解度小，通常可将试样与 NaOH 作用，生成易溶于水的苯酚钠。

（2）利用溴的加成反应测定丙烯磺酸钠含量　在酸性介质中，在 $HgSO_4$ 催化作用下，加入一定量且过量的 $KBrO_3-KBr$ 标准溶液，其加成反应为：

$$CH_3CH{=}CHSO_3Na+Br_2 = CH_3-\underset{Br}{\overset{H}{C}}-\underset{Br}{\overset{H}{C}}-SO_3Na$$

上述反应完成后，先加入 NaCl 与 Hg^{2+} 结合，然后加入 KI 与剩余的 Br_2 作用，所析出的 I_2 用 $Na_2S_2O_3$ 标准溶液滴定。

二、铈量法

硫酸高铈 $Ce(SO_4)_2$ 在酸性溶液中是一种强氧化剂，其半反应式为：

$$Ce^{4+}+e^- = Ce^{3+} \qquad E^{\ominus}=1.61V$$

Ce^{4+}/Ce^{3+} 电对的电极电位与酸性介质的种类和浓度有关。由于 Ce^{4+} 在 $HClO_4$ 中不形成配合物，所以在 $HClO_4$ 介质中，Ce^{4+}/Ce^{3+} 的电极电位最高，应用也较多。

$Ce(SO_4)_2$ 标准溶液一般都用硫酸铈铵 $Ce(SO_4)_2\cdot 2(NH_4)_2SO_4\cdot 2H_2O$ 或硝酸铈铵 $Ce(NO_3)_4\cdot 2NH_4NO_3$ 直接称量配制而成。由于它们容易提纯，不必另行标定，但是 Ce^{4+} 极易水解，在配制 Ce^{4+} 溶液和滴定时，都应在强酸溶液中进行。$Ce(SO_4)_2$ 虽呈黄色，但显色不够灵敏，常用邻二氮菲－亚铁作指示剂。

$Ce(SO_4)_2$ 的氧化性与 $KMnO_4$ 差不多，凡是 $KMnO_4$ 能测定的物质几乎都能用铈量法测定。另外铈量法与高锰酸钾法相比，还具有如下优点：

（1）$Ce(SO_4)_2$ 标准溶液很稳定，加热到100℃也不分解；

（2）铈的还原反应是单电子反应，没有中间产物形成，反应简单；

（3）可以在 HCl 介质中进行滴定；

（4）$Ce(SO_4)_2$ 标准溶液可直接配制而成。

铈量法的不足之处在于铈盐价格较贵，所以实际工作中应用较少。

本章小结

- 氧化还原滴定法
  - 氧化还原滴定法概述
    - 电极电位
    - 能斯特方程
    - 条件电极电位
    - 影响电极电位的因素
    - 氧化还原平衡常数
    - 影响氧化还原反应速率的因素
  - 氧化还原滴定法基本原理
    - 氧化还原滴定曲线
    - 氧化还原指示剂
    - 氧化还原预处理
  - 常用氧化还原滴定方法
    - 高锰酸钾法 — 测定原理、条件、标准溶液的配制与标定及应用示例
    - 重铬酸钾法 — 标准溶液的配制、应用及计算示例
    - 碘量法 — 测定原理、条件、I_2和$Na_2S_2O_3$标准溶液的配制与标定、应用及计算示例
    - 其他氧化还原滴定法
      - 溴酸钾法
      - 铈量法

思考题

1. 影响氧化还原反应方向、速度的主要因素有哪些？如何加速反应完成？
2. 如何判断一个氧化还原反应能否进行完全？
3. 氧化还原滴定法所使用的指示剂有几种类型？举例说明？
4. 常用的氧化还原滴定法有哪些？说明各种方法的特点？
5. $KMnO_4$滴定法，在酸性溶液中的反应常用H_2SO_4来酸化，而不用HNO_3，为什么？
6. 在标定$KMnO_4$标准溶液时，开始时的滴定速度慢，后来可适当加快，为什么？
7. $KMnO_4$和$Na_2C_2O_4$在酸性溶液中反应时，Mn^{2+}的存在有何影响？
8. $Na_2C_2O_4$在硫酸溶液中与$KMnO_4$反应时，应注意哪些滴定条件？
9. 为减少间接碘量法测定时的误差，可采取哪些手段？
10. 根据氧化剂的不同，氧化还原滴定分为几类？
11. 简述高锰酸钾法测定Ca^{2+}的原理。写出相关的反应。

12. $Na_2S_2O_3$不稳定的原因有哪些？如何配制其标准溶液？

13. 简述间接碘法测定铜的原理，写出相关的化学反应方程式。

习　题

一、选择题

1. 用碘量法测定漂白粉中的有效氯(Cl)时，常用(　　)作指示剂。

A. 甲基橙　　B. 淀粉　　C. 铁铵矾　　D. 二苯胺磺酸钠

2. 间接碘量法标定 $Na_2S_2O_3$溶液，不可代替的试剂是(　　)。

A. $K_2Cr_2O_7$　　B. KI　　C. H_2SO_4　　D. CH_3COOH

3. 分别用 $K_2Cr_2O_7$和 $KMnO_4$标准溶液滴定同浓度的亚铁盐溶液，当滴定进行到(　　)时，两滴定体系的电极电位相等。

A. 开始时　　B. 滴定至50%　　C. 滴定至99.9%　　D. 滴定至100%

4. 高锰酸钾法测定 H_2O_2含量时，调节酸度时应选用(　　)。

A. HAc　　B. HCl　　C. HNO_3　　D. H_2SO_4

5. $KMnO_4$ 在强酸性溶液中，其半反应(电极反应)为(　　)。

A. $MnO_4^- + e \rightleftharpoons MnO_4^{2-}$　　B. $MnO_4^- + 2H_2O + 3e \rightleftharpoons MnO_2\downarrow + 4OH^-$

C. $MnO_4^- + 4H^+ + 2e \rightleftharpoons MnO_2\downarrow + 2H_2O$　　D. $MnO_4^- + 8H^+ + 5e \rightleftharpoons Mn^{2+} + 4H_2O$

6. 用 $KMnO_4$ 法滴定 $Na_2C_2O_4$ 时，被滴溶液要加热至75～85℃，目的是(　　)。

A. 赶去氧气，防止诱导反应的发生　　B. 防止指示剂的封闭

C. 使指示剂变色敏锐　　D. 加快滴定反应的速度

7. 碘量法测定铜时，近终点时要加入 KSCN 或 NH_4SCN，其作用是(　　)。

A. 用作 Cu^+的沉淀剂，把 CuI↓转化为 CuSCN↓，防止吸附 I_2

B. 用作 Fe^{3+}的配合剂，防止发生诱导反应而产生误差

C. 用于控制溶液的酸度，防止 Cu^{2+}的水解而产生误差

D. 与 I_2 生成配合物，用于防止 I_2 的挥发而产生误差

8. 计算氧化还原滴定的化学计量点电位时，如滴定剂和被滴物的电对均是对称的电对，则化学计量点电位 φ 为(　　)。

A. $\dfrac{n_1E_1' + n_2E_2'}{n_1 + n_2} + \dfrac{0.059}{n_1 + n_2}$　　B. $\dfrac{n_1E_1' + n_2E_2'}{n_1 + n_2}$

C. $\dfrac{E_1' + E_2'}{n_1 + n_2}$　　D. $\dfrac{n_1E_1' + n_2E_2'}{n}$

9. 标定 $Na_2S_2O_3$ 溶液时，如溶液酸度过高，部分 I^- 会氧化：$4I^- + 4H^+ + O_2 = 2I_2 + 2H_2O$，从而使测得的 $Na_2S_2O_3$ 浓度(　　)。

A. 偏高　　B. 偏低　　C. 正确　　D. 无法确定

10. $KMnO_4$ 法中所用的指示剂一般属(　　)。

A. 氧化还原指示剂　　B. 自身指示剂　　C. 特殊指示剂　　D. 金属指示剂

11. 在酸性溶液中，$KMnO_4$ 可以定量地氧化 H_2O_2 生成氧气，以此测定 H_2O_2 的浓度，则 $n_{KMnO_4}:n_{H_2O_2}$为(　　)。

A. 5∶2　　B. 2∶5　　C. 2∶10　　D. 10∶2

12. 配制 $Na_2S_2O_3$ 溶液时，要用新煮沸且冷却的蒸馏水的原因是下列之中的(　　)。

(1)杀菌；(2)除去 O_2 和 CO_2；(3)使水软化；(4)促进 $Na_2S_2O_3$ 溶解

A. (1)和(2)　　B. (2)　　C. (2)和(3)　　D. (1)、(2)和(4)

13. 下列叙述中，正确的是(　　)。

A. 用 $K_2Cr_2O_7$ 标液滴定 $FeSO_4$ 溶液不用另外加指示剂

B. 用 $KMnO_4$ 标液滴定 H_2O_2 应加热至 75～85℃

C. 用 $K_2Cr_2O_7$ 标液滴定 Fe^{2+} 时，加入 H_3PO_4 的作用是使滴定突跃范围增大

D. 间接碘量法滴定反应的计量关系是 $2n(Na_2S_2O_3)=n(I_2)$

14. 用氧化还原滴定法测定土壤中的有机物时，加一种氧化剂标液与土壤共热，待有机物完全氧化分解后，再用还原剂标准溶液滴定过量的氧化剂标液，最常用的两种标液是(　　)。

A. $K_2Cr_2O_7$ 和 $FeSO_4$　　B. $KMnO_4$ 和 $Na_2S_2O_3$

C. $KMnO_4$ 和 $FeSO_4$　　D. I_2 和 $Na_2S_2O_3$

15. 下述两种情况下的滴定突跃将是(　　)。

(1) 用 $0.1mol\cdot L^{-1}Ce(SO_4)_2$ 溶液滴定 $0.1mol\cdot L^{-1}FeSO_4$ 溶液

(2) 用 $0.01mol\cdot L^{-1}Ce(SO_4)_2$ 溶液滴定 $0.01mol\cdot L^{-1}FeSO_4$ 溶液

A. 一样大　　B. (1)＞(2)　　C. (2)＞(1)　　D. 无法判断

16. 以 $Na_2C_2O_4$ 为基准物标定 $KMnO_4$ 溶液时，标定条件正确的是(　　)。

A. 加热至沸腾，然后滴定　　B. 用 H_3PO_4 控制酸度

C. 用 H_2SO_4 控制酸度　　D. 用二苯胺磺酸钠为指示剂

17. 下列滴定法中，不用另外加指示剂的是(　　)。

A. 重铬酸钾法　　B. 甲醛法　　C. 碘量法　　D. 高锰酸钾法

18. 以失去部分结晶水的 $H_2C_2O_4\cdot 2H_2O$ 作基准物标定 $KMnO_4$ 溶液的浓度时，测得的 $KMnO_4$ 溶液的浓度与真实浓度相比将(　　)。

A. 偏高　　B. 偏低

C. 一致　　D. 无法确定是偏高或是偏低

19. 用 $K_2Cr_2O_7$ 法测定 Fe^{2+} 时，为了增大突跃范围、提高测定的准确度，应在试液中加入(　　)。

A. $H_2SO_4+H_3PO_4$　　B. $H_2SO_4+HNO_3$　　C. H_2SO_4+HCl　　D. H_2SO_4+HAc

20. 在 $1mol\cdot L^{-1}[H^+]$ ($E_1^{\ominus\prime}=1.08V$，$E_2^{\ominus\prime}=0.68V$) 下，以 $c_{1/6K_2Cr_2O_7}=0.1000mol\cdot L^{-1}$ 的重铬酸钾标准溶液滴定 $0.1000mol\cdot L^{-1}$ 的硫酸亚铁溶液 20.00mL，当滴入重铬酸钾标准溶液 10.00mL 时，溶液的电位为(　　)V。

A. 1.08　　B. 0.68　　C. 1.04　　D. 0.77

21. 用重铬酸钾滴定 Fe^{2+} 时，酸化时常用 H_2SO_4 与 H_3PO_4 混合酸，加入 H_3PO_4 的作用是(　　)。

A. 增强酸性　　B. 作为 Fe^{3+} 的络合剂

C. 作为指示剂的敏化剂　　D. 作为 Cr^{3+} 的沉淀剂

22. 下列滴定中，不能在强酸性介质中进行的是(　　)。

A. 重铬酸钾滴定硫酸亚铁　　B. 高锰酸钾滴定过氧化氢

C. 硫代硫酸钠滴定碘　　D. EDTA 滴定 Fe^{3+} ($\lg K_{fFeY}=25.1$)

23. 对于 $KMnO_4$溶液的标定，下列叙述不正确的是（　　）。

A. 以 $Na_2C_2O_4$为基准物　　B. 一般控制[H^+] = 1mol · L^{-1}左右

C. 不用另外加指示剂　　D. 在常温下反应速度较快

24. 某学生在用 $Na_2C_2O_4$标定 $KMnO_4$溶液的浓度时所得结果偏高，原因主要是（　　）。

A. 将 $Na_2C_2O_4$溶解加 H_2SO_4后，加热至沸，稍冷即用 $KMnO_4$溶液滴定

B. 在滴定的开始阶段，$KMnO_4$滴加过快

C. 终点时溶液呈较深的红色

D. 蒸馏水中含有有机物质消耗 $KMnO_4$溶液

25. 间接碘量法的滴定反应为：$2Na_2S_2O_3 + I_2 \rightleftharpoons Na_2S_4O_6 + 2NaI$，下列说法中错误的是（　　）。

A. 应在弱酸性条件下进行滴定　　B. 滴定的突跃范围与浓度无关

C. 指示剂应在临近终点时才加入　　D. 溶液中应有过量的 KI

26. 用间接碘量法测定胆矾（$CuSO_4 \cdot 5H_2O$）中的铜含量时，加入过量 KI 前常常加入 NaF（或 NH_4HF_2），其目的是（　　）。

A. 与 Cu^{2+}定量作用　　B. 减少 CuI 对 I_2的吸附

C. 掩蔽 Fe^{3+}　　D. 使淀粉的变色变得比较锐敏

27. 用浓度为 $c_{KMnO_4} = \frac{1}{5}$amol · L^{-1}的 $KMnO_4$标准溶液滴定 V_1 mL H_2O_2试液时，消耗 $KMnO_4$溶液的体积为 V_2mL，则该试液中 H_2O_2的含量为（　　）g · ml^{-1}（H_2O_2的式量为 M）。

A. $\frac{aV_2 \times M}{V_1}$　　B. $\frac{aV_2 \times M}{1000V_1}$　　C. $\frac{aV_2 \times M}{2000V_1}$　　D. $\frac{aV_2}{M \times 1000V_1}$

28. 在硫酸介质中，用 $Na_2C_2O_4$基准物标定 $KMnO_4$溶液时，如果溶液温度高于90℃，则所得 $KMnO_4$溶液的浓度（　　）。

A. 偏低　　B. 偏高　　C. 无误差　　D. 不确定

29. 用 $K_2Cr_2O_7$法测定 $FeSO_4$含量时，为使突跃范围增大和二苯胺磺酸钠指示剂的变色点落在突跃范围之内，常常加入（　　）。

A. H_2SO_4　　B. NaOH　　C. HCl　　D. H_3PO_4

30. 用间接碘量法测定 Cu^{2+}时，为了使反应趋于完全，必须加入过量的（　　）。

A. KI　　B. $Na_2S_2O_3$　　C. HCl　　D. $FeCl_3$

二、判断题

1. 所有氧化还原滴定反应的化学计量点电位与该溶液中各组分的浓度无关。（　　）

2. 氧化还原条件电位是指一定条件下氧化态和还原态的活度都为 1mol · L^{-1}时的电极电位。（　　）

3. 凡是条件电位差 $\Delta E^{\ominus\prime} > 0.4V$ 的氧化还原反应均可作为滴定反应。（　　）

4. 高锰酸钾标准溶液可用直接法配制。（　　）

5. $H_2C_2O_4 \cdot 2H_2O$ 可作为标定 NaOH 溶液的基准物，也可作为标定 $KMnO_4$溶液的基准物。（　　）

6. 用重铬酸钾法测定土壤中的铁含量时，常用 $SnCl_2$使 Fe^{3+}转变为 Fe^{2+}。（　　）

7. 用 $Ce(SO_4)_2$ 溶液滴定 $FeSO_4$ 溶液的滴定突跃范围的大小与浓度关系不大。（　　）

8. 碘量法中加入过量 KI 的作用之一是与 I_2 形成 I_3^-，以增大 I_2 溶解度，降低 I_2 的挥发性。（　　）

9. $K_2Cr_2O_7$ 标准溶液有颜色，应于棕色瓶中保存，防止其见光分解。（　　）

10. 在 HCl 介质中用 $KMnO_4$ 滴定 Fe^{2+} 时，将产生正误差。（　　）

11. 直接碘量法用 I_2 标准溶液滴定还原性物质，间接碘量法用 KI 标准溶液滴定氧化性物质。（　　）

12. 氧化还原指示剂的变色电位范围是 $E = E^{\ominus\prime}_{In(O)/In(R)} \pm 1(V)$。（　　）

13. 间接碘量法测定胆矾中的 Cu^{2+}，若不加 KSCN，将会导致测定结果偏低。（　　）

14. 以 $KBrO_3$ 为基准物标定 $Na_2S_2O_3$ 时，在临近终点时才加入淀粉指示剂。（　　）

15. 在间接碘量法中，用于标定 $Na_2S_2O_3$ 溶液常用的基准试剂为 KI。（　　）

16. 一个氧化还原反应的发生能加速另一氧化还原反应进行的现象称为氧化还原诱导作用。（　　）

17. $KMnO_4$ 法中一般不用另外加指示剂，$KMnO_4$ 自身可作指示剂。（　　）

18. 为防止 I^- 被氧化，碘量法应在碱性溶液中进行。（　　）

19. 以 $K_2Cr_2O_7$ 为基准物标定 $Na_2S_2O_3$ 时，在近终点时才加入淀粉指示剂。（　　）

20. 将任何氧化还原体系的溶液进行稀释，由于氧化态和还原态的浓度按相同比例减小，因此其电位不变。（　　）

三、计算题

1. 计算 $MnO_4^- + 5Fe^{2+} + 8H^+ = Mn^{2+} + 5Fe^{3+} + 4H_2O$ 反应的平衡常数 K。（$E^{\ominus}_{MnO_4^-/Mn^{2+}} = 1.51V$，$E^{\ominus}_{Fe^{3+}/Fe^{2+}} = 0.70V$）

2. $KMnO_4$溶液物质的量浓度为 $0.02484mol \cdot L^{-1}$，求用 Fe 表示的滴定度。

3. 准确称量基准 $K_2Cr_2O_7$ 2.4530g，溶解后在容量瓶中配成500mL 溶液。计算此溶液的物质的量浓度 $c_{1/6K_2Cr_2O_7}$（已知：$\frac{1}{6}K_2Cr_2O_7$的摩尔质量为 $49.03g \cdot mol^{-1}$）。

4. 在 $1mol \cdot L^{-1}$HCl 溶液中，用 Fe^{3+} 滴定 Sn^{2+} 时，计算当99.9%的 Sn^{2+} 被滴定生成 Sn^{4+} 时的电位值。（$E^{\ominus\prime}_{Fe^{3+}/Fe^{2+}} = 0.70V$，$E^{\ominus\prime}_{Sn^{4+}/Sn^{2+}} = 0.14V$）

5. 将1.000g 钢样中的铬氧化成 $Cr_2O_7^{2-}$，加入25.00mL $0.1000mol \cdot L^{-1}$ Fe^{2+} 标准溶液，然后用 $0.01800mol \cdot L^{-1}$ $KMnO_4$标准溶液返滴剩余的 Fe^{2+}，消耗7.00mL，求钢样中铬的含量（$M_{Cr} = 52.00g \cdot mol^{-1}$）。

6. 在强酸溶液中，某 $KMnO_4$ 溶液 46.13mL 所氧化 $KHC_2O_4 \cdot H_2O$ 的质量，需要用21.21mL$0.1506mol \cdot L^{-1}$ NaOH 溶液才能中和完全，求此 $KMnO_4$的浓度为多少？

7. 准确称取铁丝0.2545g 溶于稀 H_2SO_4溶液（设铁溶后以 Fe^{2+} 状态存在），加水稀释至100mL。取此溶液 20.00mL，用浓度为 $0.01000mol \cdot L^{-1}$ $KMnO_4$ 标准溶液滴定，用去18.10mL，求此铁丝的纯度。

8. 测定铜盐中铜的含量，在酸性条件下与过量的 KI 作用析出 I_2，析出的 I_2 用浓度为 $0.1002mol \cdot L^{-1}$ $Na_2S_2O_3$ 标准溶液滴定至终点，用去 $V_{Na_2S_2O_3} = 25.13mL$，若铜样质量为0.2000g，计算铜的含量（$M_{Cu} = 63.55g \cdot mol^{-1}$）。

9. 测定胆矾中铜的含量，常用碘量法，步骤如下：

（1）配制 0.1mol · L^{-1} $Na_2S_2O_3$溶液 1L。计算需称取固体 $Na_2S_2O_3 \cdot 5H_2O$ 多少克？

（2）标定 $Na_2S_2O_3$溶液。称取 0.4903g 基准物 $K_2Cr_2O_4$，加水溶解配成 100.00mL 溶液，移取其 25.00mL，加入 H_2SO_4和过量的 KI，用 $Na_2S_2O_3$滴定析出的 I_2，消耗 $Na_2S_2O_3$标准溶液 24.97mL，计算 $Na_2S_2O_3$溶液的浓度。

（3）测定胆矾铜含量。称取胆矾 0.5200g，溶解后加入 H_2SO_4和过量的 KI，用上述 $Na_2S_2O_3$滴定析出的 I_2，消耗 $Na_2S_2O_3$标准溶液 25.40mL，计算胆矾中铜的质量分数。

第六章　沉淀滴定法

☞ **知识目标：**

- 掌握莫尔法的基本原理及滴定条件。
- 了解佛尔哈德法的基本方法。
- 了解法扬司法的基本原理及滴定条件。

☞ **能力目标：**

- 掌握沉淀滴定法对沉淀反应的要求。
- 掌握银量法确定理论终点的方法原理。
- 理解沉淀的产生、分步沉淀及沉淀转化的概念及在生产实践中的应用。

第一节　概　　述

沉淀滴定法是以沉淀反应为基础的滴定分析方法。根据滴定分析对化学反应的要求，用作滴定的沉淀反应必须满足以下条件：

（1）反应速度快，生成沉淀的溶解度小；

（2）反应按一定的化学式定量进行；

（3）有准确确定滴定终点的方法。

因此，符合滴定分析要求，能用于沉淀滴定法的反应并不多，比较有实际意义的是生成难溶银盐的沉淀反应，例如：

$$Ag^+ + Cl^- \xlongequal{\quad} AgCl\downarrow(白)$$

$$Ag^+ + Br^- \xlongequal{\quad} AgBr\downarrow(黄)$$

$$Ag^+ + SCN^- \xlongequal{\quad} AgSCN\downarrow(白)$$

以这类反应为基础的沉淀滴定法称为银量法。银量法主要用于测定 Cl^-、Br^-、I^-、Ag^+、CN^- 及 SCN^- 等离子。目前，卤素化合物和硫氰化合物含量在 1% 以上时，仍采用沉淀滴定法。

银量法根据所用指示剂不同，按创立者的名字命名，分为莫尔法、佛尔哈德法和法扬司法；根据指示终点的方法不同，可分为直接法和返滴定法。

第二节　莫　尔　法

一、方法原理

莫尔(Mohr)法是以 K_2CrO_4 为指示剂的银量法。在中性或弱碱性溶液中，用 $AgNO_3$ 标准

溶液可以直接滴定 Cl^- 或 Br^-。

$$Ag^+ + Cl^- = AgCl\downarrow(\text{白色}) \qquad K_{sp(AgCl)} = 1.8\times10^{-10}$$

$$2Ag^+ + CrO_4^{2-} = Ag_2CrO_4\downarrow(\text{砖红色}) \quad K_{sp(Ag_2CrO_4)} = 2.0\times10^{-12}$$

根据分步沉淀原理，设 $[Cl^-]=[CrO_4^{2-}]=0.10mol\cdot L^{-1}$，则生成 AgCl 沉淀时需 Ag^+ 浓度为：

$$[Ag^+]=\frac{K_{sp(AgCl)}}{[Cl^-]}=\frac{1.8\times10^{-10}}{0.10}=1.8\times10^{-9}mol\cdot L^{-1}$$

生成 Ag_2CrO_4 沉淀时需 Ag^+ 的浓度为：

$$[Ag^+]=\sqrt{\frac{K_{sp(Ag_2CrO_4)}}{[CrO_4^{2-}]}}=\sqrt{\frac{2.0\times10^{-12}}{0.10}}=4.5\times10^{-6}mol\cdot L^{-1}$$

当有 Ag_2CrO_4 沉淀生成时：

$$[Cl^-]=\frac{K_{sp(AgCl)}}{[Ag^+]}=\frac{1.8\times10^{-10}}{4.5\times10^{-6}}=4.0\times10^{-5}mol\cdot L^{-1}$$

AgCl 开始沉淀比 Ag_2CrO_4 开始沉淀时所需 Ag^+ 浓度要小得多，当滴入 $AgNO_3$ 时，AgCl 先沉淀，随着标准溶液 $AgNO_3$ 的不断滴入，溶液中 $[Cl^-]$ 浓度越来越小，而 $[Ag^+]$ 浓度不断增大，到达 $[Ag^+]^2[CrO_4^{2-}]\geqslant K_{sp(Ag_2CrO_4)}$ 时，立即生成砖红色 Ag_2CrO_4 沉淀，终点到达。终点时 Cl^- 浓度已很小了。分析化学中，一般离子浓度低于 $10^{-4}\sim10^{-5}mol\cdot L^{-1}$ 时，可认为沉淀已经完全。

二、滴定条件

1. 控制 K_2CrO_4 的用量

K_2CrO_4 指示剂的用量直接影响终点误差，K_2CrO_4 浓度过高，终点提前；浓度过低，终点滞后。根据溶度积原理，当滴定到达化学计量点时，AgCl 饱和溶液中 $[Ag^+]=[Cl^-]=\sqrt{K_{sp(AgCl)}}=1.3\times10^{-5}mol\cdot L^{-1}$。此时，$Ag_2CrO_4$ 开始析出所需 $[CrO_4^{2-}]$ 为：

$$[CrO_4^{2-}]=\frac{K_{sp(Ag_2CrO_4)}}{[Ag^+]^2}=\frac{2.0\times10^{-12}}{(1.3\times10^{-5})^2}mol\cdot L^{-1}=1.2\times10^{-2}mol\cdot L^{-1}\approx0.01mol\cdot L^{-1}$$

由于 $K_2C_rO_4$ 溶液呈黄色，这样的浓度在实际操作过程中由于颜色太深会影响终点的判断，所以指示剂的浓度还是略低一些好，实验表明其浓度约为 $5\times10^{-3}mol\cdot L^{-1}$ 比较合适。对较稀溶液的测定，如用 $0.01mol\cdot L^{-1}$ $AgNO_3$ 滴定 $0.01mol\cdot L^{-1}[Cl^-]$ 时误差可达 0.6% 左右，应做指示剂空白试验进行校正。

2. 控制溶液的酸度

莫尔法合适的酸度条件为 pH = 6.5 ~ 10.5。若酸度过高，则有：

$$2CrO_4^{2-} + 2H^+ \rightleftharpoons Cr_2O_7^{2-} + H_2O$$

在酸性溶液中 CrO_4^{2-} 转化为 $Cr_2O_7^{2-}$，使 $[CrO_4^{2-}]$ 减小，影响 Ag_2CrO_4 沉淀的形成，降低了指示剂的灵敏度。

酸度太低时有：

$$2Ag^+ + 2OH^- \rightleftharpoons 2AgOH\downarrow \longrightarrow Ag_2O\downarrow + H_2O$$

出现黑色 Ag_2O 沉淀，影响结果的准确度。若待测溶液为酸性或强碱性，可用酚酞作指示剂，以稀 NaOH 溶液或稀 H_2SO_4 溶液调节，也可用 $NaHCO_3$、$CaCO_3$ 或 $Na_2B_4O_7$ 等中和，然

后用 $AgNO_3$ 标准溶液滴定。

此法不宜在氨性溶液中进行，因为 Ag^+ 与 NH_3 形成 $Ag(NH_3)_2^+$，会使 AgCl 沉淀溶解：

$$AgCl + 2NH_3 \rightleftharpoons Ag(NH_3)_2^+ + Cl^-$$

若溶液中含有 NH_3，可用 HNO_3 中和；若有 NH_4^+ 存在，测定时溶液的 pH 值应控制在 6.5 ~7.2 之间。

3. 滴定时须剧烈摇动

由于生成的 AgCl 沉淀容易吸附 Cl^-，使溶液中 Cl^- 浓度降低，Ag_2CrO_4 沉淀过早产生，终点提前，故滴定时必须剧烈摇动，使被吸附的 Cl^- 释放出来，以获得正确的终点。莫尔法测定 Br^- 时，AgBr 吸附 Br^- 比 AgCl 吸附 Cl^- 严重，滴定时更要注意剧烈摇动，否则会引入较大误差。

三、应用范围

莫尔法可用于测定 Cl^- 和 Br^-，不适于滴定 I^- 和 SCN^-。因 AgI 或 AgSCN 吸附 I^- 或 SCN^- 更为强烈。

当溶液中含有能与 Ag^+ 生成沉淀的阴离子，如 PO_4^{3-}、CO_3^{2-}、$C_2O_4^{2-}$、AsO_4^{3-}、SO_3^{2-}、S^{2-} 等；能与 CrO_4^{2-} 生成沉淀的阳离子，如 Ba^{2+}、Pb^{2+} 等；在中性或弱碱性溶液中发生水解的离子，如 Fe^{3+}、Al^{3+}、Bi^{3+}、Sn^{4+} 等都会干扰测定。有色离子 Cu^{2+}、Co^{2+}、Ni^{2+} 等会妨碍终点观察，都应预先去除，故莫尔法的选择性差，其应用受到很大限制。

第三节　佛尔哈德法

佛尔哈德(Volhard)法是以铁铵矾[$NH_4Fe(SO_4)_2 \cdot 12H_2O$]为指示剂的银量法。佛尔哈德法可分为直接滴定法和返滴定法。

一、直接滴定法

在含有 Ag^+ 的硝酸溶液中，以铁铵矾为指示剂，用 NH_4SCN(或 KSCN)标准溶液直接滴定 Ag^+，生成白色 AgSCN 沉淀。到达化学计量点时，微过量的 SCN^- 与指示剂(Fe^{3+})生成血红色 $Fe(SCN)^{2+}$，指示滴定终点的到达。其滴定反应为：

$$Ag^+ + SCN^- \xlongequal{} AgSCN\downarrow（白色）$$

$$Fe^{3+} + SCN^- \xlongequal{} Fe(SCN)^{2+}（血红色）$$

由于 AgSCN 沉淀对 Ag^+ 有强烈吸附作用，所以在滴定时必须剧烈振荡，使被吸附 Ag^+ 释放出来，避免指示剂过早显色，减小测定误差。一般指示剂用量为$[Fe^{3+}] \approx 0.015mol \cdot L^{-1}$，此法的优点在于可以用来直接测定 Ag^+。

二、返滴定法

在含有卤素离子的硝酸溶液中，先加入已知过量的 $AgNO_3$ 标准溶液与其充分反应，以铁铵矾作指示剂，用 NH_4SCN(或 KSCN)标准溶液返滴剩余的 Ag^+，当出现血红色时指示终点到达。滴定反应为：

$$Ag^+（过量）+ Cl^- \xlongequal{} AgCl\downarrow（白色）$$

$$Ag^+(剩余) + SCN^- \longrightarrow AgSCN\downarrow(白色)$$

$$Fe^{3+} + SCN^- \longrightarrow Fe(SCN)^{2+}(血红色)$$

用此法可以测定 Cl^-、Br^-、I^-、SCN^- 等。

在测定 Cl^- 时，由于 AgCl 的溶解度大于 AgSCN，终点之后加入过量的 SCN^-，会发生 AgCl 沉淀转化为 AgSCN 沉淀的现象：

$$AgCl + SCN^- \longrightarrow AgSCN\downarrow + Cl^-$$

使终点拖后，对分析结果产生较大误差。为避免这种情况的发生，通常采取下列措施：

（1）加入过量的 $AgNO_3$ 标准溶液后，立即将溶液加热煮沸，使 AgCl 沉淀凝聚，以减少 AgCl 沉淀对 Ag^+ 的吸附。滤去沉淀并用稀 HNO_3 洗涤沉淀，洗涤液并入滤液中，然后用 NH_4SCN 标准溶液返滴滤液中过量的 Ag^+。

（2）在滴入 NH_4SCN 标准溶液前加入 1～2mL 有机溶剂如硝基苯、1,2-二氯乙烷、邻苯二甲酸二丁酯或石油醚等。加完后用力摇动，使 AgCl 沉淀进入有机溶剂中，不再与滴定溶液接触，阻止了沉淀的转化。该方法简单，但其中硝基苯毒性很大。

（3）适当增大 Fe^{3+} 浓度，使终点 SCN^- 浓度减小，减少转化造成的误差，一般在终点时 $[Fe^{3+}] = 0.2mol \cdot L^{-1}$，轻轻摇动，红色布满溶液而不消失即为终点。

测定 Br^- 和 I^- 时，由于 AgBr 和 AgI 的溶度积都比 AgSCN 的小，不会发生沉淀转化反应，所以可在 AgBr 或 AgI 沉淀存在下进行回滴。但应注意，测 I^- 时须先加过量 $AgNO_3$ 后，再加入指示剂，防止 Fe^{3+} 氧化 I^-，影响测定结果的准确度。即：

$$2Fe^{3+} + 2I^- \longrightarrow 2Fe^{2+} + I_2$$

佛尔哈德法的滴定是在 HNO_3 介质中进行，其酸度应控制在 0.1～$1mol \cdot L^{-1}$ 之间，酸度过低 Fe^{3+} 将水解，生成棕色的 $Fe(OH)_3$ 或者 $Fe(H_2O)_5(OH)^{2+}$，影响终点的观察。

与莫尔法相比，佛尔哈德法在酸性条件下进行，许多弱酸离子如 PO_4^{3-}、$C_2O_4^{2-}$、CrO_4^{2-}、AsO_4^{3-} 等不会与 Ag^+ 发生反应生成沉淀，故此方法选择性较高。而一些强氧化剂、氮的低价氧化物及铜盐、汞盐等会与 SCN^- 作用而干扰测定；大量 Cu^{2+}、Ni^{2+}、Co^{2+} 存在影响终点观察，都要预先除去。

第四节　法扬司法

一、方法原理

法扬司法是以吸附指示剂指示终点的银量法。吸附指示剂是一类有机染料，在溶液中能被胶体沉淀表面吸附而发生结构的改变，从而引起颜色的变化以指示终点的到达。

例如，用 $AgNO_3$ 标准溶液滴定 Cl^-，以荧光黄为指示剂。荧光黄是一种有机弱酸，用 HFIn 表示，在水溶液中解离出黄绿色的 FIn^-。

$$HFIn \rightleftharpoons H^+ + FIn^-(黄绿色)$$

在化学计量点前，溶液中有剩余的 Cl^-，AgCl 沉淀吸附 Cl^- 形成 $AgCl \cdot Cl^-$ 而带负电荷，荧光黄阴离子不被吸附，溶液呈黄绿色。滴定至化学计量点后，微过量的 Ag^+ 被 AgCl 沉淀吸附，形成 $AgCl \cdot Ag^+$ 而带正电荷，这时溶液中的 FIn^- 被吸附，吸附后的指示剂发生结构改变，溶液颜色由黄绿色变为粉红色，指示滴定终点到达。

Cl^-过量时：　　　　　　$AgCl \cdot Cl^- + FIn^-$（黄绿色）

Ag^+过量时：　　$AgCl \cdot Ag^+ + FIn^- \longrightarrow AgCl \cdot Ag^+ \cdot FIn^-$（粉红色）

二、滴定条件

（1）由于吸附指示剂颜色变化发生在沉淀微粒表面，所以应尽可能使沉淀的表面积大一些。因此，在滴定前应将溶液稀释，并加入糊精、淀粉等高分子化合物作为保护胶体，防止沉淀凝聚。

（2）控制溶液酸度。常用的吸附指示剂大多是有机弱酸，而起指示作用的是它们的阴离子，故 $pK_a < pH < 10.5$。例如荧光黄，其 $K_a \approx 10^{-7}$，当溶液 pH 偏低时，大部分以 HFIn 形式存在，不被沉淀吸附，故无法指示终点，所以荧光黄适合的 pH = 7 ~ 10。

（3）避免在强光照射下进行滴定。因为卤化银沉淀对光敏感，光照易分解析出金属银使沉淀变为灰黑色，影响终点的观察。

（4）选择适当吸附能力的指示剂。胶体微粒对指示剂离子的吸附能力应略小于对待测离子的吸附能力，否则指示剂将在化学计量点前变色；但如果吸附能力太小，将使变色不敏锐。卤化银沉淀对卤离子和几种吸附指示剂的吸附能力顺序为：

$$I^- > \text{二甲基二碘荧光黄} > SCN^- > Br^- > \text{曙红} > Cl^- > \text{荧光黄}$$

故滴定 Cl^-时不能选曙红，而应选荧光黄；滴 Br^-时不能选二甲基二碘荧光黄，可以选曙红。表 6 – 1 列出了几种常用的吸附指示剂。

表 6 – 1　常用吸附指示剂

指示剂	K_a	被测离子	滴定剂	终点颜色变化	滴定条件(pH)
荧光黄	10^{-7}	Cl^-，Br^-，I^-	$AgNO_3$	黄绿 ~ 粉红	7 ~ 10
二氯荧光黄	10^{-4}	Cl^-，Br^-，I^-	$AgNO_3$	黄绿 ~ 橙红	4 ~ 10
曙红	10^{-2}	Br^-，I^- SCN^-	$AgNO_3$	橙色 ~ 红紫	2 ~ 10
甲基紫		Ag +	NaCl	红 ~ 紫	1.5 ~ 3.5 酸性溶液

（5）被滴定的离子浓度不能太低。因为浓度太低时沉淀很少，观察终点比较困难。如用荧光黄作指示剂，$AgNO_3$作标准溶液滴定 Cl^-时，Cl^-浓度要求在 0.005mol · L^{-1}以上；但滴定 Br^-、I^-、SCN^-等的灵敏度稍高，浓度低至 0.001mol · L^{-1}时仍可准确滴定。

第五节　沉淀滴定法应用

一、标准溶液的配制与标定

1. $AgNO_3$ 标准溶液的配制与标定

（1）配制　可以用符合基准试剂要求的 $AgNO_3$ 直接配制成标准溶液。但市售的 $AgNO_3$ 常常含有杂质，如银、氧化银、游离硝酸和亚硝酸等，所以需采用间接配制法，先配成近似浓度溶液后，再用基准物质 NaCl 标定。

（2）标定　$AgNO_3$标准溶液可用莫尔法进行标定，以 NaCl 作为基准物质，溶样后在中性或弱碱性溶液中，用 $AgNO_3$ 溶液滴定，以 K_2CrO_4 作为指示剂，其反应方程式为：

$$Ag^+ + Cl^- = AgCl \downarrow \text{（白）}$$

$$2Ag^+ + CrO_4^{2-} \xlongequal{} Ag_2CrO_4 \downarrow$$（砖红色）

达到化学计量点时，微过量的 Ag^+ 与 CrO_4^{2-} 反应析出砖红色 Ag_2CrO_4 沉淀，指示滴定终点。

$AgNO_3$ 标准溶液浓度按下式计算：

$$c_{AgNO_3} = \frac{m}{V \times 58.44}$$

式中 c_{AgNO_3}——$AgNO_3$ 标准溶液的物质的量浓度，$mol \cdot L^{-1}$；

m——称取的基准试剂 NaCl 的质量，g；

V——消耗 $AgNO_3$ 标准溶液的的体积，L；

58.44——基准试剂 NaCl 的摩尔质量，$g \cdot mol^{-1}$。

2. NH_4SCN 标准溶液的配制和标定

(1) 配制　市售的 NH_4SCN 常含有硫酸盐、硫化物等杂质，且容易潮解，因此只能用间接法配制。

(2)标定　标定 NH_4SCN 溶液最简便的方法是用 $AgNO_3$ 标准溶液，以铁铵矾作指示剂，NH_4SCN 溶液直接滴定。

标定时也可用 NaCl 做基准试剂，采用佛尔哈德法，同时标定 $AgNO_3$ 和 NH_4SCN 两种溶液。先准确称取一定量的 NaCl 溶于水后，加入过量的 $AgNO_3$ 溶液，以铁铵矾作指示剂，用 NH_4SCN 溶液回滴过剩的 $AgNO_3$。若已知 $AgNO_3$ 和 NH_4SCN 两种溶液的体积比，则由基准物质 NaCl 的重量和两种溶液的用量，即可计算两种溶液的准确浓度。

【例 6-1】 称取基准物质 NaCl 0.2000g，溶于水后，加 $AgNO_3$ 标准溶液 50.00mL，以铁铵矾为指示剂，用 NH_4SCN 标准溶液滴定至微红色，用去 NH_4SCN 标准溶液 25.00mL。已知 1.00mL NH_4SCN 标准溶液相当于 1.20mL $AgNO_3$ 标准溶液，计算 $AgNO_3$ 和 NH_4SCN 溶液的浓度。

【解】 已知 NaCl 的摩尔质量为 $58.44g \cdot mol^{-1}$。

$$c_{AgNO_3} = \frac{0.2000g}{58.44g \cdot mol^{-1} \times (50.00 - 1.20 \times 25.00) \times 10^{-3}L} = 0.1711mol \cdot L^{-1}$$

$$c_{NH_4SCN} = \frac{0.1711mol \cdot L^{-1} \times 1.20mL}{1.00mL} = 0.2053mol \cdot L^{-1}$$

二、应用实例

1. 可溶性氯化物中氯的测定

测定可溶性氯化物中氯含量，可按照用 NaCl 标定 $AgNO_3$ 溶液的各种方法进行。一般采用莫尔法测定。测定时必须在中性或弱碱性溶液中进行，最适宜的 pH 值范围为 6.5～10.5。如果有铵盐存在，溶液的 pH 值需控制在 6.5～7.2 之间。

指示剂的用量对滴定有影响，一般以 $5 \times 10^{-3} mol \cdot L^{-1}$ 为宜（指示剂用量大小对测定有影响，必须定量加入）。溶液较稀时，须作指示剂的空白校正。

如果试样中含有 PO_4^{3-}、AsO_4^{3-} 等离子时，在中性或微碱性条件下，也能和 Ag^+ 生成沉淀，干扰测定。因此，只能采用佛尔哈德法进行测定，因为在酸性条件下，这些阴离子都不会与 Ag^+ 生成沉淀，从而避免干扰。

测定结果可由试样的质量及滴定用去标准溶液的体积，计算试样中氯的百分含量。

2. 银合金中银的测定

将银合金溶于 HNO_3 中制成溶液：

$$Ag + NO_3^- + 2H^+ \xlongequal{} Ag^+ + NO_2\uparrow + H_2O$$

在溶解试样时，必须煮沸以除去氮的低价氧化物，因为它能与 SCN^- 作用生成红色化合物而影响终点的观察：

$$HNO_2 + H^+ + SCN^- \rightleftharpoons NOSCN(\text{红色}) + H_2O$$

试样溶解之后，加入铁铵矾指示剂，用标准 NH_4SCN 溶液滴定。反应方程式为：

$$Ag^+ + SCN^- \rightleftharpoons AgSCN\downarrow(\text{白色})$$

$$Fe^{3+} + SCN^- \rightleftharpoons Fe(SCN)^{2+}(\text{红色})$$

为了刚好滴定到计量点时出现 $Fe(SCN)^{2+}$ 的红色，则必须控制一定的 Fe^{3+} 浓度。根据实验证明，保持 Fe^{3+} 的浓度为 0.015mol · L^{-1}，可以得到满意的结果。

根据试样的质量及滴定用去 NH_4SCN 标准溶液的体积，来计算银的质量分数。

本章小结

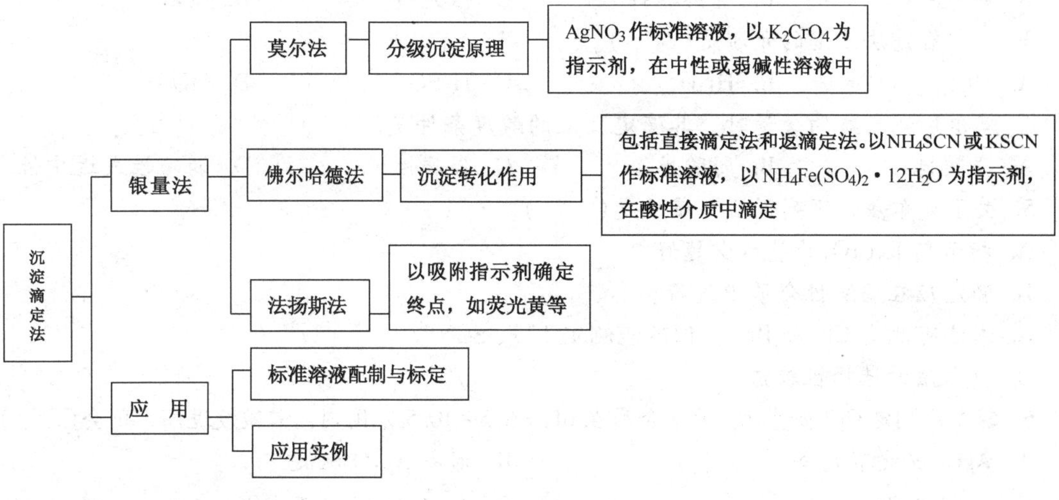

思考题

1. 莫尔法测定 Cl^- 时，为什么溶液 pH 值需要控制在 6.5 ~ 10.5 之间？

2. 在莫尔法测定中，用 K_2CrO_4 作指示剂，其浓度太大和太小对测定有何影响？在滴定过程中，为什么要充分摇动溶液？

3. 佛尔哈德法以什么为指示剂？直接滴定法中溶液 pH 值如何控制？

4. 为什么用佛尔哈德返滴定法测定 Cl^- 在滴定前要加入硝基苯？测定 Br^-、I^- 则不需要？

5. 在下列情况下，测定结果是偏高、偏低还是无影响？并说明其原因。

(1) 在 pH = 4 的条件下，用莫尔法测定 Cl^-；

(2) 用佛尔哈德法测定 Cl^- 既没有将 AgCl 沉淀滤去或加热促其凝聚，也没有加有机溶剂；

（3）同（2）的条件下测定 Br^-；

（4）用法扬斯法测定 Cl^-，曙红作指示剂；

（5）用法扬斯法测定 I^-，曙红作指示剂。

6. 试讨论摩尔法的局限性。

7. 用银量法测定下列试样：（1）$BaCl_2$；（2）KCl；（3）NH_4Cl；（4）KSCN；（5）$NaCO_3$ + NaCl；（6）NaBr，各应选用何种方法确定终点？为什么？

习　题

一、选择题

1. 下列各沉淀反应，哪个不属于银量法（　　）？

A. $Ag^+ + Cl^- \xlongequal{} AgCl\downarrow$　　B. $Ag^+ + I^- \xlongequal{} AgI\downarrow$

C. $2Ag^+ + S^{2-} \xlongequal{} Ag_2S\downarrow$　　D. $Ag^+ + SCN^- \xlongequal{} AgSCN\downarrow$

2. 莫尔法测定工业用水中氯离子含量时，用（　　）为指示剂。

A. 铬酸钾　　B. 重铬酸钾　　C. 银光黄　　D. 曙红

3. 佛尔哈德法滴定的介质是（　　）。

A. HCl　　B. HNO_3　　C. H_2SO_4　　D. HOAc

4. 莫尔法测定氯的含量时，其滴定反应的酸度条件是（　　）。

A. 强酸性　　B. 弱酸性　　C. 强碱性　　D. 弱碱性或近中性

5. 关于莫尔法，下列说法正确的是（　　）。

A. 指示剂 K_2CrO_4 的量越少越好

B. 滴定应在弱酸性介质中进行

C. 本法可测定 Cl^- 和 Br^-，但不能测定 I^- 或 SCN^-

D. 莫尔法的选择性较强

6. 莫尔法测定 Cl^- 含量时，要求介质在 pH = 6.5 ~ 10.5 范围内，若酸度过高，则会（　　）。

A. AgCl 沉淀不完全　　B. 形成 Ag_2O 沉淀

C. AgCl 吸附 Cl^-　　D. Ag_2CrO_4 沉淀不生成

7. pH = 4 时用莫尔法滴定 Cl^- 含量，将使结果（　　）。

A. 偏高　　B. 偏低　　C. 忽高忽低　　D. 无影响

8. 以铁铵矾为指示剂，用返滴法以 NH_4SCN 标准溶液滴定 Cl^- 时，下列错误的是（　　）。

A. 滴定前加入过量定量的 $AgNO_3$ 标准溶液

B. 滴定前将 AgCl 沉淀滤去

C. 滴定前加入硝基苯，并振摇

D. 应在中性溶液中测定，以防 Ag_2O 析出

9. 莫尔法适用于测 Cl^- 和 Br^- 而不适用于测 I^- 是因为（　　）。

A. AgI 强烈吸附 I^-　　B. 没有合适的指示剂

C. I^- 不稳定易被氧化　　D. $K_{sp(AgI)} < K_{sp(AgCl)}$

10. 用佛尔哈德法测定的条件是（　　）。

A. 碱性　　B. 酸性　　C. 中性　　D. 不要求

11. 法扬司法中应用的指示剂其性质属于(　　)。

A. 配位　　B. 沉淀　　C. 酸碱　　D. 吸附

12. 用莫尔法测定时，阳离子(　　)不能存在。

A. K^+　　B. Na^+　　C. Ba^{2+}　　D. Ag^+

13. 用莫尔法测定时，干扰测定的阴离子是(　　)。

A. Ac^-　　B. NO_3^-　　C. $C_2O_4^{2-}$　　D. SO_4^{2-}

14. 用佛尔哈德法测定下列物质的纯度时，引入误差的比率最大的是(　　)。

A. NaCl　　B. NaBr　　C. NaI　　D. NaSCN

15. 莫尔法适用的 pH 范围一般为 6.5 ~ 10.5，但当应用于测定 NH_4Cl 中氯含量时，其适宜的酸度为(　　)。

A. pH < 7.0　　B. pH > 7.0　　C. pH = 6.5 ~ 10.5　　D. pH = 6.5 ~ 7.2

16. 下列盐中只有哪种盐可采用莫尔法测定其中的氯含量(　　)。

A. $BaCl_2$　　B. $PbCl_2$　　C. KCl　　D. $KCl + Na_3AsO_4$

17. 用 0.02mol · L^{-1} $AgNO_3$ 溶液滴定 0.1g 试样中的 Cl^-，(M_{Cl} = 35.45g · mol^{-1})，耗去 40mL，则试样中 Cl^- 的含量约为(　　)。

A. 7%　　B. 14%　　C. 35%　　D. 28%

二、选择题

1. 莫尔法中与 Ag^+ 形成沉淀或配合物的阴离子均不干扰测定。(　　)

2. 水中 Cl^- 的含量可用 NH_4CNS 标准溶液直接滴定。(　　)

3. 莫尔法一定要在中性和弱酸性中进行滴定。(　　)

4. 纯碱中 NaCl 的测定，是在弱酸性溶液中，以 $K_2Cr_2O_7$ 为指示剂，用 $AgNO_3$ 滴定。(　　)

5. 可以将 $AgNO_3$ 溶液放入碱式滴定管进行滴定操作。(　　)

6. 在法扬司法中，为了使沉淀具有较强的吸附能力，通常加入适量的糊精或淀粉使沉淀处于胶体状态。(　　)

7. 分析纯的 NaCl 试剂，如不做任何处理，用来标定 $AgNO_3$ 溶液的浓度，结果会偏高。(　　)

8. 佛尔哈德法是以 NH_4CNS 为标准滴定溶液，铁铵矾为指示剂，在稀硝酸溶液中进行滴定。(　　)

三、计算题

1. 称取 NaCl 试液 20.00mL，加入 K_2CrO_4 指示剂，用 0.1023mol · L^{-1} $AgNO_3$ 标准溶液滴定，用去 27.00mL，求每升溶液中含 NaCl 多少千克?

2. 称取食盐试样 0.1562g 置于锥形瓶中，加适量水溶解，以 K_2CrO_4 为指示剂，用 0.1000mol · L^{-1} $AgNO_3$ 标准溶液滴定至终点，用去 26.40mL。计算食盐中 NaCl 的质量分数。

3. 称取可溶性氯化物试样 0.2266g，用水溶解后，加入 0.1121mol · L^{-1} $AgNO_3$ 标准溶液 30.00mL。过量的 Ag^+ 用 0.1185mol · L^{-1} NH_4SCN 标准溶液滴定，用去 6.50mL，计算试样中氯的质量分数。

4. 称取一含银废液 2.075g，加入适量 HNO_3，以铁按矾作指示剂，消耗 25.50mL 0.04634mol · L^{-1} 的 NH_4SCN 溶液。计算此废液中银的质量分数。

5. 称取银合金试样0.3000g，溶解后加入铁铵矾指示剂，用0.1000mol·L^{-1} NH_4SCN标准溶液滴定，用去23.80mL，计算银的质量分数。

6. 称取纯KCl和KBr混合物0.3074g，溶于水后用0.1007mol·L^{-1} $AgNO_3$标准溶液滴至终点，用去30.98mL。计算混合物中KCl和KBr的质量分数。

7. 称取某含砷农药0.2000g，溶于HNO_3后转化为H_3AsO_4，调至中性，加入$AgNO_3$使其沉淀为Ag_3AsO_4，沉淀经过滤、洗涤后，再溶于HNO_3中，以铁铵矾作指示剂，滴定时用去0.1180mol·L^{-1}的NH_4SCN标准溶液33.85mL。求该农药中As_2O_3的质量分数。

8. 在25.00mL $BaCl_2$试液中加入40.00mL 0.1020mol·L^{-1}的$AgNO_3$标准溶液，过量的$AgNO_3$标准溶液在返滴定中用去15.00mL 0.09800mol·L^{-1}的NH_4SCN标准溶液。试求250mL试液中含有多少克的$BaCl_2$？

9. 氯霉素的化学式为$C_{11}H_{12}Cl_2N_2O_5$，有氯霉素眼膏试样1.03g，在密闭管中用金属钠共热以分解有机物并释放出氯化物，将灼烧后的混合物溶于水，过滤除去炭的残渣，用$AgNO_3$去沉淀氯化物，得0.0129gAgCl。计算试样中氯霉素的质量分数。

10. 某试剂厂生产化学试剂NH_4Cl，根据国家规定标准：一级为99.5%，二级为99.0%，三级为98.5%，化验室对该厂生产试剂进行质量检验。称取试样0.2000g，以荧光黄为指示剂并加入淀粉，用0.1500mol·L^{-1} $AgNO_3$滴定，用去24.60mL，问此产品符合哪级标准？

第七章　重量分析法

☞ **知识目标：**

- 掌握重量分析法的主要操作过程。
- 掌握沉淀的溶解度及其影响因素。
- 掌握沉淀的形成及条件。
- 学会重量分析结果的计算。

☞ **能力目标：**

- 能进行沉淀的溶解度及沉淀平衡的有关计算。
- 能对沉淀的形成及条件进行选择。
- 能对重量分析结果进行计算。
- 分析重量分析的结果误差的原因。

第一节　重量分析法概述

一、重量分析法的分类和特点

重量分析法是用适当的方法先将试样中待测组分与其他组分分离，然后用称量的方法测定该组分的含量。根据分离方法的不同，重量分析法常分为三类。

1. 沉淀法

沉淀法是重量分析法中的主要方法，该方法利用试剂与待测组分生成溶解度很小的沉淀，经过滤、洗涤、烘干或灼烧成为组成一定的物质，然后称其质量，再计算待测组分的含量。例如，测定试样中 SO_4^{2-} 含量时，在试液中加入过量 $BaCl_2$ 溶液，使 SO_4^{2-} 完全生成难溶的 $BaSO_4$ 沉淀，经过滤、洗涤、烘干、灼烧后，称量 $BaSO_4$ 的质量，再计算试样中的 SO_4^{2-} 的含量。

2. 气化法（又称挥发法）

利用物质的挥发性质，通过加热或其他方法使试样中的待测组分挥发逸出，然后根据试样质量的减少，计算该组分的含量；或者用吸收剂吸收逸出的组分，根据吸收剂质量的增加计算该组分的含量。例如，测定氯化钡晶体（$BaCl_2 \cdot 2H_2O$）中结晶水的含量，可将一定质量的氯化钡试样加热，使水分逸出，根据氯化钡质量的减少，称出试样中水分的含量。也可以用吸湿剂（高氯酸镁）吸收逸出的水分，根据吸湿剂质量的增加来计算水分的含量。

3. 电解法

利用电解的方法使待测金属离子在电极上还原析出，然后称量，根据电极增加的质量，求得其含量。

重量分析法是经典的化学分析法，它通过直接称量得到分析结果，不需从容量器皿中引入许多数据，也不需标准试样或基准物质作比较。对高含量组分的测定比较准确，一般测定的相对误差不大于0.1%。对高含量的硅、磷、钨、镍、稀土元素等试样的精确分析，至今仍常使用重量分析方法。但重量分析法的不足之处是操作较繁琐，耗时多，不适于生产中的控制分析；对低含量组分的测定误差较大。

二、沉淀重量法对沉淀形式和称量形式的要求

利用沉淀重量法进行分析时，首先将试样分解为试液，然后加入适当的沉淀剂使其与被测组分发生沉淀反应，并以“沉淀形式”沉淀出来。沉淀经过滤、洗涤，在适当的温度下烘干或灼烧，转化为“称量形式”，再进行称量。根据称量形式的化学式计算被测组分在试样中的含量。“沉淀形式”和“称量形式”可能相同，也可能不同，例如：

$$Ba^{2+} \xrightarrow{\text{沉淀}} BaSO_4 \xrightarrow{\text{灼烧}} BaSO_4$$

被测组分　　沉淀形式　　称量形式

$$Fe^{3+} \xrightarrow{\text{沉淀}} Fe(OH)_3 \xrightarrow{\text{灼烧}} Fe_2O_3$$

被测组分　　沉淀形式　　称量形式

在重量分析法中，为获得准确的分析结果，沉淀形式和称量形式必须满足以下要求。

1. 对沉淀形式(Precipitation form)的要求

(1) 沉淀要完全，沉淀的溶解度要小，要求测定过程中沉淀的溶解损失不应超过分析天平的称量误差。一般要求溶解损失应小于0.1mg。例如，测定 Ca^{2+} 时，以形成 $CaSO_4$ 和 CaC_2O_4 两种沉淀形式作比较，$CaSO_4$ 的溶解度较大($K_{sp}=2.45\times10^{-5}$)、CaC_2O_4 的溶解度小($K_{sp}=4.0\times10^{-9}$)。显然，用 $(NH_4)_2C_2O_4$ 作沉淀剂比用硫酸作沉淀剂沉淀的更完全。

(2) 沉淀必须纯净，并易于过滤和洗涤。沉淀纯净是获得准确分析结果的重要因素之一。颗粒较大的晶体沉淀(如 $MgNH_4PO_4 \cdot 6H_2O$)比表面积较小，吸附杂质的机会较少，因此沉淀较纯净，易于过滤和洗涤。颗粒细小的晶形沉淀(如 CaC_2O_4、$BaSO_4$)，由于某种原因其比表面积大，吸附杂质多，洗涤次数也相应增多。非晶形沉淀[如 $Al(OH)_3$、$Fe(OH)_3$]体积庞大疏松、吸附杂质较多，过滤费时且不易洗净。对于这类沉淀，必须选择适当的沉淀条件以满足对沉淀形式的要求。

(3) 沉淀形式应易于转化为称量形式。沉淀经烘干、灼烧时，应易于转化为称量形式。例如 Al^{3+} 的测定，若沉淀为8-羟基喹啉铝[$Al(C_9H_6NO)_3$]，在130℃烘干后即可称量；而沉淀为 $Al(OH)_3$，则必须在1200℃灼烧才能转变为无吸湿性的 Al_2O_3 后，方可称量。因此，测定 Al^{3+} 时选用前法比后法好。

2. 对称量形式(Weighing form)的要求

(1) 称量形式的组成必须与化学式相符，这是定量计算的基本依据。例如测定 PO_4^{3-}，可以形成磷钼酸铵沉淀，但组成不固定，无法利用它作为测定 PO_4^{3-} 的称量形式。若采用磷钼酸喹啉法测定 PO_4^{3-}，则可得到组成与化学式相符的称量形式。

(2) 称量形式要有足够的稳定性，不易吸收空气中的 CO_2、H_2O。例如测定 Ca^{2+} 时，若将 Ca^{2+} 沉淀为 $CaC_2O_4 \cdot H_2O$，灼烧后得到 CaO，易吸收空气中 H_2O 和 CO_2，因此，CaO 不宜作为称量形式。

(3) 称量形式的摩尔质量尽可能大，这样可增大称量形式的质量，以减小称量误差。例如在铝的测定中，分别用 Al_2O_3 和8-羟基喹啉铝[$Al(C_9H_6NO)_3$]两种称量形式进行测定，若被测组分 Al 的质量为0.1000g，则可分别得到0.1888g Al_2O_3 和1.7040g $Al(C_9H_6NO)_3$。两

种称量形式由称量误差所引起的相对误差分别为 ±1% 和 ±0.1%。显然，以 $Al(C_9H_6NO)_3$ 作为称量形式比用 Al_2O_3 作为称量形式测定 Al 的准确度高。

三、沉淀剂的选择

根据上述对沉淀形式和称量形式的要求，选择沉淀剂时应考虑如下几点。

（1）选用具有较好选择性的沉淀剂

所选的沉淀剂最好只能和待测组分生成沉淀，而与试液中的其他组分不起作用。例如，丁二酮肟和 H_2S 都可以沉淀 Ni^{2+}，但在测定 Ni^{2+} 时常选用前者。又如沉淀锆离子时，选用在盐酸溶液中与锆有特效反应的苦杏仁酸作沉淀剂，这时即使有钛、铁、钡、铝、铬等十几种离子存在，也不发生干扰。

（2）选用能与待测离子生成溶解度最小的沉淀的沉淀剂

所选的沉淀剂应能使待测组分沉淀完全。例如，生成难溶的钡的化合物有 $BaCO_3$、$BaCrO_4$、BaC_2O_4 和 $BaSO_4$。根据其溶解度可知，$BaSO_4$ 溶解度最小。因此以 $BaSO_4$ 的形式沉淀 Ba^{2+} 比生成其他难溶化合物好。

（3）尽可能选用易挥发或经灼烧易除去的沉淀剂

这样沉淀中带有的沉淀剂即便未洗净，也可以借烘干或灼烧而除去。一些铵盐和有机沉淀剂都能满足这项要求。例如，用氢氧化物沉淀 Fe^{3+} 时，选用氨水而不用 NaOH 作沉淀剂。

（4）选用溶解度较大的沉淀剂

用此类沉淀剂可以减少沉淀对沉淀剂的吸附作用。例如，利用生成难溶钡化合物沉淀 SO_4^{2-} 时，应选 $BaCl_2$ 作沉淀剂，而不用 $Ba(NO_3)_2$。因为 $Ba(NO_3)_2$ 的溶解度比 $BaCl_2$ 小，$BaSO_4$ 吸附 $Ba(NO_3)_2$ 比吸附 $BaCl_2$ 严重。

第二节　影响沉淀溶解度的因素

一、溶解度与固有溶解度、溶度积与条件溶度积

1. 溶解度与固有溶解度

当水中存在 1∶1 型微溶化合物 MA 时，MA 溶解并达到饱和状态后，有下列平衡关系：

$$MA(固) \rightleftharpoons MA(水) \rightleftharpoons M^+ + A^-$$

在水溶液中，除了 M^+、A^- 外，还有未离解的分子状态的 MA。例如，AgCl 溶于水中

$$AgCl(固) \rightleftharpoons AgCl(水) \rightleftharpoons Ag^+ + Cl^-$$

对于有些物质可能是离子化合物（M^+A^-），如 $CaSO_4$ 溶于水中

$$CaSO_4(固) \rightleftharpoons Ca^{2+}SO_4^{2-}(水) \rightleftharpoons Ca^{2+} + SO_4^{2-}$$

根据 MA(固) 和 MA(水) 之间的溶解平衡可得：

$$\frac{a_{MA(水)}}{a_{MA(固)}} = K'（平衡常数）$$

因固体物质的活度等于 1，若用 s^0 表示 K'，则：

$$a_{MA(水)} = s^0 \qquad (7-1)$$

s^0 称为 MA 固有溶解度，当温度一定时，s^0 为常数。

若溶液中不存在其他副反应，微溶化合物 MA 的溶解度 s 等于固有溶解度和 M^+（或

A^-)离子浓度之和，即：

$$s = s^0 + [M^+] = s^0 + [A^-] \quad (7-2)$$

如果 MA(水)几乎完全离解或 $s^0 \ll [M^+]$时(大多数的电解质属此类情况)，则 s^0 可以忽略不计，则：

$$s = [M^+] = [A^-] \quad (7-3)$$

对于 M_mA_n 型微溶化合物的溶解度 s 可按下式计算：

$$s = s^0 + \frac{[M^{n+}]}{m} = s^0 + \frac{[A^{m-}]}{n} \quad (7-4)$$

或

$$s = \frac{[M^{n+}]}{m} = \frac{[A^{m-}]}{n} \quad (7-5)$$

2. *溶度积与条件溶度积*

(1) 活度积与溶度积　当微溶化合物 MA 溶解于水中，如果除简单的水合离子外，其他各种形式的化合物均可忽略，则根据 MA 在水溶液中的平衡关系，得到：

$$\frac{a_{M^+} \cdot a_{A^-}}{a_{MA(水)}} = K$$

中性分子的活度系数视为 1，则根据式(7-1)$a_{MA(水)} = s^0$，故：

$$a_{M^+} \cdot a_{A^-} = K_{s^0} = K_{sp}^{\ominus} \quad (7-6)$$

$K_{sp}^{\ominus}$为离子的活度积常数(简称活度积)。$K_{sp}^{\ominus}$仅随温度变化。若引入活度系数，则由式(7-6)可得：

$$a_{M^+} \cdot a_{A^-} = \gamma_{M^+}[M^+] \cdot \gamma_{A^-}[A^-] = K_{sp}^{\ominus}$$

即

$$[M^+][A^-] = \frac{K_{sp}^{\ominus}}{\gamma_{M^+}\gamma_{A^-}} = K_{sp} \quad (7-7)$$

式中，K_{sp}为溶度积常数(简称溶度积)，它是微溶化合物饱和溶液中各种离子浓度的乘积。K_{sp}的大小不仅与温度有关，而且与溶液的离子强度大小有关。在重量分析中大多是加入过量沉淀剂，一般离子强度较大，引用溶度积计算比较符合实际，仅在计算水中的溶解度时，才用活度积。

对于 M_mA_n 型微溶化合物，其溶解平衡如下：

$$M_mA_n(固) \rightleftharpoons mM^{n+} + nA^{m-}$$

因此其溶度积表达式为：

$$K_{sp} = [M^{n+}]^m[A^{m-}]^n \quad (7-8)$$

(2) 条件溶度积　在沉淀溶解平衡中，除了主反应外，还可能存在多种副反应。例如，对于 1∶1 型沉淀 MA，除了溶解为 M^+和 A^-这个主反应外，阳离子 M^+还可能与溶液中的配位剂 L 形成配合物 ML、ML_2…(略去电荷，下同)，也可能与 OH^-生成各级羟基配合物；阴离子 A^-还可能与 H^+形成 HA、H_2A、…等，可表示为：

$$\begin{array}{llcccc}
\text{主反应：} & MA(固) \rightleftharpoons & & M & + & A \\
 & & {}^{+L}\swarrow & & \searrow{}^{+OH^-} & \downarrow \\
\text{副反应：} & & ML & & MOH & HA \\
 & & \vdots & & \vdots & \vdots \\
 & & ML_n & & M(OH)_n & H_nA
\end{array}$$

此时，溶液中金属离子总浓度[M′]和沉淀剂总浓度[A′]分别为：

$$[M'] = [M] + [ML] + [ML_2] + \cdots + [M(OH)] + [M(OH)_2] + \cdots$$

$$[A'] = [A] + [HA] + [H_2A] + \cdots$$

与配位平衡的副反应计算相似，引入相应的副反应系数 α_M、α_A，则：

$$K_{sp} = [M][A] = \frac{[M'][A']}{\alpha_M \cdot \alpha_A} = \frac{K'_{sp}}{\alpha_M \cdot \alpha_A}$$

即

$$K'_{sp} = [M'][A'] = K_{sp} \cdot \alpha_M \cdot \alpha_A \qquad (7-9)$$

K'_{sp}只有在温度、离子强度、酸度、配位剂浓度等一定时才是常数，即 K'_{sp}只有在反应条件一定时才是常数，故称为条件溶度积常数，简称条件溶度积。因为 $\alpha_M > 1$，$\alpha_A > 1$，所以 $K'_{sp} > K_{sp}$，即副反应的发生使溶度积常数增大。

对于 m∶n 型的沉淀 M_mA_n，则：

$$K'_{sp} = K_{sp} \cdot \alpha_M^m \cdot \alpha_A^n \qquad (7-10)$$

由于条件溶度积 K'_{sp}的引入，使得在有副反应发生时的溶解度计算大为简化。

二、影响沉淀溶解度的因素

影响沉淀溶解度的因素很多，如同离子效应、盐效应、酸效应、配位效应等。此外，温度、介质、沉淀结构和颗粒大小等对沉淀的溶解度也有影响。现分别进行讨论。

1. 同离子效应

组成沉淀晶体的离子称为构晶离子。当沉淀反应达到平衡后，如果向溶液中加入适当过量的含有某一构晶离子的试剂或溶液，则沉淀的溶解度减小，这种现象称为同离子效应。

例如，25℃时，$BaSO_4$在水中的溶解度为：

$$s = [Ba^{2+}] = [SO_4^{2-}] = \sqrt{K_{sp}} = \sqrt{1.1 \times 10^{-10}} = 1.05 \times 10^{-5}(mol \cdot L^{-1})$$

如果使溶液中的$[SO_4^{2-}]$增至 $0.10 mol \cdot L^{-1}$，此时 $BaSO_4$的溶解度为：

$$s = [Ba^{2+}] = K_{sp}/[SO_4^{2-}] = (1.1 \times 10^{-10}/0.10) mol \cdot L^{-1} = 1.1 \times 10^{-9}(mol \cdot L^{-1})$$

即 $BaSO_4$的溶解度减少至万分之一。

因此，在实际分析中，常加入过量沉淀剂，利用同离子效应，使被测组分沉淀完全。但沉淀剂过量太多，可能引起盐效应、酸效应及配位效应等副反应，反而使沉淀的溶解度增大。一般情况下，沉淀剂过量 50% ~100% 是合适的，如果沉淀剂是不易挥发的，则以过量 20% ~30% 为宜。

2. 盐效应

沉淀反应达到平衡时，由于强电解质的存在或加入其他强电解质，使沉淀的溶解度增大，这种现象称为盐效应。例如，AgCl、$BaSO_4$ 在 KNO_3溶液中的溶解度比在纯水中大，而且溶解度随 KNO_3浓度增大而增大。

产生盐效应的原因是由于离子的活度系数 γ 与溶液中加入的强电解质的浓度有关，当强电解质的浓度增大到一定程度时，离子强度增大，因而使离子活度系数明显减小。而在一定温度下 K_{sp}为一常数，因而$[M^+][A^-]$必然要增大，致使沉淀的溶解度增大。因此，利用同离子效应降低沉淀的溶解度时，应考虑盐效应的影响，即沉淀剂不能过量太多。

应该指出，如果沉淀本身的溶解度很小，一般来讲，盐效应的影响很小，可以不予考虑。只有当沉淀的溶解度比较大，而且溶液的离子强度很高时，才考虑盐效应的影响。

3. 酸效应

溶液酸度对沉淀溶解度的影响，称为酸效应。酸效应的发生主要是由于溶液中 H^+ 浓度的大小对弱酸、多元酸或难溶酸离解平衡的影响。因此，酸效应对于不同类型沉淀的影响情况不一样：若沉淀是强酸盐（如 $BaSO_4$、AgCl 等），其溶解度受酸度影响不大；但对弱酸盐，如 CaC_2O_4 则酸效应影响就很显著。如 CaC_2O_4 沉淀在溶液中有下列平衡：

$$
\begin{array}{ccc}
CaC_2O_4 \rightleftharpoons Ca^{2+} + & C_2O_4^{2-} & \\
 & -H^+ \Big\Updownarrow +H^+ & \\
 & HC_2O_4^- & \underset{-H^+}{\overset{+H^+}{\rightleftharpoons}} H_2C_2O_4
\end{array}
$$

当酸度较高时，沉淀溶解平衡向右移动，从而增加了沉淀溶解度。若知平衡时溶液的 pH 值，就可以计算酸效应系数，得到条件溶度积，从而计算溶解度。

【例 7-1】 计算沉淀在 pH = 5 和 pH = 2 溶液中的溶解度（已知 $H_2C_2O_4$ 的 $K_{a1} = 5.9 \times 10^{-2}$，$K_{a2} = 6.4 \times 10^{-5}$，$K_{sp,CaC_2O_4} = 1.6 \times 10^{-8}$）。

【解】 pH = 5 时，$H_2C_2O_4$ 的酸效应系数为：

$$\alpha_{C_2O_4(H)} = 1 + \frac{[H]}{K_2} + \frac{[H]^2}{K_1K_2}$$

$$= 1 + 1.0 \times 10^{-5}/(6.4 \times 10^{-5}) + (1.0 \times 10^{-5})^2/(6.4 \times 10^{-5} \times 5.9 \times 10^{-2}) = 1.16$$

根据式（7-9）得：

$$K'_{sp,CaC_2O_4} = K_{sp,CaC_2O_4}\alpha_{C_2O_4(H)} = 1.6 \times 10^{-8} \times 1.16$$

因此：$$s = [Ca^{2+}] = [C_2O_4{}^{2-}] = \sqrt{K'_{sp}}$$

$$s = \sqrt{1.6 \times 10^{-8} \times 1.16}\ mol \cdot L^{-1} = 1.4 \times 10^{-4} mol \cdot L^{-1}$$

同理可求出 pH = 2 时，CaC_2O_4 的溶解度为 $8.2 \times 10^{-4} mol \cdot L^{-1}$，由上述计算可知，$CaC_2O_4$ 在 pH = 2 的溶液中的溶解度比在 pH = 5 的溶液中的溶解度大得多。

为了防止沉淀溶解损失，对于弱酸盐沉淀，如碳酸盐、草酸盐、磷酸盐等，通常应在较低的酸度下进行沉淀。如果沉淀本身是弱酸，如硅酸（$SiO_2 \cdot nH_2O$）、钨酸（$WO_3 \cdot nH_2O$）等，易溶于碱，则应在强酸性介质中进行沉淀。如果沉淀是强酸盐如 AgCl 等，在酸性溶液中进行沉淀时，溶液的酸度对沉淀的溶解度影响不大。对于硫酸盐沉淀，例如 $BaSO_4$、$SrSO_4$ 等，由于 H_2SO_4 的 K_{a2} 不大，当溶液的酸度太高时，沉淀的溶解度也随之增大。

4. 配位效应

进行沉淀反应时，若溶液中存在能与构晶离子生成可溶性配合物的配位剂，则可使沉淀溶解度增大，这种现象称为配位效应。

配位剂主要来自两方面，一是沉淀剂本身就是配位剂，二是加入的其他试剂。例如用 Cl^- 沉淀 Ag^+ 时，得到 AgCl 白色沉淀，若向此溶液加入氨水，则因 NH_3 配位形成 $[Ag(NH_3)_2]^+$，使 AgCl 的溶解度增大，甚至全部溶解。如果在沉淀 Ag^+ 时，加入过量的 Cl^-，则 Cl^- 能与 AgCl 沉淀进一步形成 $AgCl_2^-$ 和 $AgCl_3^{2-}$ 等配离子，也使 AgCl 沉淀逐渐溶解。这时 Cl^- 沉淀剂本身就是配位剂。由此可见，在用沉淀剂进行沉淀时，应严格控制沉淀剂的用量，同时注意外加试剂的影响。

配位效应使沉淀的溶解度增大的程度与沉淀的溶度积、配位剂的浓度和形成配合物的稳定常数有关。沉淀的溶度积越大，配位剂的浓度越大，形成的配合物越稳定，沉淀就越容易溶解。

综上所述，在实际工作中应根据具体情况来考虑哪种效应是主要的：对无配位反应的强酸盐沉淀，主要考虑同离子效应和盐效应；对弱酸盐或难溶盐的沉淀，多数情况主要考虑酸效应；对于有配位反应且沉淀的溶度积又较大、易形成稳定配合物时，应主要考虑配位效应。

5. 其他影响因素

除上述因素外，温度和其他溶剂的存在、沉淀颗粒大小和结构等，都对沉淀的溶解度有影响。

（1）温度的影响　沉淀的溶解一般是吸热过程，其溶解度随温度升高而增大。因此，对于一些在热溶液中溶解度较大的沉淀，在过滤洗涤时必须在室温下进行，如 $MgNH_4PO_4$、CaC_2O_4等。对于一些溶解度小，冷时又较难过滤和洗涤的沉淀，则采用趁热过滤，并用热的洗涤液进行洗涤，如 $Fe(OH)_3$、$Al(OH)_3$等。

（2）溶剂的影响　无机物沉淀大部分是离子型晶体，它们在有机溶剂中的溶解度一般比在纯水中要小。例如，$PbSO_4$沉淀在 100mL 水中的溶解度为 $1.5\times10^{-4}mol\cdot L^{-1}$，而在 100mL（$\varphi_{乙醇}=50\%$）的乙醇溶液中的溶解度为 $7.6\times10^{-6}mol\cdot L^{-1}$。

（3）沉淀颗粒大小和结构的影响　同一种沉淀，在质量相同时，颗粒越小，其总表面积越大，溶解度越大。由于小晶体比大晶体有更多的角、边和表面，处于这些位置的离子受晶体内离子的吸引力小，又受到溶剂分子的作用，容易进入溶液中。因此，小颗粒沉淀的溶解度比大颗粒沉淀的溶解度大。所以，在实际分析中，要尽量创造条件以利于形成大颗粒晶体。

第三节　影响沉淀纯度的因素

研究沉淀的类型和沉淀的形成过程，主要是为了选择适宜的沉淀条件，以获得纯净且易于分离和洗涤的沉淀。

一、沉淀的类型

沉淀按其物理性质的不同，可粗略地分为晶形沉淀和无定形沉淀两大类。

1. 晶形沉淀

晶形沉淀是指具有一定形状的晶体，其内部排列规则有序，颗粒直径约为 0.1～1μm。这类沉淀的特点是：结构紧密，具有明显的晶面，沉淀所占体积小、沾污少、易沉降、易过滤和洗涤。例如：$MgNH_4PO_4$、$BaSO_4$等典型的晶形沉淀。

2. 无定形沉淀

无定形沉淀是指无晶体结构特征的一类沉淀。如 $Fe_2O_3\cdot nH_2O$，$P_2O_3\cdot nH_2O$ 是典型的无定形沉淀。无定形沉淀是由许多聚集在一起的微小颗粒（直径小于 0.02μm）组成的，内部排列杂乱无章、结构疏松、体积庞大、吸附杂质多，不能很好地沉降，无明显的晶面，难于过滤和洗涤。它与晶形沉淀的主要差别在于颗粒大小不同。

介于晶形沉淀与无定形沉淀之间，颗粒直径在 0.02～0.1μm 的沉淀（如 AgCl）称为凝乳状沉淀，其性质也介于两者之间。

在沉淀过程中，究竟生成的沉淀属于哪一种类型，主要取决于沉淀本身的性质和沉淀的条件。

二、沉淀形成过程

沉淀的形成是一个复杂的过程，一般来讲沉淀的形成要经过晶核形成和晶核长大两个过程，简单表示如下：

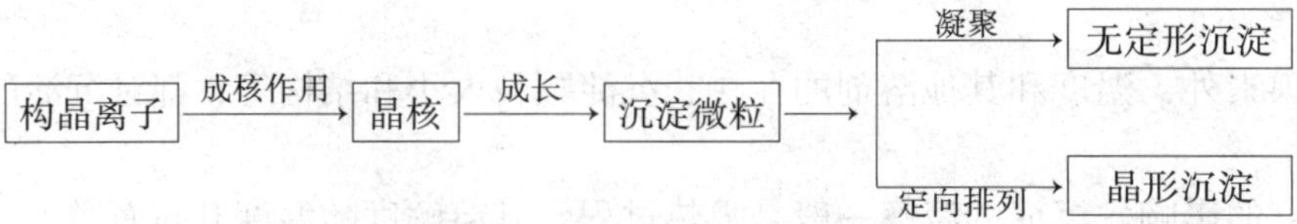

1. 晶核的形成

将沉淀剂加入待测组分的试液中，溶液是过饱和状态时，构晶离子由于静电作用而形成微小的晶核。晶核的形成可以分为均相成核和异相成核。

均相成核是指过饱和溶液中构晶离子通过缔合作用，自发地形成晶核的过程。不同的沉淀，组成晶核的离子数目不同。例如，$BaSO_4$的晶核由 8 个构晶离子组成，Ag_2CrO_4的晶核由 6 个构晶离子组成。

异相成核是指在过饱和溶液中，构晶离子在外来固体微粒的诱导下，聚合在固体微粒周围形成晶核的过程。溶液中的“晶核”数目取决于溶液中混入固体微粒的数目。随着构晶离子浓度的增加，晶体将成长得大一些。

当溶液的相对过饱和程度较大时，异相成核与均相成核同时作用，形成的晶核数目多，沉淀颗粒小。

2. 晶形沉淀和无定形沉淀的生成

晶核形成时，溶液中的构晶离子向晶核表面扩散，并沉积在晶核上，晶核逐渐长大形成沉淀微粒。在沉淀过程中，由构晶离子聚集成晶核的速度称为聚集速度；构晶离子按一定晶格定向排列的速度称为定向速度。如果定向速度大于聚集速度较多，溶液中最初生成的晶核不很多，有更多的离子以晶核为中心，并有足够的时间依次定向排列长大，形成颗粒较大的晶形沉淀。反之聚集速度大于定向速度，则很多离子聚集成大量晶核，溶液中没有更多的离子定向排列到晶核上，于是沉淀就迅速聚集成许多微小的颗粒，因而得到无定形沉淀。

定向速度主要取决于沉淀物质的本性，极性较强的物质，如 $BaSO_4$、$MgNH_4PO_4$和 CaC_2O_4等，一般具有较大的定向速度，易形成晶形沉淀。AgCl 的极性较弱，逐步生成凝乳状沉淀。氢氧化物，特别是高价金属离子的氢氧化物，如 $Fe(OH)_3$、$Al(OH)_3$等，由于含有大量水分子，阻碍离子的定向排列，一般生成无定形胶状沉淀。

聚集速度不仅与物质的性质有关，同时主要由沉淀的条件决定，其中最重要的是溶液中生成沉淀时的相对过饱和度。聚集速度与溶液的相对过饱和度成正比，溶液相对过饱和度越大，聚集速度越大，晶核生成多，易形成无定形沉淀。反之，溶液相对过饱和度小，聚集速度小，晶核生成少，有利于生成颗粒较大的晶形沉淀。因此，通过控制溶液的相对过饱和度，可以改变形成沉淀颗粒的大小，有可能改变沉淀的类型。

三、影响沉淀纯度的因素

在重量分析中，要求获得的沉淀是纯净的。但是，沉淀从溶液中析出时，总会或多或少地夹杂溶液中的其他组分。因此必须了解影响沉淀纯度的各种因素，找出减少杂质混入的方法，以获得符合重量分析要求的沉淀。

影响沉淀纯度的主要因素有共沉淀现象和后沉淀现象。

1. 共沉淀

当沉淀从溶液中析出时，溶液中的某些可溶性组分也同时沉淀下来的现象称为共沉淀。共沉淀是引起沉淀不纯的主要原因，也是重量分析误差的主要来源之一。共沉淀现象主要有以下三类。

（1）表面吸附　由于沉淀表面离子电荷的作用力未达到平衡，因而产生自由静电力场。由于沉淀表面静电引力作用吸引了溶液中带相反电荷的离子，使沉淀微粒带有电荷，形成吸附层。带电荷的微粒又吸引溶液中带相反电荷的离子，构成电中性的分子。因此，沉淀表面吸附了杂质分子。例如：加过量 $BaCl_2$ 到 H_2SO_4 的溶液中，生成 $BaSO_4$ 晶体沉淀。沉淀表面上的 SO_4^{2-} 由于静电引力强烈地吸引溶液中的 Ba^{2+}，形成第一吸附层，使沉淀表面带正电荷。然后它又吸引溶液中带负电荷的离子，如 Cl^- 离子，构成电中性的双电层，如图 7－1 所示。双电层能随颗粒一起下沉，因而使沉淀被污染。

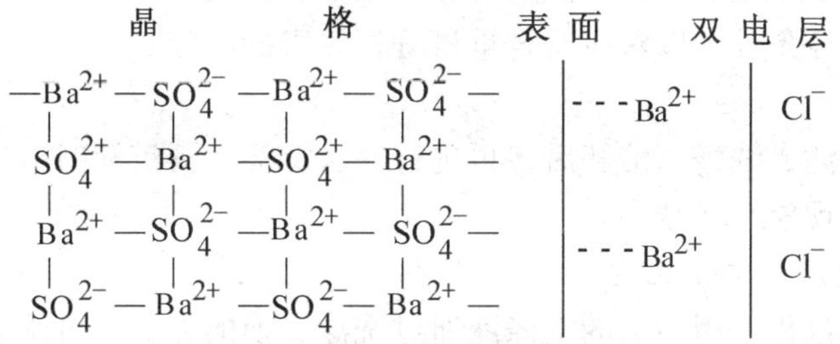

图 7－1　晶体表面吸附示意图

显然，沉淀的总表面积越大，吸附杂质就越多；溶液中杂质离子的浓度越高，价态越高，越易被吸附。由于吸附作用是一个放热反应，所以升高溶液的温度，可减少杂质的吸附。

（2）吸留和包藏　吸留是被吸附的杂质机械地嵌入沉淀中。包藏常指母液机械地包藏在沉淀中。这些现象的发生，是由于沉淀剂加入太快，使沉淀急速生长，沉淀表面吸附的杂质来不及离开就被随后生成的沉淀所覆盖，使杂质离子或母液被吸留或包藏在沉淀内部。这类共沉淀不能用洗涤的方法将杂质除去，可以借改变沉淀条件或重结晶的方法来减免。

（3）混晶　当溶液杂质离子与构晶离子半径相近、晶体结构相同时，杂质离子将进入晶核排列中形成混晶。例如 Pb^{2+} 和 Ba^{2+} 半径相近，电荷相同，在用 H_2SO_4 沉淀 Ba^{2+} 时，Pb^{2+} 能够取代 $BaSO_4$ 中的 Ba^{2+} 进入晶核形成 $PbSO_4$ 与 $BaSO_4$ 的混晶共沉淀。又如 AgCl 和 AgBr、$MgNH_4PO_4 \cdot 6H_2O$ 和 $MgNH_4AsO_4$ 等都易形成混晶。为了减免混晶的生成，最好在沉淀前先将杂质分离出去。

2. 后沉淀

在沉淀析出后，当沉淀与母液一起放置时，溶液中某些杂质离子可能慢慢地沉积到原沉淀上，放置时间越长，杂质析出的量越多，这种现象称为后沉淀。例如，Mg^{2+} 存在时以 $(NH_4)_2C_2O_4$ 沉淀 Ca^{2+}，Mg^{2+} 易形成稳定的草酸盐过饱和溶液而不立即析出。如果把形成的 CaC_2O_4 沉淀过滤，则发现沉淀表面上吸附有少量镁。若将含有 Mg^{2+} 的母液与 CaC_2O_4 沉淀一起放置一段时间，则 MgC_2O_4 沉淀的量将会增多。

由后沉淀引入杂质的量比共沉淀要多，且随沉淀在溶液中放置时间的延长而增多。因此为防止后沉淀的发生，某些沉淀的陈化时间不宜过长。

四、减少沉淀玷污的方法

为了提高沉淀的纯度，可采用下列措施。

1. 采用适当的分析程序

当试液中含有几种组分时，首先应沉淀低含量组分，再沉淀高含量组分。反之，由于大量沉淀析出，会使部分低含量组分掺入沉淀，产生测定误差。

2. 降低易被吸附杂质离子的浓度

对于易被吸附的杂质离子，可采用适当的掩蔽方法或改变杂质离子价态来降低其浓度。例如：将 SO_4^{2-} 沉淀为 $BaSO_4$ 时，Fe^{3+} 易被吸附，可把 Fe^{3+} 还原为不易被吸附的 Fe^{2+} 或加酒石酸、EDTA 等，使 Fe^{3+} 生成稳定的配离子，以减小沉淀对 Fe^{3+} 的吸附。

3. 选择沉淀条件

沉淀条件包括溶液浓度、温度、试剂的加入次序和速度、陈化与否等，对不同类型的沉淀，应选用不同的沉淀条件，以获得符合重量分析要求的沉淀。

4. 再沉淀

必要时将沉淀过滤、洗涤、溶解后，再进行一次沉淀。再沉淀时溶液中杂质的量大为降低，共沉淀和后沉淀现象自然减小。

5. 选择适当的洗涤液洗涤沉淀

吸附作用是可逆过程，用适当的洗涤液通过洗涤交换的方法，可洗去沉淀表面吸附的杂质离子。例如，$Fe(OH)_3$ 吸附 Mg^{2+}，用 NH_4NO_3 稀溶液洗涤时，被吸附在表面的 Mg^{2+} 与洗涤液的 NH_4^+ 发生交换，吸附在沉淀表面的 NH_4^+，可在燃烧沉淀时分解除去。

为了提高洗涤沉淀的效率，同体积的洗涤液应尽可能分多次洗涤，通常称为“少量多次”的洗涤原则。

6. 选择合适的沉淀剂

无机沉淀剂选择性差，易形成胶状沉淀，吸附杂质多，难于过滤和洗涤。有机沉淀剂选择性高，常能形成结构较好的晶形沉淀，吸附杂质少，易于过滤和洗涤。因此，在可能的情况下，尽量选择有机试剂做沉淀剂。

第四节　沉淀的条件和称量形式的获得

一、沉淀的条件

在重量分析中，为了获得准确的分析结果，要求沉淀完全、纯净、易于过滤和洗涤，并减小沉淀的溶解损失。因此，对于不同类型的沉淀，应当选用不同的沉淀条件。

1. 晶形沉淀

为了形成颗粒较大的晶形沉淀，采取以下沉淀条件：

（1）在适当稀、热溶液中进行　在稀、热溶液中进行沉淀，可使溶液中相对过饱和度保持较低，以利于生成晶形沉淀。同时也有利于得到纯净的沉淀。对于溶解度较大的沉淀，溶液不能太稀，否则沉淀溶解损失较多，影响结果的准确度。在沉淀完全后，应将溶液冷却后再进行过滤。

（2）快搅慢加　在不断搅拌的同时缓慢滴加沉淀剂，可使沉淀剂迅速扩散，防止局部相对过饱和度过大而产生大量小晶粒。

（3）陈化　陈化是指沉淀完全后，将沉淀连同母液放置一段时间，使小晶粒变为大晶粒，不纯净的沉淀转变为纯净沉淀的过程。因为在同样条件下，小晶粒的溶解度比大晶粒大。在同一溶液中，对大晶粒为饱和溶液时，对小晶粒则为未饱和，小晶粒就要溶解。这样，溶液中的构晶离子就在大晶粒上沉积，直至达到饱和。这时，小晶粒又为未饱和，又要溶解。如此反复进行，小晶粒逐渐消失，大晶粒不断长大。

陈化过程不仅能使晶粒变大，而且能使沉淀变得更纯净。

加热和搅拌可以缩短陈化时间。但是陈化作用对伴随有混晶共沉淀的沉淀，不一定能提高纯度；对伴随有后沉淀的沉淀，不仅不能提高纯度，有时反而会降低纯度。

2. 无定形沉淀

无定形沉淀的特点是结构疏松、比表面大、吸附杂质多、溶解度小、易形成胶体、不易过滤和洗涤。对于这类沉淀关键问题是创造适宜的沉淀条件来改善沉淀的结构，使之不致形成胶体，并且有较紧密的结构，便于过滤和减小杂质吸附。因此，无定形沉淀的沉淀条件是：

（1）在较浓的溶液中进行沉淀。在浓溶液中进行沉淀，离子水化程度小，结构较紧密，体积较小，容易过滤和洗涤。但在浓溶液中，杂质的浓度也较高，沉淀吸附杂质的量也较多。因此，在沉淀完毕后，应立即加入热水稀释搅拌，使被吸附的杂质离子转移到溶液中。

（2）在热溶液中及电解质存在下进行沉淀。在热溶液中进行沉淀可防止生成胶体，并减少杂质的吸附。电解质的存在，可促使带电荷的胶体粒子相互凝聚沉降，加快沉降速度，因此，电解质一般选用易挥发性的铵盐如 NH_4NO_3 或 NH_4Cl 等，它们在灼烧时均可挥发除去。有时在溶液中加入与胶体带相反电荷的另一种胶体来代替电解质，可使被测组分沉淀完全。例如测定 SiO_2 时，加入带正电荷的动物胶与带负电荷的硅酸胶体凝聚而沉降下来。

（3）趁热过滤洗涤，不需陈化。沉淀完毕后，趁热过滤，不要陈化，因为沉淀放置后逐渐失去水分，聚集得更为紧密，使吸附的杂质更难洗去。

洗涤无定形沉淀时，一般选用热、稀的电解质溶液作洗涤液，主要是防止沉淀重新变为胶体难于过滤和洗涤，常用的洗涤液有 NH_4NO_3、NH_4Cl 或氨水。

无定形沉淀吸附杂质较严重，一次沉淀很难保证纯净，必要时进行再沉淀。

3. 均匀沉淀法

为改善沉淀条件，避免因加入沉淀剂所引起的溶液局部相对过饱和的现象发生，采用均匀沉淀法。这种方法是通过某一化学反应，使沉淀剂从溶液中缓慢地、均匀地产生出来，使沉淀在整个溶液中缓慢地、均匀地析出，获得颗粒较大、结构紧密、纯净、易于过滤和洗涤的沉淀。例如：沉淀 Ca^{2+} 时，如果直接加入 $(NH_4)_2C_2O_4$，尽管按晶形沉淀条件进行沉淀，仍得到颗粒细小的 CaC_2O_4 沉淀。若在含有 Ca^{2+} 的溶液中，以 HCl 酸化后，加入 $(NH_4)_2C_2O_4$，溶液中主要存在的是 $HC_2O_4^-$ 和 $H_2C_2O_4$，此时，向溶液中加入尿素并加热至90℃，尿素逐渐水解产生 NH_3。

$$CO(NH_2)_2 + H_2O \rightleftharpoons 2NH_3 + CO_2\uparrow$$

水解产生的 NH_3 均匀地分布在溶液的各个部分，溶液的酸度逐渐降低，$C_2O_4^{2-}$ 浓度渐渐增大，CaC_2O_4 则均匀而缓慢地析出形成颗粒较大的晶形沉淀。

均匀沉淀法还可以利用有机化合物的水解（如酯类水解）、配合物的分解、氧化还原反应等方式进行，见表7-1。

表7-1 某些均匀沉淀法的应用

沉淀剂	加入试剂	反　应	被测组分
OH^-	尿素	$CO(NH_2)_2+H_2O \xlongequal{} CO_2+2NH_3$	Al^{3+}、Fe^{3+}、Bi^{3+}
OH^-	六次甲基四胺	$(CH_2)_6N_4+6H_2O \xlongequal{} 6HCHO+4NH_3$	Th^{4+}
PO_4^{3-}	磷酸三甲酯	$(CH_3)_3PO_4+3H_2O \xlongequal{} 3CH_3OH+H_3PO_4$	Zr^{4+}、Hf^{4+}
S^{2-}	硫代乙酰胺	$CH_3CSNH_2+H_2O \xlongequal{} CH_3CONH_2+H_2S$	金属离子
SO_4^{2-}	硫酸二甲酯	$(CH_3)_2SO_4+2H_2O \xlongequal{} 2CH_3OH+SO_4^{2-}+2H^+$	Ba^{2+}、Sr^{2+}、Pb^{2+}
$C_2O_4^{2-}$	草酸二甲酯	$(CH_3)_2C_2O_4+2H_2O \xlongequal{} 2CH_3OH+H_2C_2O_4$	Ca^{2+}、Th^{4+}、稀土
Ba^{2+}	Ba-EDTA	$BaY^{2-}+4H^+ \xlongequal{} H_4Y+Ba^{2+}$	SO_4^{2-}

二、称量形式的获得

沉淀完毕后还需经过滤、洗涤、烘干或灼烧，最后得到符合要求的称量形式。

1. 沉淀的过滤和洗涤

沉淀常用定量滤纸(也称无灰滤纸)或玻璃砂芯坩埚过滤。对于需要灼烧的沉淀，应根据沉淀的性状选用紧密程度不同的滤纸：一般无定形沉淀如 $Al(OH)_3$、$Fe(OH)_3$等，选用疏松的快速滤纸；粗粒的晶形沉淀如 $MgNH_4PO_4 \cdot 6H_2O$ 等，选用较紧密的中速滤纸；颗粒较小的晶形沉淀如 $BaSO_4$等，选用紧密的慢速滤纸。

对于只需烘干即可作为称量形式的沉淀，应选用玻璃砂芯坩埚过滤。

洗涤沉淀是为了洗去沉淀表面吸附的杂质和混杂在沉淀中的母液。洗涤时要尽量减小沉淀的溶解损失和避免形成胶体。因此，需选择合适的洗液。选择洗涤液的原则：对于溶解度很小又不易形成胶体的沉淀，可用蒸馏水洗涤。对于溶解度较大的晶形沉淀，可用沉淀剂的稀溶液洗涤，但沉淀剂必须在烘干或灼烧时易挥发或易分解除去，例如用$(NH_4)_2C_2O_4$稀溶液洗涤 CaC_2O_4沉淀。对于溶解度较小而又能形成胶体的沉淀，应用易挥发的电解质稀溶液洗涤，例如用 NH_4NO_3稀溶液洗涤 $Fe(OH)_3$沉淀。

用热洗涤液洗涤，则过滤较快，且能防止形成胶体，但溶解度随温度升高而增大较快的沉淀不能用热洗涤液洗涤。

洗涤必须连续进行，一次完成，不能将沉淀放置太久，尤其是一些非晶形沉淀，放置凝聚后，不易洗净。

洗涤沉淀时，既要将沉淀洗净，又不能增加沉淀的溶解损失。同体积的洗涤液，采用"少量多次、尽量沥干"的洗涤原则，用适当少的洗涤液分多次洗涤，每次加洗涤液前，应使前次洗涤液尽量流尽，这样可以提高洗涤效果。

在沉淀的过滤和洗涤操作中，为缩短分析时间和提高洗涤效率，都应采用倾泻法(详见配套实验教材)。

2. 沉淀的烘干和灼烧

沉淀的烘干或灼烧是为了除去沉淀中的水分和挥发性物质，并转化为组成固定的称量形式。烘干或灼烧的温度和时间，随沉淀的性质而定。

灼烧温度一般在800℃以上，常用瓷坩埚盛放沉淀。若需用氢氟酸处理沉淀，则应用铂坩埚。灼烧沉淀前，应用滤纸包好沉淀，放入已灼烧至质量恒定的瓷坩埚中，先加热烘干，炭化后再进行灼烧。

沉淀经烘干或灼烧至质量恒定后，由其质量即可计算测定结果。

第五节　有机沉淀剂

前面我们重点讨论了利用无机沉淀剂进行沉淀的情况，总地看来，无机沉淀剂的选择性较差，产生的沉淀溶解度较大，吸附杂质较多。如果生成的是无定形沉淀时，不仅吸附杂质多，而且不易过滤和洗涤。因此，近年来对有机沉淀剂的应用非常广泛。

一、有机沉淀剂的特点

有机沉淀剂较无机沉淀剂具有下列优点：

(1) 选择性高　有机沉淀剂在一定条件下，一般只与少数离子起沉淀反应。

(2) 沉淀的溶解度小　由于有机沉淀的疏水性强，所以溶解度较小，有利于沉淀完全。

(3) 沉淀吸附杂质少　因为沉淀表面不带电荷，所以吸附杂质离子少，易获得纯净的沉淀。

(4) 沉淀的摩尔质量大　被测组分在称量形式中占的百分比小，有利于提高分析结果的准确度。

(5) 多数有机沉淀物组成恒定，经烘干后即可称重，简化了重量分析的操作。

但是，有机沉淀剂一般在水中的溶解度较小，有些沉淀的组成不恒定，这些缺点，还有待于今后继续改进。

二、有机沉淀剂的分类

有机沉淀剂和金属离子通常生成微溶性的螯合物或离子缔合物。因此，有机沉淀剂也可分为生成螯合物的沉淀剂和生成离子缔合物的沉淀剂两类。

1. 生成螯合物的沉淀剂

作为沉淀剂的螯合剂，绝大部分是 HL 型或 H_2L 型(H_3L 型的较少)。能形成螯合物沉淀的有机沉淀剂，它们至少应有下列两种官能团：一种是酸性官能团，如 COOH、—OH、═NOH、—SH、—SO_3H 等，这些官能团中的 H^+ 可被金属离子置换；另一种是碱性官能团，如—NH_2、—NH═、═N═、═C═O 及═C═S 等，这些官能团具有未被共用的电子对，可以与金属离子形成配位键而成为配位化合物。金属离子与有机螯合物沉淀剂反应，通过酸性基团和碱性基团的共同作用，生成微溶性的螯合物，例如 8 - 羟基喹啉与 Al^{3+} 配位时，酸性基团 - OH 的氢被 Al^{3+} 置换，同时 Al^{3+} 又与碱性基团 = N - 以配位键相结合，形成五元环结构的微溶性螯合物，生成的 8 - 羟基喹啉铝不带电荷，所以不易吸附其他离子，沉淀比较纯净，而且溶解度很小($K_{sp}=1.0\times10^{-29}$)。

2. 生成离子缔合物沉淀剂

有些摩尔质量较大的有机试剂，在水溶液中以阳离子和阴离子形式存在，它们与带相反电荷的离子反应后，可能生成微溶性的离子缔合物(或称为正盐沉淀)。

例如，四苯硼酸钠 $NaB(C_6H_5)_4$ 与 K^+ 有下列沉淀反应：

$$NaB(C_6H_5)_4^- + K^+ \longrightarrow KB(C_6H_5)_4\downarrow$$

$KB(C_6H_5)_4$ 的溶解度小，组成恒定，烘干后即可直接称量，所以四苯硼酸钠是测定 K^+ 的较好沉淀剂。

三、有机沉淀剂应用示例

1. 丁二酮肟

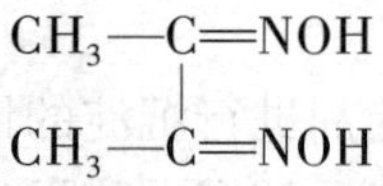

白色粉末，微溶于水，通常使用它的乙醇溶液或氢氧化钠溶液。丁二酮肟是选择性较高的生成螯合物的沉淀剂，在金属离子中，只有 Ni^{2+}、Pd^{2+}、Pt^{2+}、Fe^{2+} 能与它生成沉淀。

在氨性溶液中，丁二酮肟与 Ni^{2+} 生成鲜红色的螯合物沉淀，沉淀组成恒定，可烘干后直接称量，常用于重量法测定镍。Fe^{3+}、Al^{3+}、Cr^{3+} 等在氨性溶液中能生成水合氧化物沉淀干扰测定，可加入柠檬酸或酒石酸进行掩蔽。

2. 8-羟基喹啉

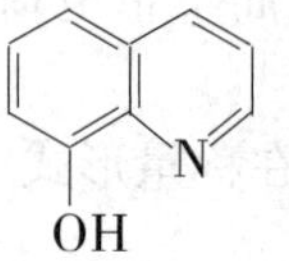

白色针状晶体，微溶于水，一般使用它的乙醇溶液或丙酮溶液，是生成螯合物的沉淀剂，在弱酸性或碱性溶液中($pH = 3 \sim 9$)，8-羟基喹啉与许多金属离子发生沉淀反应，例如 Al^{3+} 与 8-羟基喹啉反应：

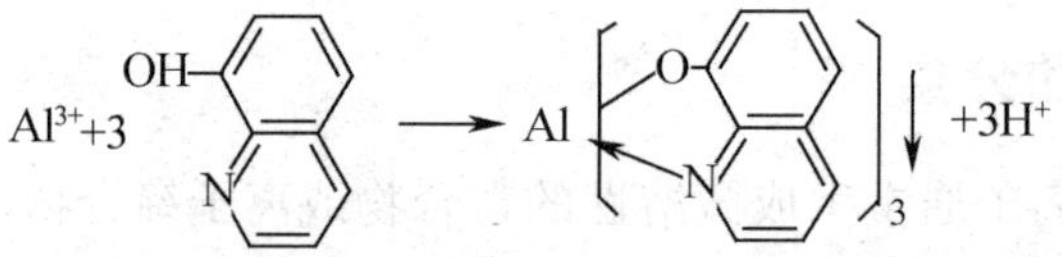

生成的沉淀恒定，可烘干后直接称重。8-羟基喹啉的最大缺点是选择性较差，采用适当的掩蔽剂，可以提高反应的选择性。例如，用 KCN、EDTA 掩蔽 Cu^{2+}、Fe^{3+} 等离子后，可在氨性溶液中沉淀 Al^{3+}，并用于重量法。

目前已经合成了一些选择性较高的 8-羟基喹啉衍生物，如：2-甲基-8-羟基喹啉，在 $pH = 5.5$ 时沉淀 Zn^{2+}，$pH = 9$ 时沉淀 Mg^{2+}，而不与 Al^{3+} 发生沉淀反应。

3. 四苯硼酸钠

白色粉末状结晶，易溶于水，是生成离子缔合物的沉淀剂。试剂能与 K^{+}、NH^{+}、Rb^{+}、Cs^{+}、Ti^{+}、Ag^{+} 等生成离子缔合物沉淀。试剂易溶于水，是测 K^{+} 的良好沉淀剂。由于一般试样中 Rb^{+}、Cs^{+}、Ti^{+}、Ag^{+} 的含量极微，故此试剂常用于 K^{+} 的测定。沉淀组成恒定，可烘干后直接称重。

有机沉淀剂的应用实例不胜枚举，可参考有关专著。

第六节　重量分析结果计算

一、重量分析中的换算因数

重量分析中，当最后称量形式与被测组分形式一致时，计算其分析结果就比较简单了。

例如，测定要求计算 SiO_2 的含量，重量分析最后称量形式也是 SiO_2，其分析结果按下式计算：

$$w_{SiO_2}=\frac{m_{SiO_2}}{m_s}\times 100\%$$

式中 w_{SiO_2}——SiO_2的质量分数，%；

m_{SiO_2}——SiO_2沉淀质量，g；

m_s——试样质量，g。

如果最后称量形式与被测组分形式不一致时，分析结果就要进行适当的换算。如测定钡时，得到 $BaSO_4$沉淀 0.5051g，可按下列方法换算成被测组分钡的质量：

$$\begin{array}{ccc} BaSO_4 & & Ba \\ 233.4 & \longrightarrow & 137.4 \\ 0.5051g & & m_{Ba}g \end{array}$$

$$m_{Ba}=0.5051\times 137.4/233.4g=0.2973g$$

即：

$$m_{Ba}=m_{BaSO_4}\frac{M_{Ba}}{M_{BaSO_4}}$$

式中，m_{BaSO_4}为称量形式 $BaSO_4$的质量，g；$\frac{M_{Ba}}{M_{BaSO_4}}$是将 $BaSO_4$的质量换算成 Ba 的质量的分式，此分式是一个常数，与试样质量无关。这一比值通常称为换算因数或化学因数(即欲测组分的摩尔质量与称量形式的摩尔质量之比，常用 F 表示)。将称量形式的质量换算成所要测定组分的质量后，即可按前面计算 SiO_2分析结果的方法进行计算。

求算换算因数时，一定要注意使分子和分母所含被测组分的原子或分子数目相等，所以在待测组分的摩尔质量和称量形式摩尔质量之前有时需要乘以适当的系数。分析化学手册中可查到常见物质的换算因数。表 7-2 列出几种常见物质的换算因数。

表 7-2 几种常见物质的换算因数

被测组分	沉淀形式	称量形式	换算因数
Fe	$Fe_2O_3\cdot nH_2O$	Fe_2O_3	$2M_{Fe}/M_{Fe_2O_3}=0.6995$
Fe_3O_4	$Fe_2O_3\cdot nH_2O$	Fe_2O_3	$2M_{Fe_3O_4}/3M_{Fe_2O_3}=0.9666$
P	$MgNH_4PO_4\cdot 6H_2O$	$Mg_2P_2O_7$	$2M_P/M_{Mg_2P_2O_7}=0.2783$
P_2O_5	$MgNH_4PO_4\cdot 6H_2O$	$Mg_2P_2O_7$	$M_{P_2O_5}/M_{Mg_2P_2O_7}=0.6377$
MgO	$MgNH_4PO_4\cdot 6H_2O$	$Mg_2P_2O_7$	$2M_{MgO}/M_{Mg_2P_2O_7}=0.3621$
S	$BaSO_4$	$BaSO_4$	$M_S/M_{BaSO_4}=0.1374$

二、结果计算示例

【例 7-2】 用 $BaSO_4$重量法测定黄铁矿中的硫含量时，称取试样 0.1819g，最后得到 $BaSO_4$沉淀 0.4821g，计算试样中硫的质量分数。

【解】 沉淀形式为 $BaSO_4$，称量形式也是 $BaSO_4$，但被测组分是 S，所以必须把称量组分利用换算因数换算为被测组分，才能算出被测组分的含量。已知 $BaSO_4$相对分子质量为 233.40，S 相对原子质量为 32.066。

因为：
$$w_s = \frac{m_S}{m_s} \times 100\% = \frac{m_{BaSO_4}\frac{M_S}{M_{BaSO_4}}}{m_s} \times 100\%$$

所以：
$$w_s = \frac{0.4821g \times 32.066g \cdot mol^{-1}/233.40g \cdot mol^{-1}}{0.1819g} \times 100\% = 36.41\%$$

【例 7－3】 测定磁铁矿（不纯的 Fe_3O_4）中的铁含量时，称取试样 0.1666g，经溶解、氧化，使 Fe^{3+}离子沉淀为 $Fe(OH)_3$，灼烧后得 Fe_2O_3质量为 0.1370g，计算试样中：(1) Fe 的质量分数；(2) Fe_3O_4的质量分数。

【解】 (1) 已知：$M_{Fe} = 55.85g \cdot mol^{-1}$；$M_{Fe_3O_4} = 231.54g \cdot mol^{-1}$；$M_{Fe_2O_3} = 159.69g \cdot mol^{-1}$

因为：
$$w_{Fe} = \frac{m_{Fe}}{m_s} \times 100\% = \frac{m_{Fe_2O_3}\frac{2M_{Fe}}{M_{Fe_2O_3}}}{m_s} \times 100\%$$

所以：
$$w_{Fe} = \frac{0.1370g \times 2 \times 55.85g \cdot mol^{-1}/159.69g \cdot mol^{-1}}{0.1666g} \times 100\% = 57.52\%$$

(2) 按题意：

因为：
$$w_{Fe_3O_4} = \frac{m_{Fe_3O_4}}{m_s} \times 100\% = \frac{m_{Fe_2O_3}\frac{2M_{Fe_3O_4}}{3M_{Fe_2O_3}}}{m_s} \times 100\%$$

所以：
$$w_{Fe_3O_4} = \frac{0.1370g \times 2 \times 231.54g \cdot mol^{-1}/3 \times 159.69g \cdot mol^{-1}}{0.1666g} \times 100\% = 79.47\%$$

【例 7－4】 分析某一化学纯 $AlPO_4$的试样，得到 0.1126g $Mg_2P_2O_7$，问可以得到多少 Al_2O_3？

【解】 已知 $M_{Mg_2P_2O_7} = 222.60g \cdot mol^{-1}$；$M_{Al_2O_3} = 101.96g \cdot mol^{-1}$

按题意：
$$Mg_2P_2O_7 \sim 2P \sim 2Al \sim Al_2O_3$$

因此：
$$m_{Al_2O_3} = m_{Mg_2P_2O_7}\frac{M_{Al_2O_3}}{M_{MgP_2O_7}}$$

所以：
$$m_{Al_2O_3} = 0.1126g \times \frac{101.96g \cdot mol^{-1}}{222.60g \cdot mol^{-1}} = 0.05160(g)$$

【例 7－5】 铵离子可用 H_2PtCl_6沉淀为 $(NH_4)_2PtCl_6$，再灼烧为金属 Pt 后称量，反应式如下：

$$(NH_4)_2PtCl_6 = Pt + 2NH_4Cl + 2Cl_2\uparrow$$

若分析得到 0.1032gPt，求试样中含 NH_3的质量(g)？

【解】 已知 $M_{NH_3} = 17.03g \cdot mol^{-1}$；$M_{Pt} = 195.078g \cdot mol^{-1}$

按题意：
$$(NH_4)_2PtCl_6 \sim Pt \sim 2NH_3$$

因此：
$$m_{NH_3} = m_{Pt}\frac{2M_{NH_3}}{M_{Pt}}$$

所以：
$$m_{NH_3} = \frac{0.1032g \times 2 \times 17.03g \cdot mol^{-1}}{195.1g \cdot mol^{-1}} = 0.01802(g)$$

本章小结

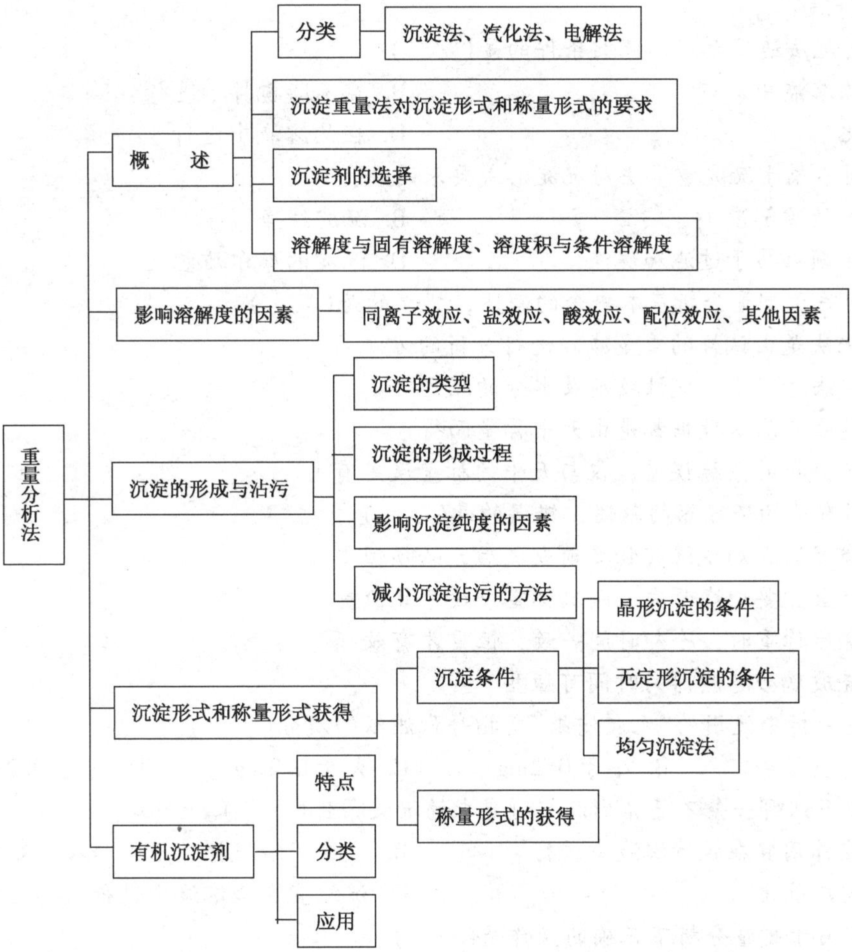

思考题

1. 重量分析有几种方法？各自的特点是什么？
2. 沉淀形式与称量形式有何区别？试举例说明。
3. 重量分析中对沉淀形式与称量形式各有什么要求？
4. 如何选择沉淀剂？
5. 什么是晶形沉淀和非晶形沉淀？
6. 晶形沉淀的生成与否对重量分析有什么影响？
7. 什么是聚集速度和定向速度？怎样影响生成沉淀的类型？
8. 共沉淀现象是怎样发生的？如何减少共沉淀现象？
9. 共沉淀与后沉淀有什么区别？

习　题

一、选择题

1. 下列说法违反无定形沉淀条件的是(　　)。

A. 在浓溶液中进行　　B. 在不断搅拌下进行

C. 陈化　　D. 在热溶液中进行

2. 下列不属于沉淀重量法对沉淀形式要求的是(　　)。

A. 沉淀的溶解度小　　B. 沉淀纯净

C. 沉淀颗粒易于过滤和洗涤　　D. 沉淀的摩尔质量大

3. 下列关于重量分析基本概念的叙述，错误的是(　　)。

A. 气化法是由试样的重量减轻进行分析的方法

B. 气化法适用于挥发性物质及水分的测定

C. 重量法的基本数据都是由天平称量而得

D. 重量分析的系统误差，仅与天平的称量误差有关

4. 下列有关灼烧容器的叙述，错误的是(　　)。

A. 灼烧容器在灼烧沉淀物之前或之后，必须恒重

B. 恒重至少要灼烧两次，两次称重一致才算恒重

C. 灼烧后称重时，冷却时间一致，恒重才有效

D. 灼烧玻璃砂芯滤器的时间可短些

5. 重量分析中使用的“无灰滤纸”是指每张滤纸的灰分(　　)。

A. 没有重量　　B. 小于0.2mg　　C. 大于0.2mg　　D. 等于0.2mg

6. 指出下列哪一条不是晶形沉淀所要求的沉淀条件(　　)。

A. 沉淀作用宜在较稀溶液中进行　　B. 应在不断搅拌作用下加入沉淀剂

C. 沉淀应陈化　　D. 沉淀宜在冷溶液中进行

7. 下面关于重量分析不正确的操作是(　　)。

A. 过滤时，漏斗的颈应贴着烧杯内壁，使滤液沿杯壁流下，不致溅出

B. 沉淀的灼烧是在洁净并预先经过两次以上灼烧至恒重的坩埚中进行

C. 坩埚从电炉中取出后应立即放入干燥器中

D. 灼烧空坩埚的条件必须与以后灼烧沉淀时的条件相同

8. 在重量法测定硫酸根实验中，恒重要求两次称量的绝对值之差为(　　)。

A. 0.2~0.4g　　B. 0.2~0.4mg　　C. 0.02~0.04g　　D. 0.02~0.04mg

9. 在重量法测定硫酸根实验中，硫酸钡沉淀是(　　)

A. 非晶形沉淀　　B. 晶形沉淀　　C. 胶体　　D. 无定形沉淀

10. 晶形沉淀的沉淀条件是(　　)。

A. 浓、冷、慢、搅、陈　　B. 稀、热、快、搅、陈

C. 稀、热、慢、搅、陈　　D. 稀、冷、慢、搅、陈

11. 用SO_4^{2-}沉淀Ba^{2+}时，加入过量的SO_4^{2-}可使Ba^{2+}沉淀更加完全，这是利用(　　)。

A. 络合效应　　B. 同离子效应　　C. 盐效应　　D. 酸效应

12. 在重量分析中，待测物质中含的杂质与待测物的离子半径相近，在沉淀过程中往往

形成(　　)。

A. 后沉淀　　B. 吸留　　C. 包藏　　D. 混晶

二、判断题

1. 沉淀形式和称量形式有时相同有时不同。 (　　)

2. 沉淀的溶解度要小，要求沉淀的溶解损失不超过天平的称量误差，即小于0.2g。 (　　)

3. 沉淀必须纯净，不应带入沉淀剂和其他杂质。 (　　)

4. 沉淀的称量形式应具有尽可能大的摩尔质量。 (　　)

5. K_{sp}称为活度积，它不仅与温度有关，也与浓度有关。 (　　)

6. 1∶1 型的沉淀 MA 的溶解度可以表示为 $S=\sqrt{K_{sp}}$。 (　　)

7. 在重量分析中，利用同离子效应可以大大降低沉淀的溶解度。 (　　)

8. 盐效应能够使沉淀的溶解度随着溶液中电解质浓度的增大而减小。 (　　)

9. 强电解质的浓度越大，其离子和沉淀构晶离子的电荷越高，盐效应的影响越严重。 (　　)

10. 溶液的酸度对于沉淀溶解度无影响。 (　　)

11. 颗粒的大小对溶解度无影响。 (　　)

12. 当溶液中构晶离子浓度的乘积大于该条件下沉淀的溶度积时，称为过饱和状态。 (　　)

13. 当 $V_{聚集}>V_{定向}$时，离子来不及进行有序排列，则易形成无定形沉淀。 (　　)

14. 极性较强的盐类如 $BaSO_4$ 等，一般具有较大的定向速度，故常生成晶形沉淀。 (　　)

15. 氢氧化物，特别是高价金属离子的氢氧化物，容易形成晶形沉淀。 (　　)

16. 共沉淀现象包括表面吸附、吸留与包夹以及生成混晶。 (　　)

17. 后沉淀现象是指当沉淀析出后，在放置的过程中，溶液中的可溶性杂质慢慢沉淀到原沉淀表面的现象，称为后沉淀现象。 (　　)

18. 降低易被吸附的杂质离子的浓度，可以提高沉淀的纯度。 (　　)

19. 晶形沉淀的沉淀条件是浓、热、快、稀(稀释)、再沉淀。 (　　)

20. 无定形沉淀的沉淀条件是稀、热、慢、搅、陈。 (　　)

三、计算题

1. 计算下列换算因数

(1) 从 $BaSO_4$质量计算 S 的质量。

(2) 从 $Mg_2P_2O_7$的质量计算 MgO 质量。

(3) 从 $PbCrO_4$的质量计算 Cr_2O_3质量。

2. 已知25℃时 AgCl 的 $K_{sp}=1.8\times10^{-10}$，求 AgCl 的溶解度?

3. 溶液中含 $1.0mol\cdot L^{-1}$ $CO_3{}^{2-}$和 $0.10mol\cdot L^{-1}$ CrO_4^{2-}，当加入 Ba^{2+}时，哪一种离子先沉淀($K_{sp(BaCO_3)}=5.1\times10^{-9}$，$K_{sp(BaCrO_4)}=1.2\times10^{-10}$)?

4. 称取含铁试样 0.5000g，经一系列处理后，其沉淀形式为 $Fe(OH)_3\cdot nH_2O$，称量形式为 Fe_2O_3，称得其质量为 0.4990g，求此式样中以 Fe_3O_4表示的质量分数。

5. 某石灰石试样中 CaO 的质量分数约 30%。用重量法测定 w_{CaO}时，Fe^{3+}将共沉淀。设 Fe^{3+}共沉淀的量为溶液中 Fe^{3+}含量的 3%，为使产生的误差小于 0.1%，试样中 Fe_2O_3的质量分数应不超过多少?

第八章　气体分析概论

☞ **知识目标：**

- 掌握气体分析法的分类。
- 掌握吸收法的原理和吸收次序。
- 掌握燃烧法的原理和计算。

☞ **能力目标：**

- 能选择合适的吸收剂和吸收次序。
- 能运用气体分析仪进行气体分析。
- 能掌握气体分析的基本计算。

第一节　概　　述

一、气体分析的定义

所谓气体分析就是确定气体中某些成分是什么和是多少的分析活动，包括对各种空间、不同状态和不同组成条件下气体成分的分析。本章重点介绍气体的化学分析。

二、气体分析的作用

(1) 对工业生产中常作为原料或燃料的气体进行分析，如化工原料气的分析，包括：天然气、炼油气、焦炉煤气、水煤气、半水煤气、硫铁矿焙烧炉气、石灰焙烧窑气等。

(2) 对化工生产的化学反应伴生的副产物废气进行分析。

(3) 对燃料燃烧后产生的废气进行分析。如燃烧炉的烟道气，其组成为：N_2、O_2、CO_2、CO、水蒸气及少量其他气体。再如，硫酸、硝酸厂排入大气的废气，其中含有少量的 SO_2 和 NO_2；制碱厂排出的废气中含有少量 CO_2。总之，有机化工的废气是各种各样的。

(4) 对生产厂房周围的空气中常混有的一定量生产气体进行分析，通过对生产场所和生产过程中空气和气体成分的监督与系统调控，进行安全和消防预警，规避风险，降低事故概率。

(5) 通过气体分析，可以发现在环保、安全、消防等方面的差距和问题，能够推动发展创新。

三、气体分析的特点

气体的一般性质如下：

(1) 无限的可膨胀性。气体分子不停运动，没有固定的形状和体积；

（2）明显的可压缩性。气体受外力作用，密度可以在很大范围内变化；

（3）无限的掺混性。各种气体分子可以任意比例混合。

四、气体的分析方法

气体分析的方法可分为化学分析法、物理分析法和物理化学分析法。化学分析法是利用气体的化学性质而确定其含量的方法；物理分析法是根据气体的物理性质，如密度、导热率、热值、折射率等进行测定的方法；物理化学分析法是根据气体的物理化学性质，如电导率、吸附性或溶解特性以及光吸收特性等进行测定的方法。本章重点讲授气体的化学分析法。

第二节　气体的化学分析方法

一、吸收法

1. 吸收体积法

由于气体质轻、流动性大，而体积又易随温度和压力的改变而变化，使气体分析具有三个特点，即气体分析中，常用测量气体体积的方式来代替称量，按体积计算其体积分数；测定要在密闭的仪器系统中进行；测量气体体积的同时，要记录环境的温度和压力，然后把体积校正到标准状态下的体积。如果分析过程中，气体的温度、压力未发生变化时，则不必校正，直接计算其体积分数。

吸收体积法基本原理：将气体混合物与特定的吸收剂接触，使混合气体中的某种欲测成分被完全吸收，吸收前、后气体的温度和压力不变时，则吸收前、后混合气体的体积之差为欲测气体的体积。

气体常用的吸收剂有液态和固态两种。因液态吸收剂容易配制、使用方便，而被广泛使用。在选用吸收剂时，一般要求吸收剂应具备以下条件：

（1）只完全吸收一种欲测气体，而不与其中其他组分发生任何作用。

（2）吸收后的反应物，应能很好地溶解在吸收剂中。如二氧化碳的吸收剂用氢氧化钾溶液而不用氢氧化钠溶液。

（3）是不易挥发的试剂。常见的气体吸收剂见表 8－1。

表 8－1　常见气体吸收剂

气　体	吸　收　剂	气　体	吸　收　剂
CO_2	$300g \cdot L^{-1}$氢氧化钾水溶液	SO_2	I_2溶液
O_2	焦性没食子酸的碱性溶液	NH_3	H_2SO_4溶液
CO	氢氧化铜的氨性溶液	NO	$HNO_3 + H_2SO_4$
不饱和烃	饱和溴水或浓硫酸（在硫酸银存在下）	H_2S	KOH

主要吸收反应：

CO_2：吸收剂为 33% KOH，吸收反应为：

$$CO_2 + 2KOH = K_2CO_3 + H_2O$$

C_nH_m：不饱和烃类的吸收剂为饱和溴水，吸收反应为：

$$CH_2{=\!=}CH_2+Br_2 \;{=\!=\!=}\; CH_2Br{-}CH_2Br(1)$$

$$CH{\equiv}CH+2Br_2 \;{=\!=\!=}\; CHBr_2{-}CHBr_2(1)$$

O_2：吸收剂为焦性没食子酸的碱溶液，吸收反应为：

$$2C_6H_3(OK)_3+\frac{1}{2}O_2 \xrightarrow{\text{被氯化}} C_6H_2(OK)_3-C_6H_2(OK)_3(\text{六氧基联苯})+H_2O$$

$$C_6H_3(OH)_3(\text{邻苯三酸})+3KOH \xrightarrow{\text{中和}} C_6H_3(OK)_3+3H_2O$$

CO：吸收剂为氯化亚铜的氨性溶液，吸收反应为：

$$Cu_2Cl_2\cdot 2CO+4NH_3+2H_2O \longrightarrow CuCOONH_4-CuCOONH_4+2NH_4Cl$$

上述四种气体的吸收次序依次为 CO_2、C_nH_m、O_2、CO。在吸收过程中，只有妥善安排吸收顺序，才能消除干扰，使测定得以顺利进行。

2. 吸收滴定法

吸收滴定法的实质是使混合气体通过特定的吸收剂，待预测组分被完全吸收后，再用标准溶液滴定，以此求出欲测成分含量。如钢铁试样中 S 含量的测定：

$$\text{钢铁样品} \longrightarrow SO_2 \xrightarrow{\text{经过 } H_2O_2 \text{ 溶液}} H_2SO_4 \xrightarrow{NaOH} \text{检验}$$

3. 吸收称量法

吸收称量法的实质是用特定的吸收剂将欲测组分完全吸收后，根据吸收剂吸收前后质量的增加，求出欲测成分含量。如有机化合物中 C、H 含量的测定：

$$\text{有机化合物中}\begin{cases}C\\H\end{cases} \xrightarrow{O_2\text{ 气流中燃烧}} \begin{cases}CO_2\text{ 碱石棉吸收}\\H_2O\text{ 过氯酸镁吸收}\end{cases}$$

二、燃烧法

有些气体如甲烷和其他挥发性饱和碳氢化合物，其化学性质比较稳定，不易与化学试剂发生化学作用，因而不宜用吸收法进行测定。但这些气体一般易燃，可用燃烧法测定。

气体燃烧时，其体积的缩减、消耗氧的体积或生成二氧化碳的体积等，与被测物质的量有一定的比例关系。燃烧方法有：

1. 爆炸燃烧法

可燃气体与空气按一定体积比例混合，通电点燃引起爆炸燃烧。引起爆炸性燃烧的浓度范围称为爆炸极限。可燃性气体能引起爆炸的最高浓度称为爆炸上限；可燃性气体能引起爆炸的最低浓度称为爆炸下限。部分可燃物质的爆炸极限见表 8－2。

浓度低于或高于此范围都不会发生爆炸。此法分析速度快，但误差较大，适用于生产控制分析。

表 8－2　部分可燃物质的爆炸极限

分子式	物质名称	在空气中的爆炸极限/%	
		下　限	上　限
CH_4	甲烷	5.3	15
C_2H_6	乙烷	3.0	16.0
C_3H_8	丙烷	2.1	9.5
C_4H_{10}	丁烷	1.5	8.5
C_5H_{12}	戊烷	1.7	9.8

续表

分子式	物质名称	在空气中的爆炸极限/%	
		下限	上限
C_6H_{14}	己烷	1.2	6.9
C_2H_4	乙烯	2.7	36.0
C_3H_6	丙烯	1.0	15.0
C_2H_2	乙炔	2.1	80.0
C_3H_4	丙炔(甲基乙炔)	1.7	无资料
C_4H_6	1,3-丁二烯(联乙烯)	1.4	16.3
CO	一氧化碳	12.5	74.2
C_2H_6O	甲醚；二甲醚	3.4	27.0
C_2H_6O	乙烯基甲基醚	2.6	39.0
C_2H_4O	环氧乙烷；氧化乙烯	3.0	100.0
CH_3Cl	甲基氯；氯甲烷	7.0	19.0
C_2H_5Cl	氯乙烷；乙基氯	3.6	14.8
H_2	氢气	4.1	74
NH_3	氨；氨气	15.7	27.4
CS_2	二硫化碳	1.00	60.0
C_6H_6	苯	1.2	8.0
CH_3OH	甲醇	5.5	44.0
H_2S	硫化氢	4.0	46.0
C_2H_3Cl	氯乙烯	3.6	31.0
HCN	氰化氢	5.6	40.0
C_2H_7N	二甲胺(无水)	2.8	14.4
C_3H_9N	三甲胺(无水)	2.0	11.6

2. 缓慢燃烧法

可燃气体与空气混合，且浓度控制在爆炸极限以下，使之经过炽热的铂丝而引起缓慢燃烧。此法需时太长，适合于可燃性组分浓度较低的混合气体或空气中可燃物的测定。

3. 氧化铜燃烧法

利用氧化铜在高温下的氧化活性，使可燃性气体缓慢燃烧，该法不需要加入燃烧所需氧，所用的氧气由氧化铜还原得出。CuO 使用后，可在 400℃ 通入空气使之氧化即可再用。因不通入氧气，可减少一次体积测量而减少误差，并且测量后的计算也因不加入氧气而简化。

$$H_2 + CuO \xrightarrow{350\sim400℃} H_2O + Cu$$

$$CO + CuO \xrightarrow{\text{大于 }280℃} CO_2 + Cu$$

$$CH_4 + 4CuO = CO_2 + 2H_2O(\text{液}) + 4Cu$$

4. 燃烧反应

(1) 甲烷燃烧　按下式进行：

$$CH_4 + 2O_2 = CO_2 + 2H_2O$$

由反应式可知：1 体积的甲烷气完全燃烧，要消耗 2 体积的氧，而生成 1 体积的二氧化碳和 0 体积的水(由于生成的水蒸气在室温下冷凝为体积很小的液态水，体积可以忽略不计）。反应前后气体体积减少2，减少的体积与甲烷的体积之间的比例关系为：

$$V_{减} = 2V_{CH_4}$$

生成的二氧化碳体积与甲烷体积之间的比例关系为：

$$V_{CO_2} = V_{CH_4}$$

（2）氢气燃烧　按下式进行：

$$2H_2 + O_2 = 2H_2O$$

由反应式可知：2体积的氢气完全燃烧，消耗1体积的氧气而生成0体积的水。反应前后气体的体积减少了3，且减少的体积与氢气的体积之间的比例关系为：

$$V_{减} = \frac{3}{2}V_{H_2}$$

（3）一氧化碳燃烧　按下式进行：

$$2CO + O_2 = 2CO_2$$

由反应式可知：2体积的一氧化碳完全燃烧，要消耗1体积氧气，而生成2体积的二氧化碳。反应前后气体体积减少了1，且减少体积与一氧化碳的体积之间的比例关系为：

$$V_{减} = \frac{1}{2}V_{CO}$$

生成的二氧化碳与一氧化碳的体积之间的比例关系为：

$$V_{CO_2} = V_{CO}$$

将可燃气体通入足量的氧气，使之在密闭的容器中完全燃烧，通过测量其燃烧前、后的体积之差和生成的二氧化碳气体体积，即可推算出待测气体的体积。这是燃烧法测定可燃气体体积的理论依据。

三、计算示例

【例8-1】　一混合气体含有N_2、O_2、CO_2、CO。取样50mL测CO。测CO时O_2、CO_2有干扰，吸收干扰物后再补充O_2使混合气燃烧测出生成CO_2的体积$V_{CO_2} = 20.00mL$，求混合气体中CO的含量？

【解】

$$2CO + O_2 = 2CO_2$$

$$V_{CO_2} = V_{CO} = 20.00mL$$

$$w_{CO} = \frac{V_{CO}}{V_{总}} = \frac{20.00}{50.00} \times 100\% = 40.00\%$$

【例8-2】　CH_4、CO和N_2的混合气20.00mL。加一定量过量的O_2，燃烧后体积缩减21.00mL，生成$CO_2$18.00mL，计算各种成分的含量？

【解】

$$CH_4 + 2O_2 = CO_2 + 2H_2O$$

$$2CO + O_2 = 2CO_2$$

$$V_{CO_2} = V_{CH_4} + V_{CO}$$

$$V_{缩} = 2V_{CH_4} + \frac{1}{2}V_{CO}$$

$$\frac{2}{1}V_{CH_4} + \frac{1}{2}V_{CO} = 21.00$$

联立得：

$$V_{CH_4} + V_{CO} = 18.00$$

$$V_{CH_4}=8.00mL,\ V_{CO}=10.00mL,\ V_{N_2}=2.00mL$$

$$w_{CO}=\frac{10.00}{20.00}=0.5000=50.00\%$$

$$w_{CH_4}=0.4000=40.00\%$$

$$w_{N_2}=0.1000=10.00\%$$

【例8－3】 含 CH_4、H_2和 N_2的混合气 20.00mL。精确加入空气 80.00mL。燃烧后用 KOH 溶液吸收生成的 CO_2，剩余气体的体积为 68.00mL，再用没食子酸的碱溶液吸收剩余的 O_2后，体积为 66.28mL。计算混合气体中 CH_4、H_2和 N_2的体积含量？

【解】 （1）求消耗 O_2的体积为：燃烧前准确加入 80.00mL 空气，空气中含 O_2为 20.90%，所以加入的 O_2的体积是：

$$V_{O_2}=80.0\times 20.90\%=16.72(mL)$$

燃烧后吸收法测得 O_2：

$$V_{O_2}=68.0-66.28=1.72(mL)$$

则燃烧消耗的 O_2为：

$$V_{O_2}=16.72-1.72=15.00(mL)$$

H_2和 CH_4则消耗的 O_2为：

$$2V_{CH_4}+\frac{1}{2}V_{H_2}=15.00(mL)$$

（2）再求 $V_{总缩}$和 V_{CO_2}：燃烧后除去 CO_2后剩余体积为 68.00mL，所以燃烧中的总体积缩减与生成 CO_2的总体积的和共为 100－68.00＝32.00mL。

$$V_{总缩}=\frac{3}{2}V_{H_2}+2V_{CH_4}$$

$$V_{CO_2}=0+V_{CH_4}$$

$$2V_{CH_4}+\frac{3}{2}V_{H_2}+V_{CH_4}=32.0$$

$$V_{H_2}=12.70mL,\ V_{CH_4}=4.33mL,\ 则\ V_{N_2}=2.97mL$$

$$w_{H_2}=\frac{12.7}{20.00}=63.5\%,\ w_{CH_4}=21.65\%,\ w_{N_2}=14.85\%$$

第三节　气体分析仪器

一、气体分析仪的构造

气体分析仪有各种不同型号，但其基本结构和基本原理是一致的。图 8－1 是国内常见的 QF－190 型奥氏气体分析仪。

二、主要装置介绍

1. 吸收瓶

内盛气体吸收剂，吸收瓶有接触式和气泡式两种，接触式适用于黏度较大的吸收剂，气泡式适用于黏度较小的吸收剂。

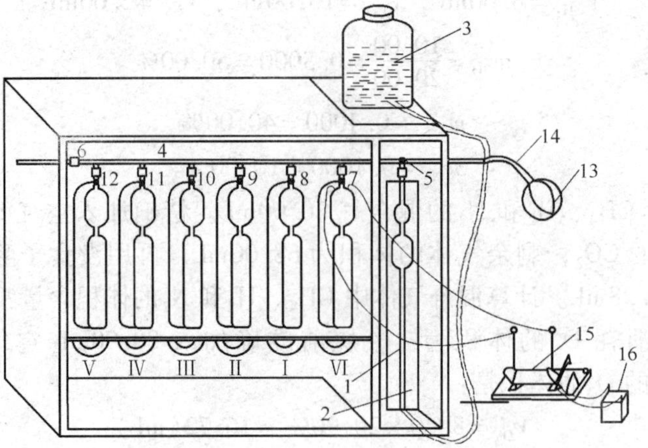

图 8－1　QF－190 型奥氏气体分析仪

1—量气管；2—恒温水套管；3—水准瓶；4—梳形管；5—四通旋塞；6～12—旋塞；13—取样器；14—气体导入管；15—感应圈；16—蓄电池；Ⅰ～Ⅴ—吸收瓶；Ⅵ—爆炸瓶

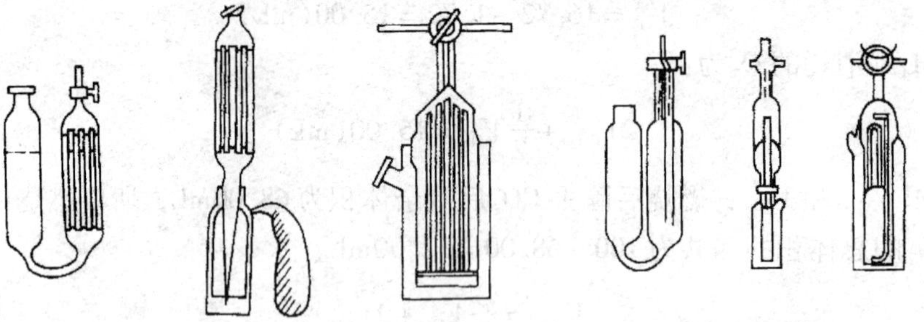

(a)接触式　　(b)气泡式

图 8－2　吸收瓶

2. 量气管与水准瓶

量气管是测量气体体积的装置，一般是 100mL 带有刻度的玻璃管，下端用橡皮管和水准瓶连接，水准瓶内装满封闭液(一般是饱和盐类的酸性水溶液)。见图 8－3 所示。

3. 梳形管

连接量气管、吸收瓶及燃烧管的部件。如图 8－4 所示。

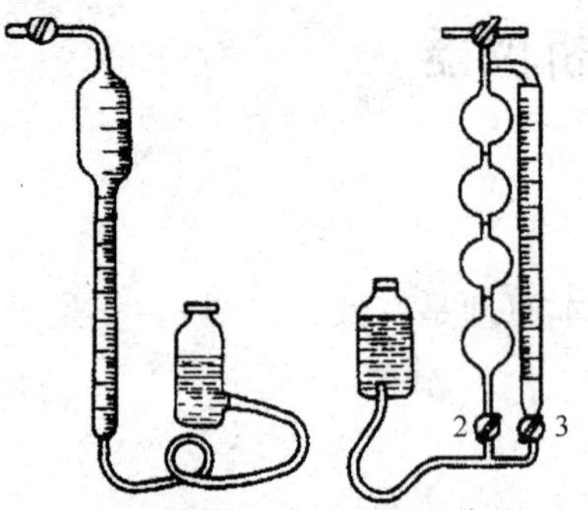

(a)简单型　　(b)双臂型

图 8－3　量气瓶

1—三通活塞；2、3—旋塞

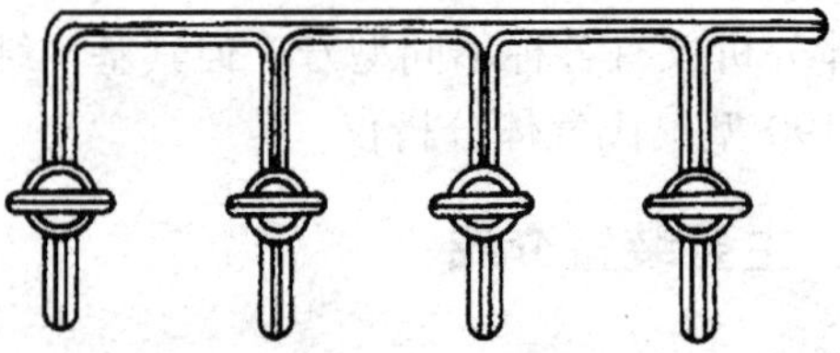

图 8－4　梳形管

4. 旋塞

控制气体流动的部件。

5. 燃烧瓶

内有两根铂丝，铂丝的外端接电源，使可燃气体燃烧。

三、注意事项

（1）必须严格遵守分析程序，各种气体的吸收顺序不得更改。读取体积时必须保持两液面在同一水平面上。

（2）在进行吸收操作时，应始终观察上升液面，以免吸收液、封闭液冲到梳形管中。水准瓶应匀速上、下移动，不得过快。

（3）仪器各部件均为玻璃制品，转动活塞时不得用力过猛。

（4）如果在工作中吸收液进入活塞或梳形管中，则可用封闭液清洗，如封闭液变色，则应更换。新换的封闭液，应用分析气体饱和。

（5）如仪器短期不使用，应经常转动碱性吸收瓶的活塞以免粘住。如长期不使用应清洗干净，干燥保存。

（6）每次测量体积时记下温度与压力，需要时可以在计算中用以进行校正。

四、化学分析法在气体分析中的应用实例

以水煤气的分析（CO_2、O_2、CO、H_2、CH_4、N_2的测定）为例具体介绍化学分析法在气体分析中的应用。

半水煤气是合成氨的原料，它是由焦炭、水蒸气、空气等制成。各种气体的体积分数一般为：CO_2：7%～11%；O_2：0.5%；CO：26%～32%；H_2：38%～42%；CH_4：1%；N_2：18%～22%。CO_2、O_2、CO可用吸收法测定，CH_4和H_2可用燃烧法测定，剩余气体为N_2。见表8－3。

表8－3　常见气体吸收剂、吸收反应及次序

成　分	吸附剂	反　应	顺　序
CO_2	33% KOH	$CO_2 + 2KOH = K_2CO_3 + H_2O$	1
C_nH_m	饱和溴水（石蜡封口）	$CH_2 = CH_2 + Br_2 = CH_2Br - CH_2Br(l)$ 加成反应苯缓慢溶解于溴水，不与之反应	2
O_2	焦性没食子酸的碱溶液	$C_6H_3(OH)_3$ 邻苯三酸 $+ 3KOH \xrightarrow{中和} C_6H_3(OK)_3 + 3H_2O$ $2C_6H_3OK_3 + \frac{1}{2}O_2 \longrightarrow C_6H_2OK_3 - C_6H_2OK_3 + H_2O$	3
CO	氯化亚铜氨溶液	$Cu_2Cl_2 \cdot 2CO + 4NH_3 + 2H_2O \longrightarrow CuCOONH_4 - CuCOONH_4 + 2NH_4Cl$	4
CH_4	燃烧法测无适当的吸收剂	$CH_4 + 2O_2 \longrightarrow CO_2 + 2H_2O$，$V_{缩} = 2V_{CH_4}$	5
H_2	常用燃烧法	$2H_2 + O_2 \longrightarrow 2H_2O$，$V_{缩} = \frac{3}{2}V_{H_2}$	
N_2	剩余部分	$V_{N_2} = V_{总} - V_{其他}$	6

水煤气中二氧化碳、氧气、一氧化碳用气体吸收体积法测定其含量；氢气、甲烷用燃烧法测定其含量；用计算法求出氮气含量。

测定步骤：

1. 准备工作

对新组装并已调试至工作状态的仪器，使用前先用样气饱和仪器的整个测定系统，操作方法与样气测定过程完全相同。

2. 测定

（1）取样　准确抽入水煤气 100mL 于量气管中，同时记录温度与压力。

（2）吸收与测量：

① 二氧化碳的吸收：体积 V_1（mL）。

② 氧气的吸收：体积 V_2（mL）。

③ 一氧化碳的吸收：体积 V_3（mL）。

（3）爆炸燃烧与测量　取余气（即吸收二氧化碳、氧气、一氧化碳后的气体）20mL，配入 80mL 空气，使之混合后爆炸燃烧。爆炸后体积 V_4（mL）。打开二氧化碳吸收瓶旋塞，把燃烧后的气体 V_4 压入二氧化碳吸收瓶，吸收成二氧化碳至体积恒定时，再测量余气的体积 V_5（mL）。

本章小结

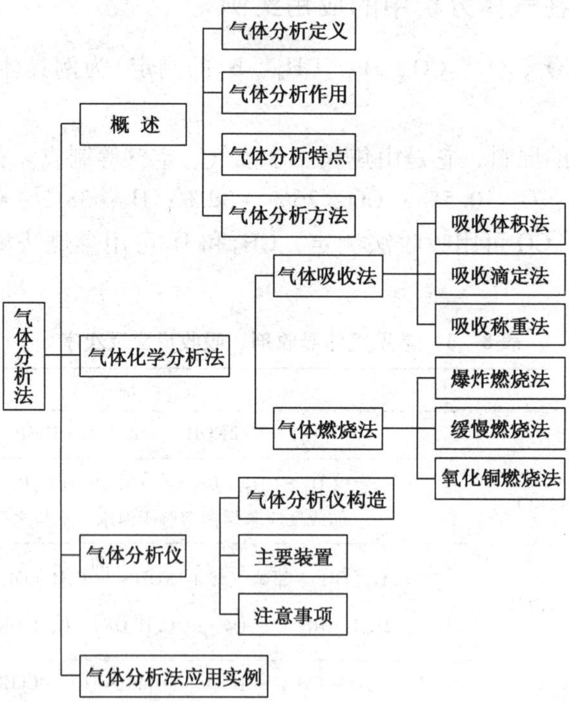

思考题

1. 说出奥氏气体分析仪的结构及各部件的作用？

2. 影响奥氏气体分析仪吸收效率有哪些因素？

3. 各吸收瓶中所充溶液的名称、浓度及作用，吸收顺序可否颠倒？

4. 如何保证奥氏气体分析仪数据的准确性?

5. 写出奥氏气体分析仪的吸收顺序?吸收顺序可否颠倒?为什么?

习　题

一、选择题

1. 吸收瓶内装有许多细玻璃管或一支气泡喷管是为了(　　)。

A. 增大气体的通路　B. 延长吸收时间　C. 加快吸收速度　D. 减小吸收面积

2. 使用奥氏气体分析仪时,(　　)水准瓶,可排出量气管中气体。

A. 先提高后降低　B. 先降低后提高　C. 提高　D. 降低

3. 半水煤气中不被吸收、不能燃烧的部分视为(　　)。

A. 氯气　B. 硫化氢气体　C. 氮气　D. 惰性气体

4. 用化学吸收法测定工业气体中 CO_2 含量时,要选择哪种吸收剂(　　)。

A. NaOH 溶液　B. KOH 溶液　C. $Ba(OH)_2$ 溶液　D. $Ca(OH)_2$

5. 在 40mL CO、CH_4、N_2 的混合气体中,加入过量的空气,经燃烧后,测得体积缩减了 42mL,生成 CO_2 36mL,气体中 CH_4 的体积分数为(　　)。

A. 10%　B. 40%　C. 50%　D. 90%

6. 气体吸收法测定 CO_2、O_2、CO 含量时,吸收顺序为(　　)。

A. CO、CO_2、O_2　B. CO_2、O_2、CO　C. CO_2、CO、O_2　D. CO、O_2、CO_2

二、计算题

1. 有 H_2、CH_4 及 CO 的混合气体 23mL,在过量的氧气中燃烧,其体积缩减 23mL,生成 CO_2 16mL,求气体中各成分的体积和体积分数。

2. 含氢、甲烷、氮的混合气体 20.00mL。精确加入空气 80.00mL(其中含氧气 20.9%),燃烧后,用氢氧化钾溶液吸收生成的二氧化碳后剩余气体体积为 69.00mL,再用邻苯三酚吸收剩余的 O_2 后气体的体积为 67.28mL,计算混合气体中氢、甲烷及氮的体积分数。

习题答案

第一章

一、选择题

1. D 2. B 3. D 4. C 5. D 6. C 7. D 8. C 9. B 10. B 11. C 12. C 13. D 14. C 15. C 16. C 17. A 18. C 19. D 20. B 21. B 22. D 23. C 24. C 25. C

二、判断题

1. √ 2. √ 3. √ 4. × 5. √ 6. √ 7. √ 8. × 9. √ 10. √

三、计算题

1. (1)4.149→4.1；(2)1.352→1.4；(3)6.3612→6.4；(4)22.5101→23；(5)25.5→26；(6)14.5→14

2. (1)34.51；(2)1.00；(3)1.28；(4)705.2；(5)5.3×10^{-6}

3. ±1%；±0.1%；±0.05%

4. ±0.0005g；±0.001g；±0.002g

5. -0.13%；-0.21%

6. 100.0mg；±2.0‰；±1.0‰

7. 37.34%；37.30%；0.11%；0.29%；0.13%；0.35%

8. 置信度为95%时，置信区间为(35.66±0.08)%；置信度为90%时，置信区间为(35.66±0.06)%

9. 用Q法时0.1025不应舍去，用4d法计算0.1025应舍去。可采用中位值法报告结果。

10. (1)不应该，0.2043，$s=0.0006$，$n=4$ (2)应该，0.2040，$s=0.0002$，$n=4$

第二章

一、选择题

1. A 2. C 3. A 4. C 5. B 6. B 7. D 8. B 9. A 10. A

二、判断题

1. × 2. × 3. × 4. × 5. × 6. √ 7. √ 8. √

三、计算题

1. 20g

2. 21.2g

3. $0.1000\text{mol}\cdot\text{L}^{-1}$

4. 48mL

5. 0.1075g

6. Fe% =52.92%；Fe_2O_3% =75.66%

第三章

一、选择题

1. D　2. D　3. B　4. B　5. C　6. B　7. B　8. A　9. D　10. A　11. D　12. D　13. C
14. D　15. D　16. A　17. B　18. D　19. A　20. D　21. C　22. D　23. D　24. A

二、判断题

1. √　2. √　3. ×　4. ×　5. ×　6. ×　7. √　8. ×　9. ×　10. √
11. ×　12. ×　13. ×　14. √　15. ×　16. ×　17. ×　18. ×　19. √　20. √

三、计算题

1. (1)3.89；(2)5.13；(3)9.03；(4)2.87；(5)11.63；(6)11.48；(7)9.78
2. $0.064 mol \cdot L^{-1}$
3. $0.087 mol \cdot L^{-1}$
4. (1)7.00；(2)7.00；(3)8.88；(4)5.12
5. 1.0 ~ 1.2g、0.32 ~ 0.38g
6. 20.62%
7. 20.2mL；53g
8. 4.92
9. $w_{Na_2CO_3} = 66.25\%$；$w_{NaHCO_3} = 24.50\%$
10. $w_{NaOH} = 12.30\%$；$w_{Na_2CO_3} = 73.70\%$
11. 25.75%
12. 50.30%，10.81%
13. 99.78%

第四章

一、选择题

1. A　2. D　3. C　4. A　5. D　6. A　7. D　8. D　9. B　10. B　11. B　12. C　13. B
14. C　15. C　16. C　17. C　18. B　19. D　20. D　21. C　22. C　23. C　24. D　25. A
26. B　27. B　28. A　29. B　30. C

二、判断题

1. √　2. ×　3. ×　4. ×　5. ×　6. ×　7. √　8. ×　9. ×　10. √

三、计算题

1. 400mL
2. $\alpha_{Y(H)} = 10^{6.45}$；$\log\alpha_{Y(H)} = 6.45$
3. 滴定 Bi^{3+} 所允许的最小 pH = 0.7；滴定 Ni^{2+} 所允许的最小 pH = 3.1
4. 不能准确滴定。若准确滴定，则 pH ≥7.6
5. 10.05；可以滴定
6. Fe^{3+} 所允许的最小 pH≈1.2；Fe^{2+} 所允许的最小 pH≈5.1
7. $0.01025 mol \cdot L^{-1}$；$0.8342 mg \cdot mL^{-1}$；$0.8184 mg \cdot mL^{-1}$

8. 98.31%

9. 2.46%

10. $332.1mg \cdot L^{-1}$；$203.7mg \cdot L^{-1}$；$108.1mg \cdot L^{-1}$

11. 12.09%；8.34%

12. 9.31%；40.02%

13. $0.5160mg \cdot mL^{-1}$；$0.4725mg \cdot mL^{-1}$

14. 59.99%；35.04%；3.99%

15. 62.32%；37.30%

16. $0.02156mol \cdot L^{-1}$；0.03758g

17. 98.45%

18. $2.44 \times 10^{-2}mm$

第五章

一、选择题

1. B　2. A　3. A　4. D　5. D　6. D　7. A　8. B　9. B　10. B　11. B　12. A　13. C
14. A　15. A　16. C　17. D　18. B　19. A　20. B　21. B　22. C　23. D　24. A　25. B
26. C　27. C　28. B　29. D　30. A

二、判断题

1. ×　2. ×　3. ×　4. ×　5. √　6. √　7. √　8. √　9. ×　10. √
11. ×　1 2. ×　13. √　14. √　15. ×　16. √　17. √　18. ×　19. √　20. ×

三、计算题

1. 4.37×10^{68}

2. $0.006937g \cdot mL^{-1}$

3. $0.1001mol \cdot L^{-1}$

4. 0.23V

5. 3.24%

6. $0.02770mol \cdot L^{-1}$

7. 99.29%

8. 80.01%

9. 25g；$0.1001mol \cdot L^{-1}$；31.07%

第六章

一、选择题

1. C　2. A　3. B　4. D　5. C　6. D　7. A　8. D　9. A　10. B　11. D　12. C　13. C
14. A　15. D　16. C　17. D

二、判断题

1. ×　2. ×　3. ×　4. ×　5. ×　6. √　7. √　8. √

三、计算题

1. $8.071g \cdot L^{-1}$
2. 98.77%
3. 40.56%
4. 6.14%
5. 85.58%
6. 34.84%；65.16%
7. 65.85%
8. 2.718g
9. 1.41%
10. 样品为三级

第七章

一、选择题

1. C 2. D 3. D 4. D 5. B 6. D 7. C 8. B 9. B 10. C 11. B 12. D

二、判断题

1. √ 2. × 3. √ 4. √ 5. × 6. √ 7. √ 8. × 9. √ 10. × 11. × 12. √ 13. √ 14. √ 15. × 16. √ 17. √ 18. √ 19. × 20 ×

三、计算题

1. (1)0.1374；(2)0.3622；(3)0.2351
2. $1.34 \times 10^{-5} mol \cdot L^{-1}$
3. $BaCrO_3$先沉淀
4. 96.46%
5. 1%

第八章

一、选择题

1. C 2. C 3. C 4. B 5. B 6. B

二、计算题

1. $V_{H_2} = 30.43\%$；$V_{CH_4} = 13.04\%$；$V_{CO} = 56.52\%$
2. $w_{H_2} = 56.65\%$；$w_{CH_4} = 23.33\%$；$w_{N_2} = 20.00\%$

附　　录

附录一　弱酸和弱碱的解离常数

酸

名　　称	温度/℃	解离常数 K_a	pK_a
砷酸 H_3AsO_4	18	$K_{a1}=5.6\times10^{-3}$	2.25
		$K_{a2}=1.7\times10^{-7}$	6.77
		$K_{a3}=3.0\times10^{-12}$	11.50
硼酸 H_3BO_3	20	$K_a=5.7\times10^{-10}$	9.24
氢氰酸 HCN	25	$K_a=6.2\times10^{-10}$	9.21
碳酸 H_2CO_3	25	$K_{a1}=4.2\times10^{-7}$	6.38
		$K_{a2}=5.6\times10^{-11}$	10.25
铬酸 H_2CrO_4	25	$K_{a1}=1.8\times10^{-1}$	0.74
		$K_{a2}=3.2\times10^{-7}$	6.49
氢氟酸 HF	25	$K_a=3.5\times10^{-4}$	3.46
亚硝酸 HNO_2	25	$K_a=4.6\times10^{-4}$	3.37
磷酸 H_3PO_4	25	$K_{a1}=7.5\times10^{-3}$	2.12
		$K_{a2}=6.3\times10^{-8}$	7.20
		$K_{a3}=4.4\times10^{-13}$	12.36
硫化氢 H_2S	25	$K_{a1}=1.3\times10^{-7}$	6.89
		$K_{a2}=7.1\times10^{-15}$	14.15
亚硫酸 H_2SO_3	18	$K_{a1}=1.3\times10^{-2}$	1.90
		$K_{a2}=6.3\times10^{-8}$	7.20
硫酸 H_2SO_4	25	$K_{a2}=1.0\times10^{-2}$	1.99
甲酸 HCOOH	20	$K_a=1.8\times10^{-4}$	3.74
醋酸 CH_3COOH(HOAc)	20	$K_a=1.8\times10^{-5}$	4.74
一氯乙酸 $CH_2ClCOOH$	25	$K_a=1.4\times10^{-3}$	2.86
二氯乙酸 $CHCl_2COOH$	25	$K_a=5.0\times10^{-2}$	1.30
三氯乙酸 CCl_3COOH	25	$K_a=0.23$	0.64
草酸 $H_2C_2O_4$	25	$K_{a1}=5.9\times10^{-2}$	1.23
		$K_{a2}=6.4\times10^{-5}$	4.19
琥珀酸 $(CH_2COOH)_2$	25	$K_{a1}=6.4\times10^{-5}$	4.19
		$K_{a2}=2.7\times10^{-6}$	5.57
酒石酸 HOOCCHOHCHOHCOOH	25	$K_{a1}=9.1\times10^{-4}$	3.04
		$K_{a2}=4.3\times10^{-5}$	4.37

续表

名　　称	温度/℃	解离常数 K_a	pK_a
柠檬酸 $HOCOCH_2C(OH)(COOH)CH_2COOH$	18	$K_{a1}=7.4\times10^{-4}$	3.13
		$K_{a2}=1.7\times10^{-5}$	4.76
		$K_{a3}=4.0\times10^{-7}$	6.40
苯酚 C_6H_5OH	20	$K_a=1.1\times10^{-10}$	9.95
苯甲酸 C_6H_5COOH	25	$K_a=6.2\times10^{-5}$	4.21
水杨酸 $C_6H_4(OH)COOH$	18	$K_{a1}=1.07\times10^{-3}$	2.97
		$K_{a2}=4\times10^{-14}$	13.40
邻苯二甲酸 $C_6H_4(COOH)_2$	25	$K_{a1}=1.1\times10^{-3}$	2.95
		$K_{a2}=2.9\times10^{-6}$	5.54

碱

名　　称	温度/℃	解离常数 K_b	pK_b
氨水 $NH_3\cdot H_2O$	25	$K_b=1.8\times10^{-5}$	4.74
羟胺 NH_2OH	20	$K_b=9.1\times10^{-9}$	8.04
苯胺 $C_6H_5NH_2$	25	$K_b=4.6\times10^{-10}$	9.34
乙二胺 $H_2NCH_2CH_2NH_2$	25	$K_b=8.5\times10^{-5}$	4.07
	25	$K_b=7.1\times10^{-8}$	7.15
六亚甲基四胺 $(CH_2)_6N_4$	25	$K_b=1.4\times10^{-9}$	8.85
吡啶 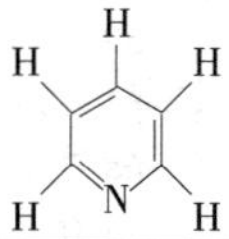	25	$K_b=1.7\times10^{-9}$	8.77

附录二　常用酸碱溶液的相对密度、质量分数与物质的量浓度

酸

相对密度（15℃）	HCl		HNO_3		H_2SO_4	
	w/%	c/(mol·L^{-1})	w/%	c/(mol·L^{-1})	w/%	c/(mol·L^{-1})
1.02					3.1	0.3
1.04					6.1	0.6
1.05					7.4	0.8
1.06			3.70	0.6	8.8	0.9
1.08			7.26	1.2	11.6	1.3
1.10			9.0	1.5	14.4	1.6
1.12	4.13	1.15	10.7	1.8	17.0	2.0
1.14	8.16	2.3	13.9	2.4	19.9	2.3
1.15	10.2	2.9	17.1	3.0	20.9	2.5
1.19	12.2	3.5	20.2	3.6	26.0	3.2
1.20	16.2	4.8	23.3	4.2	27.3	3.4
1.25	20.0	6.0	24.8	4.5	33.4	4.3
1.30	23.8	7.3	30.9	5.8	39.2	5.2
1.35	27.7	8.7	32.3	6.2	44.8	6.2
1.40	29.6	9.3	39.8	7.9	50.1	7.2
1.42	37.2	12.2	47.5	9.8	52.2	7.6
1.45			55.8	12.0	55.0	8.2
1.50			65.3	14.5	59.8	9.2
1.55			69.8	15.7	64.3	10.2
1.60					68.7	11.2
1.65					73.0	12.3
1.70					77.2	13.4
1.84					95.6	18.0

碱

相对密度（15℃）	$NH_3 \cdot H_2O$		NaOH		KOH	
	w/%	c/(mol·L^{-1})	w/%	c/(mol·L^{-1})	w/%	c/(mol·L^{-1})
0.88	35.0	18.0				
0.90	28.3	15				
0.91	25.0	13.4				
0.92	21.8	11.8				
0.94	15.6	8.6				
0.96	9.9	5.6				
0.98	4.8	2.8				
1.05			4.5	1.25	5.5	1.0
1.10			9.0	2.5	10.9	2.1
1.15			13.5	3.9	11.1	3.3
1.20			18.0	5.4	21.2	4.5
1.25			22.5	7.0	26.1	5.8
1.30			27.0	8.8	30.9	7.2
1.35			31.8	10.7	35.5	8.5

附录三　常用基准物质的干燥条件和应用

基准物质		干燥后组成	干燥条件/℃	标定对象
名　称	分 子 式			
碳酸氢钠	$NaHCO_3$	Na_2CO_3	270～300	酸
碳酸钠	$Na_2CO_3 \cdot 10H_2O$	Na_2CO_3	270～300	酸
硼砂	$Na_2B_4O_7 \cdot 10H_2O$	$Na_2B_4O_7 \cdot 10H_2O$	放在含 NaCl 和蔗糖饱和液的干燥器中	酸
碳酸氢钾	$KHCO_3$	K_2CO_3	270～300	酸
草酸	$H_2C_2O_4 \cdot 2H_2O$	$H_2C_2O_4 \cdot 2H_2O$	室温空气干燥	碱或 $KMnO_4$
邻苯二甲酸氢钾	$KHC_8H_4O_4$	$KHC_8H_4O_4$	110～120	碱
重铬酸钾	$K_2Cr_2O_7$	$K_2Cr_2O_7$	140～150	还原剂
溴酸钾	$KBrO_3$	$KBrO_3$	130	还原剂
碘酸钾	KIO_3	KIO_3	130	还原剂
铜	Cu	Cu	室温干燥器中保存	还原剂
三氧化二砷	As_2O_3	As_2O_3	室温干燥器中保存	氧化剂
草酸钠	$Na_2C_2O_4$	$Na_2C_2O_4$	130	氧化剂
碳酸钙	$CaCO_3$	$CaCO_3$	110	EDTA
锌	Zn	Zn	室温干燥器中保存	EDTA
氧化锌	ZnO	ZnO	900～1000	EDTA
氯化钠	NaCl	NaCl	500～600	$AgNO_3$
氯化钾	KCl	KCl	500～600	$AgNO_3$
硝酸银	$AgNO_3$	$AgNO_3$	280～290	氧化物
氨基磺酸	$HOSO_2NH_2$	$HOSO_2NH_2$	在真空 H_2SO_4 干燥器中保存 48h	碱
氟化钠	NaF	NaF	铂坩锅中 500～550℃ 下保持 40～50min 后，H_2SO_4 干燥器中冷却	

附录四　金属配合物的稳定常数

金属离子	离子强度	n	$\lg\beta_n$
氨配合物 Ag^+	0.1	1, 2	3.40, 7.40
Cd^{2+}	0.1	1, …, 6	2.60, 4.65, 6.04, 6.92, 6.6, 4.9
Co^{2+}	0.1	1, …, 6	2.05, 3.62, 4.61, 5.31, 5.43, 4.75
Cu^{2+}	2	1, …, 4	4.13, 7.61, 10.48, 12.59
Ni^{2+}	0.1	1, …, 6	2.75, 4.95, 6.64, 7.79, 8.50, 8.49
Zn^{2+}	0.1	1, …, 4	2.27, 4.61, 7.01, 9.06
氟配合物 Al^{3+}	0.53	1, …, 6	6.1, 11.15, 15.0, 17.7, 19.4, 19.7
Fe^{3+}	0.5	1, 2, 3	5.2, 9.2, 11.9
Th^{4+}	0.5	1, 2, 3	7.7, 13.5, 18.0
TiO^{2+}	3	1, …, 4	5.4, 9.8, 13.7, 17.4
Sn^{4+}	*	6	25
Zr^{4+}	2	1, 2, 3	8.8, 16.1, 21.9
氯配合物 Ag^+	0.2	1, …, 4	2.9, 4.7, 5.0, 5.9
Hg^{2+}	0.5	1, …, 4	6.7, 13.2, 14.1, 15.1
碘配合物 Cd^{2+}	*	1, …, 4	2.4, 3.4, 5.0, 6.15
Hg^{2+}	0.5	1, …, 4	12.9, 23.8, 27.6, 29.8
氰配合物 Ag^+	0 ~ 0.3	1, …, 4	—, 21.1, 21.8, 20.7
Cd^{2+}	3	1, …, 4	5.5, 10.6, 15.3, 18.9
Cu^+	0	1, …, 4	—, 24.0, 28.6, 30.3
Fe^{2+}	0	6	35.4
Fe^{3+}	0	6	43.6
Hg^{2+}	0.1	1, …, 4	18.0, 34.7, 38.5, 41.5
Ni^{2+}	0.1	4	31.3
Zn^{2+}	0.1	4	16.7
硫氰酸配合物 Fe^{3+}	*	1, …, 5	2.3, 4.2, 5.6, 6.4, 6.4
Hg^{2+}	1	1, …, 4	—, 16.1, 19.0, 20.9
硫代硫酸配合物 Ag^+	0	1, 2	8.82, 13.5
Hg^{2+}	0	1, 2	29.86, 32.26
柠檬酸配合物 Al^{3+}	0.5	1	20.0
Cu^{2+}	0.5	1	18
Fe^{3+}	0.5	1	25
Ni^{2+}	0.5	1	14.3
Pb^{2+}	0.5	1	12.3
Zn^{2+}	0.5	1	11.4
磺基水杨酸配合物 Al^{3+}	0.1	1, 2, 3	12.9, 22.9, 29.0
Fe^{3+}	3	1, 2, 3	14.4, 25.2, 32.2
乙酰丙酮配合物 Al^{3+}	0.1	1, 2, 3	8.1, 15.7, 21.2
Cu^{2+}	0.1	1, 2	7.8, 14.3
Fe^{3+}	0.1	1, 2, 3	9.3, 17.9, 25.1

续表

金属离子	离子强度	n	$\lg\beta_n$
邻二氮菲配合物 Ag^+	0.1	1，2	5.02，12.07
Cd^{2+}	0.1	1，2，3	6.4，11.6，15.8
Co^{2+}	0.1	1，2，3	7.0，13.7，20.1
Cu^{2+}	0.1	1，2，3	9.1，15.8，21.0
Fe^{2+}	0.1	1，2，3	5.9，11.1，21.3
Hg^{2+}	0.1	1，2，3	—，19.65，23.35
Ni^{2+}	0.1	1，2，3	8.8，17.1，24.8
Zn^{2+}	0.1	1，2，3	6.4，12.15，17.0
乙二胺配合物 Ag^+	0.1	1，2	4.7，7.7
Cd^{2+}	0.1	1，2	5.47，10.02
Cu^{2+}	0.1	1，2	10.55，19.60
Co^{2+}	0.1	1，2，3	5.89，10.72，13.82
Hg^{2+}	0.1	2	23.42
Ni^{2+}	0.1	1，2，3	7.66，14.06，18.59
Zn^{2+}	0.1	1，2，3	5.71，10.37，12.08

*：离子强度不定。

附录五　标准电极电位(18～25℃)

半反应	$E^{\ominus}$/V
F_2(气) $+2H^+ +2e = 2HF$	3.06
$O_3 +2H^+ +2e = O_2 +2H_2O$	2.07
$S_2O_8^{2-} +2e = 2SO_4^{2-}$	2.01
$H_2O_2 +2H^+ +2e = 2H_2O$	1.77
$MnO_4^- +4H^+ +3e = MnO_2$(固) $+2H_2O$	1.695
PbO_2(固) $+SO_4^{2-} +4H^+ +2e = PbSO_4$(固) $+2H_2O$	1.685
$HClO_2 +2H^+ +2e = HClO + H_2O$	1.64
$HClO + H^+ + e = 1/2\ Cl_2 + H_2O$	1.63
$Ce^{4+} + e = Ce^{3+}$	1.61
$H_5IO_6 + H^+ +2e = IO_3^- +3H_2O$	1.60
$HBrO + H^+ + e = 1/2\ Br_2 + H_2O$	1.59
$BrO_3^- +6H^+ +5e = 1/2\ Br_2 +3H_2O$	1.52
$MnO_4^- +8H^+ +5e = Mn^{2+} +4H_2O$	1.51
Au(Ⅲ) $+3e = Au$	1.50
$HClO + H^+ +2e = Cl^- + H_2O$	1.49
$ClO_3^- +6H^+ +5e = 1/2\ Cl_2 +3H_2O$	1.47
PbO_2(固) $+4H^+ +2e = Pb^{2+} +2H_2O$	1.455
$HIO + H^+ + e = 1/2\ I_2 + H_2O$	1.45
$ClO_3^- +6H^+ +6e = Cl^- +3H_2O$	1.45
$BrO_3^- +6H^+ +6e = Br^- +3H_2O$	1.44
Au(Ⅲ) $+2e =$ Au(Ⅰ)	1.41
Cl_2(气) $+2e = 2Cl$	1.3595
$ClO_4^- +8H^+ +7e = 1/2\ Cl_2 +4H_2O$	1.34
$Cr_2O_7^{2-} +14H^+ +6e = 2Cr^{3+} +7H_2O$	1.33
MnO_2(固) $+4H^+ +2e = Mn^{2+} +2H_2O$	1.23
O_2(气) $+4H^+ +4e = 2H_2O$	1.229
$IO_3^- +6H^+ +5e = 1/2\ I_2 +3H_2O$	1.20
$ClO_4^- +2H^+ +2e = ClO_3^- + H_2O$	1.19
Br_2(水) $+2e = 2Br^-$	1.087
$NO_2 + H^+ + e = HNO_2$	1.07
$Br_3^- +2e = 3Br^-$	1.05
$HNO_2 + H^+ + e = NO$(气) $+ H_2O$	1.00
$VO_2^+ +2H^+ + e = VO^{2+} + H_2O$	1.00
$HIO + H^+ +2e = I^- + H_2O$	0.99
$NO_3^- +3H^+ +2e = HNO_2 + H_2O$	0.94
$ClO^- + H_2O +2e = Cl^- +2OH^-$	0.89
$H_2O_2 +2e = 2OH^-$	0.88
$Cu^{2+} + I^- + e = CuI$(固)	0.86
$Hg^{2+} +2e = Hg$	0.845
$NO_3^- +2H^+ + e = NO_2 + H_2O$	0.80

半反应	$E^{\ominus}/V$
$Ag^{+} + e = Ag$	0.7995
$Hg_2^{2+} + 2e = 2Hg$	0.793
$Fe^{3+} + e = Fe^{2+}$	0.771
$BrO^{-} + H_2O + 2e = Br^{-} + 2OH^{-}$	0.76
O_2(气) $+ 2H^{+} + 2e = H_2O_2$	0.682
$AsO_2^{-} + 2H_2O + 3e = As + 4OH^{-}$	0.68
$2HgCl_2 + 2e = Hg_2Cl_2$(固) $+ 2Cl^{-}$	0.63
Hg_2SO_4(固) $+ 2e = 2Hg + SO_4^{2-}$	0.6151
$MnO_4^{-} + 2H_2O + 3e = MnO_2 + 4OH^{-}$	0.588
$MnO_4^{-} + e = MnO_4^{2-}$	0.564
$H_3AsO_4 + 2H^{+} + 2e = HAsO_2 + 2H_2O$	0.559
$I_3^{-} + 2e = 3I^{-}$	0.545
I_2(固) $+ 2e = 2I^{-}$	0.5345
Mo(Ⅵ) $+ e =$ Mo(Ⅴ)	0.53
$Cu^{+} + e = Cu$	0.52
$4SO_2$(水) $+ 4H^{+} + 6e = S_4O_6^{2-} + 2H_2O$	0.51
$HgCl_4^{2-} + 2e = Hg + 4Cl^{-}$	0.48
$2SO_2$(水) $+ 2H^{+} + 4e = S_2O_3^{2-} + H_2O$	0.40
$Fe(CN)_6^{3-} + e = Fe(CN)_6^{4-}$	0.36
$Cu^{2+} + 2e = Cu$	0.337
$VO^{2+} + 2H^{+} + 2e = V^{3+} + H_2O$	0.337
$BiO^{+} + 2H^{+} + 3e = Bi + H_2O$	0.32
Hg_2Cl_2(固) $+ 2e = 2Hg + 2Cl^{-}$	0.2676
$HAsO_2 + 3H^{+} + 3e = As + 2H_2O$	0.248
AgCl(固) $+ e = Ag + Cl^{-}$	0.2223
$SbO^{+} + 2H^{+} + 3e = Sb + H_2O$	0.212
$SO_4^{2-} + 4H^{+} + 2e = SO_2$(水) $+ H_2O$	0.17
$Cu^{2+} + e = Cu^{-}$	0.159
$Sn^{4+} + 2e = Sn^{2+}$	0.154
$S + 2H^{+} + 2e = H_2S$(气)	0.141
$Hg_2Br_2 + 2e = 2Hg + 2Br^{-}$	0.1395
$TiO^{2+} + 2H^{+} + e = Ti^{3+} + H_2O$	0.1
$S_4O_6^{2-} + 2e = 2S_2O_3^{2-}$	0.08
AgBr(固) $+ e = Ag + Br^{-}$	0.071
$2H^{+} + 2e = H_2$	0.000
$O_2 + H_2O + 2e = HO_2^{-} + OH^{-}$	−0.067
$TiOCl^{+} + 2H^{+} + 3Cl^{-} + e = TiCl_4^{-} + H_2O$	−0.09
$Pb^{2+} + 2e = Pb$	−0.126
$Sn^{2+} + 2e = Sn$	−0.136
AgI(固) $+ e = Ag + I^{-}$	−0.152

续表

半 反 应	$E^{\ominus}/V$
$Ni^{2+} + 2e = Ni$	-0.246
$H_3PO_4 + 2H^+ + 2e = H_3PO_3 + H_2O$	-0.276
$Co^{2+} + 2e = Co$	-0.277
$Tl^+ + e = Tl$	-0.3360
$In^{3+} + 3e = In$	-0.345
$PbSO_4$(固) $+ 2e = Pb + SO_4^{2-}$	-0.3553
$SeO_3^{2-} + 3H_2O + 4e = Se + 6OH^-$	-0.366
$As + 3H^+ + 3e = AsH_3$	-0.38
$Se + 2H^+ + 2e = H_2Se$	-0.40
$Cd^{2+} + 2e = Cd$	-0.403
$Cr^{3+} + e = Cr^{2+}$	-0.41
$Fe^{2+} + 2e = Fe$	-0.440
$S + 2e = S^{2-}$	-0.48
$2CO_2 + 2H^+ + 2e = H_2C_2O_4$	-0.49
$H_3PO_3 + 2H^+ + 2e = H_3PO_2 + H_2O$	-0.50
$Sb + 3H^+ + 3e = SbH_3$	-0.51
$HPbO_2^- + H_2O + 2e = Pb + 3OH^-$	-0.54
$Ga^{3+} + 3e = Ga$	-0.56
$TeO_3^{2-} + 3H_2O + 4e = Te + 6OH^-$	-0.57
$2SO_3^{2-} + 3H_2O + 4e = S_2O_3^{2-} + 6OH^-$	-0.58
$SO_3^{2-} + 3H_2O + 4e = S + 6OH^-$	-0.66
$AsO_4^{3-} + 2H_2O + 2e = AsO_2^- + 4OH^-$	-0.67
Ag_2S(固) $+ 2e = 2Ag + S^{2-}$	-0.69
$Zn^{2+} + 2e = Zn$	-0.763
$2H_2O + 2e = H_2 + 2OH^-$	-8.28
$Cr^{2+} + 2e = Cr$	-0.91
$HSnO_2^- + H_2O + 2e = Sn^- + 3OH^-$	-0.91
$Se + 2e = Se^{2-}$	-0.92
$Sn(OH)_6^{2-} + 2e = HSnO_2^- + H_2O + 3OH^-$	-0.93
$CNO^- + H_2O + 2e = CN^- + 2OH^-$	-0.97
$Mn^{2+} + 2e = Mn$	-1.182
$ZnO_2^{2-} + 2H_2O + 2e = Zn + 4OH^-$	-1.216
$Al^{3+} + 3e = Al$	-1.66
$H_2AlO_3^- + H_2O + 3e = Al + 4OH^-$	-2.35
$Mg^{2+} + 2e = Mg$	-2.37
$Na^+ + e = Na$	-2.71
$Ca^{2+} + 2e = Ca$	-2.87
$Sr^{2+} + 2e = Sr$	-2.89
$Ba^{2+} + 2e = Ba$	-2.90
$K^+ + e = K$	-2.925
$Li^+ + e = Li$	-3.042

附录六　一些氧化还原电对的条件电极电位

半反应	$E^{\ominus\prime}$/V	介质
$Ag(II) + e^- \rightleftharpoons Ag$	1.927	$4mol \cdot L^{-1} HNO_3$
$Ce(IV) + e^- \rightleftharpoons Ce(III)$	1.74	$1mol \cdot L^{-1} HClO_4$
	1.44	$0.5mol \cdot L^{-1} H_2SO_4$
	1.28	$1mol \cdot L^{-1} HCl$
$Co^{3+} + e^- \rightleftharpoons Co^{2+}$	1.84	$3mol \cdot L^{-1} HNO_3$
$Co(en)_3^{3+} + e^- \rightleftharpoons Co(en)_3^{2+}$	-0.2	$0.1mol \cdot L^{-1} HNO_3 + 0.1mol \cdot L^{-1}$ en(乙二胺)
$Cr(III) + e^- \rightleftharpoons Cr(II)$	-0.40	$5mol \cdot L^{-1} HCl$
$Cr_2O_7^{2-} + 14H^+ + 6e^- \rightleftharpoons 2Cr^{3+} + 7H_2O$	1.08	$3mol \cdot L^{-1} HCl$
	1.15	$4mol \cdot L^{-1} H_2SO_4$
	1.025	$1mol \cdot L^{-1} HClO_4$
$CrO_4^{2-} + 2H_2O + 3e^- \rightleftharpoons CrO_2^- + 4OH^-$	-0.12	$1mol \cdot L^{-1} NaOH$
$Fe(III) + e^- \rightleftharpoons Fe^{2+}$	0.767	$1mol \cdot L^{-1} HClO_4$
	0.71	$0.5mol \cdot L^{-1} HCl$
	0.68	$1mol \cdot L^{-1} H_2SO_4$
	0.68	$1mol \cdot L^{-1} HCl$
	0.46	$2mol \cdot L^{-1} H_3PO_4$
	0.51	$1mol \cdot L^{-1} HCl + 0.25mol \cdot L^{-1} H_3PO_4$
$Fe(edta)^- + e^- \rightleftharpoons Fe(edta)^{2-}$	0.12	$0.1mol \cdot L^{-1}$ EDTApH = 4 ~ 6
$Fe(CN)_6^{3-} + e^- \rightleftharpoons Fe(CN)_6^{4-}$	0.56	$0.1mol \cdot L^{-1} HCl$
$FeO_4^{2-} + 2H_2O + 3e^- \rightleftharpoons FeO_2^- + 4OH$	0.55	$10mol \cdot L^{-1} NaOH$
$I_3^- + 2e^- \rightleftharpoons 3I^-$	0.5446	$0.5mol \cdot L^{-1} H_2SO_4$
I_2(水) $+ 2e^- \rightleftharpoons 2I^-$	0.6276	$0.5mol \cdot L^{-1} H_2SO_4$
$MnO_4^- + 8H^+ + 5e^- \rightleftharpoons Mn^{2+} + 4H_2O$	1.45	$1mol \cdot L^{-1} HClO_4$
$SnCl_6^{2-} + 2e^- \rightleftharpoons SnCl_4^{2-} + 2Cl^-$	0.14	$1mol \cdot L^{-1} HCl$
$Sb(V) + 2e^- \rightleftharpoons Sb(III)$	0.75	$3.5mol \cdot L^{-1} HCl$
$Sb(OH)_6^- + 2e^- \rightleftharpoons SbO_2^- + 2OH^- + 2H_2O$	-0.428	$3mol \cdot L^{-1} NaOH$
$SbO_2^- + 2H_2O + 3e^- \rightleftharpoons Sb + 4OH^-$	-0.675	$10mol \cdot L^{-1} KOH$
$Ti(IV) + e^- \rightleftharpoons Ti(III)$	-0.01	$0.2mol \cdot L^{-1} H_2SO_4$
	0.12	$2mol \cdot L^{-1} H_2SO_4$
	0.10	$3mol \cdot L^{-1} HCl$
	-0.04	$1mol \cdot L^{-1} HCl$
	-0.05	$1mol \cdot L^{-1} H_3PO_4$
$Pb(II) + 2e^- \rightleftharpoons Pb$	-0.32	$1mol \cdot L^{-1} NaOAc$

附录七 难溶化合物的溶度积常数

序号	分子式	K_{sp}	pK_{sp}
1	Ag_3AsO_4	1.0×10^{-22}	22.0
2	$AgBr$	5.0×10^{-13}	12.3
3	$AgBrO_3$	5.50×10^{-5}	4.26
4	$AgCl$	1.8×10^{-10}	9.75
5	$AgCN$	1.2×10^{-16}	15.92
6	Ag_2CO_3	8.1×10^{-12}	11.09
7	$Ag_2C_2O_4$	3.5×10^{-11}	10.46
8	$Ag_2Cr_2O_4$	1.2×10^{-12}	11.92
9	$Ag_2Cr_2O_7$	2.0×10^{-7}	6.70
10	AgI	8.3×10^{-17}	16.08
11	$AgIO_3$	3.1×10^{-8}	7.51
12	$AgOH$	2.0×10^{-8}	7.71
13	Ag_2MoO_4	2.8×10^{-12}	11.55
14	Ag_3PO_4	1.4×10^{-16}	15.84
15	Ag_2S	6.3×10^{-50}	49.2
16	$AgSCN$	1.0×10^{-12}	12.00
17	Ag_2SO_3	1.5×10^{-14}	13.82
18	Ag_2SO_4	1.4×10^{-5}	4.84
19	Ag_2Se	2.0×10^{-64}	63.7
20	Ag_2SeO_3	1.0×10^{-15}	15.00
21	Ag_2SeO_4	5.7×10^{-8}	7.25
22	$AgVO_3$	5.0×10^{-7}	6.3
23	Ag_2WO_4	5.5×10^{-12}	11.26
24	$Al(OH)_3$①	4.57×10^{-33}	32.34
25	$AlPO_4$	6.3×10^{-19}	18.24
26	Al_2S_3	2.0×10^{-7}	6.7
27	$Au(OH)_3$	5.5×10^{-46}	45.26
28	$AuCl_3$	3.2×10^{-25}	24.5
29	AuI_3	1.0×10^{-46}	46.0
30	$Ba_3(AsO_4)_2$	8.0×10^{-51}	50.1
31	$BaCO_3$	5.1×10^{-9}	8.29
32	BaC_2O_4	1.6×10^{-7}	6.79
33	$BaCrO_4$	1.2×10^{-10}	9.93
34	$Ba_3(PO_4)_2$	3.4×10^{-23}	22.44
35	$BaSO_4$	1.1×10^{-10}	9.96
36	BaS_2O_3	1.6×10^{-5}	4.79
37	$BaSeO_3$	2.7×10^{-7}	6.57
38	$BaSeO_4$	3.5×10^{-8}	7.46
39	$Be(OH)_2$②	1.6×10^{-22}	21.8
40	$BiAsO_4$	4.4×10^{-10}	9.36

序号	分子式	K_{sp}	pK_{sp}
41	$Bi_2(C_2O_4)_3$	3.98×10^{-36}	35.4
42	$Bi(OH)_3$	4.0×10^{-31}	30.4
43	$BiPO_4$	1.26×10^{-23}	22.9
44	$CaCO_3$	2.8×10^{-9}	8.54
45	$CaC_2O_4\cdot H_2O$	4.0×10^{-9}	8.4
46	CaF_2	2.7×10^{-11}	10.57
47	$CaMoO_4$	4.17×10^{-8}	7.38
48	$Ca(OH)_2$	5.5×10^{-6}	5.26
49	$Ca_3(PO_4)_2$	2.0×10^{-29}	28.70
50	$CaSO_4$	3.16×10^{-7}	5.04
51	$CaSiO_3$	2.5×10^{-8}	7.60
52	$CaWO_4$	8.7×10^{-9}	8.06
53	$CdCO_3$	5.2×10^{-12}	11.28
54	$CdC_2O_4\cdot 3H_2O$	9.1×10^{-8}	7.04
55	$Cd_3(PO_4)_2$	2.5×10^{-33}	32.6
56	CdS	8.0×10^{-27}	26.1
57	$CdSe$	6.31×10^{-36}	35.2
58	$CdSeO_3$	1.3×10^{-9}	8.89
59	CeF_3	8.0×10^{-16}	15.1
60	$CePO_4$	1.0×10^{-23}	23.0
61	$Co_3(AsO_4)_2$	7.6×10^{-29}	28.12
62	$CoCO_3$	1.4×10^{-13}	12.84
63	CoC_2O_4	6.3×10^{-8}	7.2
64	$Co(OH)_2$（蓝）	6.31×10^{-15}	14.2
	$Co(OH)_2$（粉红，新沉淀）	1.58×10^{-15}	14.8
	$Co(OH)_2$（粉红，陈化）	2.00×10^{-16}	15.7
65	$CoHPO_4$	2.0×10^{-7}	6.7
66	$Co_3(PO_4)_3$	2.0×10^{-35}	34.7
67	$CrAsO_4$	7.7×10^{-21}	20.11
68	$Cr(OH)_3$	6.3×10^{-31}	30.2
69	$CrPO_4\cdot 4H_2O$（绿）	2.4×10^{-23}	22.62
	$CrPO_4\cdot 4H_2O$（紫）	1.0×10^{-17}	17.0
70	$CuBr$	5.3×10^{-9}	8.28
71	$CuCl$	1.2×10^{-6}	5.92
72	$CuCN$	3.2×10^{-20}	19.49
73	$CuCO_3$	2.34×10^{-10}	9.63
74	CuI	1.1×10^{-12}	11.96
75	$Cu(OH)_2$	4.8×10^{-20}	19.32

序号	分 子 式	K_{sp}	pK_{sp}	序号	分 子 式	K_{sp}	pK_{sp}
76	$Cu_3(PO_4)_2$	1.3×10^{-37}	36.9	118	$Mg(OH)_2$	1.8×10^{-11}	10.74
77	Cu_2S	2.5×10^{-48}	47.6	119	$Mg_3(PO_4)_2\cdot8H_2O$	6.31×10^{-26}	25.2
78	Cu_2Se	1.58×10^{-61}	60.8	120	$Mn_3(AsO_4)_2$	1.9×10^{-29}	28.72
79	CuS	6.3×10^{-36}	35.2	121	$MnCO_3$	1.8×10^{-11}	10.74
80	CuSe	7.94×10^{-49}	48.1	122	$Mn(IO_3)_2$	4.37×10^{-7}	6.36
81	$Dy(OH)_3$	1.4×10^{-22}	21.85	123	$Mn(OH)_4$	1.9×10^{-13}	12.72
82	$Er(OH)_3$	4.1×10^{-24}	23.39	124	MnS(粉红)	2.5×10^{-10}	9.6
83	$Eu(OH)_3$	8.9×10^{-24}	23.05	125	MnS(绿)	2.5×10^{-13}	12.6
84	$FeAsO_4$	5.7×10^{-21}	20.24	126	$Ni_3(AsO_4)_2$	3.1×10^{-26}	25.51
85	$FeCO_3$	3.2×10^{-11}	10.50	127	$NiCO_3$	6.6×10^{-9}	8.18
86	$Fe(OH)_2$	8.0×10^{-16}	15.1	128	NiC_2O_4	4.0×10^{-10}	9.4
87	$Fe(OH)_3$	4.0×10^{-38}	37.4	129	$Ni(OH)_2$(新)	2.0×10^{-15}	14.7
88	$FePO_4$	1.3×10^{-22}	21.89	130	$Ni_3(PO_4)_2$	5.0×10^{-31}	30.3
89	FeS	6.3×10^{-18}	17.2	131	α-NiS	3.2×10^{-19}	18.5
90	$Ga(OH)_3$	7.0×10^{-36}	35.15	132	β-NiS	1.0×10^{-24}	24.0
91	$GaPO_4$	1.0×10^{-21}	21.0	133	γ-NiS	2.0×10^{-26}	25.7
92	$Gd(OH)_3$	1.8×10^{-23}	22.74	134	$Pb_3(AsO_4)_2$	4.0×10^{-36}	35.39
93	$Hf(OH)_4$	4.0×10^{-26}	25.4	135	$PbBr_2$	4.0×10^{-5}	4.41
94	Hg_2Br_2	5.6×10^{-23}	22.24	136	$PbCl_2$	1.6×10^{-5}	4.79
95	Hg_2Cl_2	1.3×10^{-18}	17.88	137	$PbCO_3$	7.4×10^{-14}	13.13
96	HgC_2O_4	1.0×10^{-7}	7.0	138	$PbCrO_4$	2.8×10^{-13}	12.55
97	Hg_2CO_3	8.9×10^{-17}	16.05	139	PbF_2	2.7×10^{-8}	7.57
98	$Hg_2(CN)_2$	5.0×10^{-40}	39.3	140	$PbMoO_4$	1.0×10^{-13}	13.0
99	Hg_2CrO_4	2.0×10^{-9}	8.70	141	$Pb(OH)_2$	1.2×10^{-15}	14.93
100	Hg_2I_2	4.5×10^{-29}	28.35	142	$Pb(OH)_4$	3.2×10^{-66}	65.49
101	HgI_2	2.82×10^{-29}	28.55	143	$Pb_3(PO_4)_3$	8.0×10^{-43}	42.10
102	$Hg_2(IO_3)_2$	2.0×10^{-14}	13.71	144	PbS	1.0×10^{-28}	28.00
103	$Hg_2(OH)_2$	2.0×10^{-24}	23.7	145	$PbSO_4$	1.6×10^{-8}	7.79
104	HgSe	1.0×10^{-59}	59.0	146	PbSe	7.94×10^{-43}	42.1
105	HgS(红)	4.0×10^{-53}	52.4	147	$PbSeO_4$	1.4×10^{-7}	6.84
106	HgS(黑)	1.6×10^{-52}	51.8	148	$Pd(OH)_2$	1.0×10^{-31}	31.0
107	Hg_2WO_4	1.1×10^{-17}	16.96	149	$Pd(OH)_4$	6.3×10^{-71}	70.2
108	$Ho(OH)_3$	5.0×10^{-23}	22.30	150	PdS	2.03×10^{-58}	57.69
109	$In(OH)_3$	1.3×10^{-37}	36.9	151	$Pm(OH)_3$	1.0×10^{-21}	21.0
110	$InPO_4$	2.3×10^{-22}	21.63	152	$Pr(OH)_3$	6.8×10^{-22}	21.17
111	In_2S_3	5.7×10^{-74}	73.24	153	$Pt(OH)_2$	1.0×10^{-35}	35.0
112	$La_2(CO_3)_3$	3.98×10^{-34}	33.4	154	$Pu(OH)_3$	2.0×10^{-20}	19.7
113	$LaPO_4$	3.98×10^{-23}	22.43	155	$Pu(OH)_4$	1.0×10^{-55}	55.0
114	$Lu(OH)_3$	1.9×10^{-24}	23.72	156	$RaSO_4$	4.2×10^{-11}	10.37
115	$Mg_3(AsO_4)_2$	2.1×10^{-20}	19.68	157	$Rh(OH)_3$	1.0×10^{-23}	23.0
116	$MgCO_3$	3.5×10^{-8}	7.46	158	$Ru(OH)_3$	1.0×10^{-36}	36.0
117	$MgCO_3\cdot3II_2O$	2.14×10^{-5}	4.67	159	Sb_2S_3	1.5×10^{-93}	92.8

续表

序号	分子式	K_{sp}	pK_{sp}	序号	分子式	K_{sp}	pK_{sp}
160	ScF_3	4.2×10^{-18}	17.37	180	$Ti(OH)_3$	1.0×10^{-40}	40.0
161	$Sc(OH)_3$	8.0×10^{-31}	30.1	181	TlBr	3.4×10^{-6}	5.47
162	$Sm(OH)_3$	8.2×10^{-23}	22.08	182	TlCl	1.7×10^{-4}	3.76
163	$Sn(OH)_2$	1.4×10^{-28}	27.85	183	Tl_2CrO_4	9.77×10^{-13}	12.01
164	$Sn(OH)_4$	1.0×10^{-56}	56.0	184	TlI	6.5×10^{-8}	7.19
165	SnO_2	3.98×10^{-65}	64.4	185	TlN_3	2.2×10^{-4}	3.66
166	SnS	1.0×10^{-25}	25.0	186	Tl_2S	5.0×10^{-21}	20.3
167	SnSe	3.98×10^{-39}	38.4	187	$TlSeO_3$	2.0×10^{-39}	38.7
168	$Sr_3(AsO_4)_2$	8.1×10^{-19}	18.09	188	$UO_2(OH)_2$	1.1×10^{-22}	21.95
169	$SrCO_3$	1.1×10^{-10}	9.96	189	$VO(OH)_2$	5.9×10^{-23}	22.13
170	$SrC_2O_4\cdot H_2O$	1.6×10^{-7}	6.80	190	$Y(OH)_3$	8.0×10^{-23}	22.1
171	SrF_2	2.5×10^{-9}	8.61	191	$Yb(OH)_3$	3.0×10^{-24}	23.52
172	$Sr_3(PO_4)_2$	4.0×10^{-28}	27.39	192	$Zn_3(AsO_4)_2$	1.3×10^{-28}	27.89
173	$SrSO_4$	3.2×10^{-7}	6.49	193	$ZnCO_3$	1.4×10^{-11}	10.84
174	$SrWO_4$	1.7×10^{-10}	9.77	194	$Zn(OH)_2$③	2.09×10^{-16}	15.68
175	$Tb(OH)_3$	2.0×10^{-22}	21.7	195	$Zn_3(PO_4)_2$	9.0×10^{-33}	32.04
176	$Te(OH)_4$	3.0×10^{-54}	53.52	196	α-ZnS	1.6×10^{-24}	23.8
177	$Th(C_2O_4)_2$	1.0×10^{-22}	22.0	197	β-ZnS	2.5×10^{-22}	21.6
178	$Th(IO_3)_4$	2.5×10^{-15}	14.6	198	$ZrO(OH)_2$	6.3×10^{-49}	48.2
179	$Th(OH)_4$	4.0×10^{-45}	44.4				

①~③：形态均为无定形。

附录八　一些化合物的相对分子质量

化　合　物	相对分子质量	化　合　物	相对分子质量
$AgBr$	187.78	$KB(C_6H_5)_4$	358.38
$AgCl$	143.32	KBr	119.01
$AgCN$	133.84	$KBrO_3$	167.01
Ag_2CrO_4	331.73	KCN	65.12
AgI	234.77	K_2CO_3	138.21
$AgNO_3$	169.87	KCl	74.56
$AgSCN$	169.95	$KClO_3$	122.55
Al_2O_3	101.96	$KClO_4$	138.55
$Al_2(SO_4)_3$	342.15	K_2CrO_4	194.20
As_2O_3	197.84	$K_2Cr_2O_7$	294.19
As_2O_5	229.84	$KHC_2O_4 \cdot H_2C_2O_4 \cdot 2H_2O$	254.19
$BaCO_3$	197.35	$KHC_2O_4 \cdot H_2O$	146.14
BaC_2O_4	225.36	KI	166.01
$BaCl_2$	208.25	KIO_3	214.00
$BaCl_2 \cdot 2H_2O$	244.28	$KIO_3 \cdot HIO_3$	389.92
$BaCrO_4$	253.33	$KMnO_4$	158.04
BaO	153.34	KNO_2	85.10
$Ba(OH)_2$	171.36	K_2O	92.20
$BaSO_4$	233.40	KOH	56.11
$CaCO_3$	100.09	$KSCN$	97.18
CaC_2O_4	128.10	K_2SO_4	174.26
$CaCl_2$	110.99	$MgCO_3$	84.32
$CaCl_2 \cdot H_2O$	129.00	$MgCl_2$	95.21
CaF_2	78.08	$MgNH_4PO_4$	137.33
$Ca(NO_3)_2$	164.09	MgO	40.31
CaO	56.08	$Mg_2P_2O_7$	222.60
$Ca(OH)_2$	74.09	MnO	70.94
$CaSO_4$	136.14	MnO_2	86.94
$Ca_3(PO_4)_2$	310.18	$Na_2B_4O_7$	201.22
$Ce(SO_4)_2$	332.24	$Na_2B_4O_7 \cdot 10H_2O$	381.37
$Ce(SO_4)_2 \cdot 2(NH_4)_2SO_4 \cdot 2H_2O$	632.54	$NaBiO_3$	279.97
CH_3COOH	60.05	$NaBr$	102.90
CH_3OH	32.04	$NaCN$	49.01
$CH_3 \cdot CO \cdot CH_3$	58.08	Na_2CO_3	105.99
$C_6H_5 \cdot COOH$	122.12	$Na_2C_2O_4$	134.00
$C_6H_4 \cdot COOH \cdot COOK$	204.23	$NaCl$	58.44
$CH_3 \cdot COONa$	82.03	$NaHCO_3$	84.01
C_6H_5OH	94.11	NaH_2PO_4	119.98
$(C_9H_7N)_3H_3(PO_4 \cdot 12MoO_3)$(磷钼酸喹啉)	2212.74	Na_2HPO_4	141.96
CCl_4	153.81	$Na_2H_2Y \cdot 2H_2O$(EDTA 二钠盐)	372.26
$KAl(SO_4)_2 \cdot 12H_2O$	474.38	CO_2	44.01

续表

化　合　物	相对分子质量	化　合　物	相对分子质量
Cr_2O_3	151.99	NaI	149.89
$Cu(C_2H_3O_2)_2 \cdot 3Cu(AsO_2)_2$	1013.80	NaOH	40.01
CuO	79.54	Na_3PO_4	163.94
Cu_2O	143.09	Na_2S	78.04
CuSCN	121.62	$Na_2S \cdot 9H_2O$	240.18
$CuSO_4$	159.60	Na_2SO_3	126.04
$CuSO_4 \cdot 5H_2O$	249.68	Na_2SO_4	142.04
$FeCl_3$	162.21	$Na_2SO_4 \cdot 10H_2O$	322.20
$FeCl_3 \cdot 6H_2O$	270.30	$Na_2S_2O_3$	158.10
FeO	71.85	$Na_2S_2O_3 \cdot 5H_2O$	248.18
Fe_2O_3	159.69	Na_2SiF_6	188.06
Fe_3O_4	231.54	NH_3	17.03
$FeSO_4 \cdot H_2O$	169.96	NH_4Cl	53.49
$FeSO_4 \cdot 7H_2O$	278.01	$(NH_4)_2C_2O_4 \cdot H_2O$	142.11
$Fe_2(SO_4)_3$	399.87	$NH_3 \cdot H_2O$	35.05
$FeSO_4 \cdot (NH_4)_2SO_4 \cdot 6H_2O$	392.13	$NH_4Fe(SO_4)_2 \cdot 12H_2O$	482.19
H_3BO_3	61.83	$(NH_4)_2HPO_4$	132.05
HBr	80.91	$(NH_4)_3PO_4 \cdot 12MoO_3$	1876.53
$H_2C_4H_4O_6$(酒石酸)	150.09	$(NH_4)_2SO_4$	132.14
HCN	27.03	$NiC_8H_{14}O_4N_4$(丁二酮肟镍)	288.93
H_2CO_3	62.03	P_2O_5	141.95
$H_2C_2O_4$	90.04	$PbCrO_4$	323.18
$H_2C_2O_4 \cdot 2H_2O$	126.07	PbO	223.19
HCOOH	46.03	PbO_2	239.19
HCl	36.46	Pb_3O_4	685.57
$HClO_4$	100.46	$PbSO_4$	303.25
HF	20.01	SO_2	64.06
HI	127.91	SO_3	80.06
HNO_2	47.01	Sb_2O_3	291.50
HNO_3	63.01	SiF_4	104.08
H_2O	18.02	SiO_2	60.08
H_2O_2	34.02	$SnCO_3$	147.63
H_3PO_4	98.00	$SnCl_2$	189.60
H_2S	34.08	SnO_2	150.69
H_2SO_3	82.08	TiO_2	79.90
H_2SO_4	98.08	WO_3	231.85
$HgCl_2$	271.50	$ZnCl_2$	136.29
Hg_2Cl_2	472.09	ZnO	81.37
Na_2O	61.98	$Zn_2P_2O_7$	304.70
$NaNO_2$	69.00	$ZnSO_4$	161.43

附录九 国际相对原子质量表

元素		相对原子质量	元素		相对原子质量	元素		相对原子质量	元素		相对原子质量
符号	名称		符号	名称		符号	名称		符号	名称	
Ac	锕	[227]	Er	铒	167.26	Mn	锰	54.93805	Ru	钌	101.07
Ag	银	107.8682	Es	锿	[254]	Mo	钼	95.94	S	硫	32.066
Al	铝	26.981539	Eu	铕	151.964	N	氮	14.006747	Sb	锑	121.760
Am	镅	[243]	F	氟	18.998403	Na	钠	22.989768	Sc	钪	44.95591
Ar	氩	39.948	Fe	铁	55.845	Nb	铌	92.906384	Se	硒	78.96
As	砷	74.92160	Fm	镄	[257]	Nd	钕	144.24	Si	硅	28.0855
At	砹	[210]	Fr	钫	[223]	Ne	氖	20.1797	Sm	钐	150.36
Au	金	196.96655	Ga	镓	69.723	Ni	镍	58.6934	Sn	锡	118.710
B	硼	10.811	Gd	钆	157.25	No	锘	[254]	Sr	锶	87.62
Ba	钡	137.327	Ge	锗	72.61	Np	镎	237.0482	Ta	钽	180.9479
Be	铍	9.012182	H	氢	1.00794	O	氧	15.9994	Tb	铽	158.92534
Bi	铋	208.98038	He	氦	4.002602	Os	锇	190.23	Tc	锝	98.9062
Bk	锫	[247]	Hf	铪	178.49	P	磷	30.973762	Te	碲	127.60
Br	溴	79.904	Hg	汞	200.59	Pa	镤	231.03588	Th	钍	232.0381
C	碳	12.0107	Ho	钬	164.93032	Pb	铅	207.2	Ti	钛	47.867
Ca	钙	40.078	I	碘	126.90447	Pd	钯	106.42	Tl	铊	204.3833
Cd	镉	112.411	In	铟	114.818	Pm	钷	[145]	Tm	铥	168.93421
Ce	铈	140.116	Ir	铱	192.217	Po	钋	[~210]	U	铀	138.0289
Cf	锎	[251]	K	钾	39.0983	Pr	镨	140.90765	V	钒	50.9415
Cl	氯	35.4527	Kr	氪	83.80	Pt	铂	195.078	W	钨	183.84
Cm	锔	[247]	La	镧	138.9055	Pu	钚	[244]	Xe	氙	131.29
Co	钴	58.93320	Li	锂	6.941	Ra	镭	226.0254	Y	钇	88.90585
Cr	铬	51.9961	Lr	铹	[257]	Rb	铷	85.4678	Yb	镱	173.04
Cs	铯	132.90545	Lu	镥	174.967	Re	铼	186.207	Zn	锌	65.39
Cu	铜	63.546	Md	钔	[256]	Rh	铑	102.90550	Zr	锆	91.224
Dy	镝	162.50	Mg	镁	24.3050	Rn	氡	[222]			

附录十 不同标准溶液浓度的温度补正值

温度/℃	0～0.05mol·L[-1]的各种水溶液	0.1～0.2mol·L[-1]各种水溶液	0.5mol·L[-1]盐酸溶液	1mol·L[-1]盐酸溶液	0.5mol·L[-1]（$1/2H_2SO_4$）硫酸溶液 0.5mol·L[-1]氢氧化钠溶液	0.5mol·L[-1]硫酸溶液 1mol·L[-1]氢氧化钠溶液
5	+1.38	+1.7	+1.9	+2.3	+2.4	+3.6
6	+1.38	+1.7	+1.9	+2.2	+2.3	+3.4
7	+1.36	+1.6	+1.8	+2.2	+2.2	+3.2
8	+1.33	+1.6	+1.8	+2.1	+2.2	+3.0
9	+1.29	+1.5	+1.7	+2.0	+2.1	+2.7
10	+1.23	+1.5	+1.6	+1.9	+2.0	+2.5
11	+1.17	+1.4	+1.5	+1.8	+1.8	+2.3
12	+1.10	+1.3	+1.4	+1.6	+1.7	+2.0
13	+0.99	+1.1	+1.2	+1.4	+1.5	+1.8
14	+0.88	+1.0	+1.1	+1.2	+1.3	+1.6
15	+0.77	+0.9	+0.9	+1.0	+1.1	+1.3
16	+0.64	+0.7	+0.8	+0.8	+0.9	+1.1
17	+0.50	+0.6	+0.6	+0.6	+0.7	+0.8
18	+0.34	+0.4	+0.4	+0.4	+0.5	+0.6
19	+0.18	+0.2	+0.2	+0.2	+0.2	+0.3
20	0.00	0.00	0.00	0.0	0.00	0.00
21	−0.18	−0.2	−0.2	−0.2	−0.2	−0.3
22	−0.38	−0.4	−0.4	−0.5	−0.5	−0.6
23	−0.58	−0.6	−0.7	−0.7	−0.8	−0.9
24	−0.80	−0.9	−0.9	−1.0	−1.0	−1.2
25	−1.03	−1.1	−1.1	−1.2	−1.3	−1.5
26	−1.26	−1.4	−1.4	−1.4	−1.5	−1.8
27	−1.51	−1.7	−1.7	1.7	−1.8	−2.1
28	−1.76	−2.0	−2.0	−2.0	−2.1	−2.4
29	−2.01	−2.3	−2.3	−2.3	−2.4	−2.8
30	−2.30	−2.5	−2.5	−2.6	−2.8	−3.2
31	−2.58	−2.7	−2.7	−2.9	−3.1	−3.5
32	−2.86	−3.0	−3.0	−3.2	−3.4	−3.9
33	−3.04	−3.2	−3.3	−3.5	−3.7	−4.2
34	−3.47	−3.7	−3.6	−3.8	−4.1	−4.6
35	−3.78	−4.0	−4.0	−4.1	−4.4	−5.0
36	−4.10	−4.3	−4.3	−4.4	−4.7	−5.3

注：1. 本表数值是以20℃为标准温度以实测法测出。

2. 表中带有"+"、"−"号的数值是以20℃为分界。室温低于20℃的补正值均为"+"，高于20℃的补正值均为"−"。

3. 本表的用法：如1L硫酸溶液[$c(1/2H_2SO_4)$=1mol·L[-1]]由25℃换算为20℃时，其体积修正值为−1.5mL，故40.00mL换算为20℃时的体积为$V(20)=40.00-1.5/1000\times40.00=39.94$mL。

参 考 文 献

1 武汉大学．分析化学．第4版．北京：高等教育出版社，2002.

2 武汉大学．分析化学实验．第4版．北京：高等教育出版社，2001.

3 韩忠霄等．无机及分析化学．第2版．北京：化学工业出版社，2010.

4 刘珍．化验员读本．第4版．北京：化学工业出版社，2006.

5 高职高专化学教材编写组．分析化学．第3版．北京：高等教育出版社，2010.

6 肖新亮等．实用分析化学．修订版．天津：天津大学出版社，2000.

7 俞斌．无机与分析化学教程．第2版．北京：化学工业出版社，2007.

8 王令今等．分析化学计算基础．第2版．北京：化学工业出版社，2002.

9 于世林等．分析化学．第3版．北京：化学工业出版社，2010.

10 黄一石等．定量化学分析．第2版．北京：化学工业出版社，2009.

11 孙毓庆．分析化学．第4版．北京：化学工业出版社，2003.

12 彭崇慧等．定量化学分析．第3版．北京：北京大学出版社，2009.